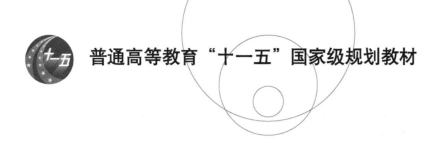

普通高等教育"十一五"国家级规划教材

21世纪计算机科学与技术实践型教程

齐悦 夏克俭 姚琳 编著

数据结构、算法与应用

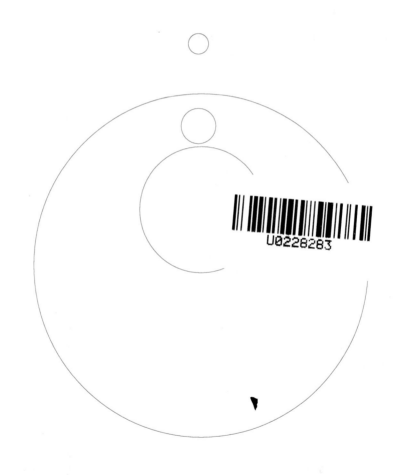

U0228283

丛书主编

陈明

清华大学出版社
北京

内 容 简 介

本书系统地介绍了各种类型的数据结构、数据结构在计算机存储器中的表示以及相关的 C 语言描述算法。另外，对各类数据结构在实际中的应用做了较深入的介绍，包含示例分析及典型算法的 C 语言源程序。本书最后对算法设计的基础知识进行了讨论，拓展了知识面。每章后附有习题，便于读者进一步理解和巩固所学的知识。

本书可作为大专院校计算机专业或相关专业的教材，也可供从事计算机软件开发的工程技术人员参考。

图书在版编目(CIP)数据

数据结构、算法与应用/齐悦，夏克俭，姚琳编著. —北京：清华大学出版社，2015(2024.1重印)
21 世纪计算机科学与技术实践型教程
ISBN 978-7-302-39976-6

Ⅰ. ①数… Ⅱ. ①齐… ②夏… ③姚… Ⅲ. ①数据结构－高等学校－教材 ②算法分析－高等学校－教材 ③C 语言－程序设计－高等学校－教材 Ⅳ. ①TP311.12 ②TP312

中国版本图书馆 CIP 数据核字(2015)第 077242 号

责任编辑：谢 琛 李 晔
封面设计：傅瑞学
责任校对：梁 毅
责任印制：刘海龙

出版发行：清华大学出版社
        网　　　址：https://www.tup.com.cn，https://www.wqxuetang.com
        地　　　址：北京清华大学学研大厦 A 座　　　　邮　　编：100084
        社 总 机：010-83470000　　　　邮　　购：010-62786544
        投稿与读者服务：010-62776969，c-service@tup.tsinghua.edu.cn
        质量反馈：010-62772015，zhiliang@tup.tsinghua.edu.cn
        课件下载：https://www.tup.com.cn，010-83470236
印 装 者：北京建宏印刷有限公司
经　　销：全国新华书店
开　　本：185mm×260mm　　　　印　　张：19.5　　　　字　　数：487 千字
版　　次：2015 年 4 月第 1 版　　　　印　　次：2024 年 1 月第 9 次印刷
定　　价：56.00 元

产品编号：064499-03

《21 世纪计算机科学与技术实践型教程》

序

21 世纪影响世界的三大关键技术：以计算机和网络为代表的信息技术；以基因工程为代表的生命科学和生物技术；以纳米技术为代表的新型材料技术。信息技术居三大关键技术之首。国民经济的发展采取信息化带动现代化的方针，要求在所有领域中迅速推广信息技术，导致需要大量的计算机科学与技术领域的优秀人才。

计算机科学与技术的广泛应用是计算机学科发展的原动力，计算机科学是一门应用科学。因此，计算机学科的优秀人才不仅应具有坚实的科学理论基础，而且更重要的是能将理论与实践相结合，并具有解决实际问题的能力。培养计算机科学与技术的优秀人才是社会的需要、国民经济发展的需要。

制订科学的教学计划对于培养计算机科学与技术人才十分重要，而教材的选择是实施教学计划的一个重要组成部分，《21 世纪计算机科学与技术实践型教程》主要考虑了下述两方面内容。

一方面，高等学校的计算机科学与技术专业的学生，在学习了基本的必修课和部分选修课程之后，立刻进行计算机应用系统的软件和硬件开发与应用尚存在一些困难，而《21 世纪计算机科学与技术实践型教程》就是为了填补这部分空白。将理论与实际联系起来，使学生不仅学会了计算机科学理论，而且也学会了应用这些理论解决实际问题。

另一方面，计算机科学与技术专业的课程内容需要经过实践练习，才能深刻理解和掌握。因此，本套教材增强了实践性、应用性和可理解性，并在体例上做了改进——使用案例说明。

实践型教学占有重要的位置，不仅体现了理论和实践紧密结合的学科特征，而且对于提高学生的综合素质，培养学生的创新精神与实践能力有特殊的作用。因此，研究和撰写实践型教材是必需的，也是十分重要的任务。优秀的教材是保证高水平教学的重要因素，选择水平高、内容新、实践性强的教材可以促进课堂教学质量的快速提升。在教学中，应用实践型教材可以增强学生的认知能力、创新能力、实践能力以及团队协作和交流表达能力。

实践型教材应由教学经验丰富、实际应用经验丰富的教师撰写。此系列教材的作者不但从事多年的计算机教学，而且参加并完成了多项计算机类的科研项目，他们把积累的经验、知识、智慧、素质融于教材中，奉献给计算机科学与技术的教学。

我们在组织本系列教材过程中，虽然经过了详细的思考和讨论，但毕竟是初步的尝试，不完善甚至缺陷不可避免，敬请读者指正。

本系列教材主编　陈明
2005 年 1 月于北京

前　　言

数据结构是计算机科学的基础,计算机学科的许多领域都构建在这个基础之上。想要更好地从事计算机软件设计、实现、测试和维护等工作,掌握数据结构的知识是非常必要的。

数据结构研究的是计算机所处理数据元素之间的关系及其操作实现的算法。数据结构是计算机类专业的重要专业基础课,是算法设计的基础,不仅涉及计算机硬件(特别是编码理论、存储机制和存取方法等)的研究范围,而且和计算机软件的研究有着更密切的关系。本书介绍并探讨数据在计算机中的组织、算法设计、时间和空间效率的概念和通用分析方法,精选应用实例和习题,通过理论结合实际,加强学生解题能力和技巧的训练,以便学会分析研究数据对象的特性,学会数据的组织方法,掌握算法设计的基础知识,从而在程序设计中选择合适的数据结构及相应的算法,提高程序设计水平。

C语言是一种非常优秀的编程语言,包括操作系统在内的很多软件的设计与实现都采用了C语言,本书选用C语言来介绍数据结构算法的具体实现。

本书的第1章介绍数据结构的基本概念,包括数据结构研究的内容和方法、数据结构的含义、抽象数据类型的表示与实现、算法分析的基本知识。第2~5章讨论线性结构,其中第2章讨论线性结构相关知识及算法描述,包括线性表的定义及其基本操作、线性表的顺序存储结构、链式存储结构以及线性表的应用举例;第3章讨论两种操作受限的线性结构——栈和队列,包括栈和队列的定义及其基本操作、栈和队列的顺序存储结构、链式存储结构以及栈与队列的应用举例;第4章讨论对字符串的处理,包括串的定义及其操作、串的存储结构、串的模式匹配等算法以及串的应用举例;第5章的数组和广义表是线性结构的扩充,包括数组的定义及其操作、数组的存储结构和矩阵的压缩存储,广义表的定义及其操作、广义表的存储结构及相关算法。第6章讨论层次结构——树,重点介绍二叉树及其算法,并结合Huffman树讨论了二叉树的应用——Huffman编码及译码。第7章讨论网状结构——图的各种表示方法及算法,以及图的一些应用举例,如最小生成树、最短路径、拓扑排序和关键路径问题。第8章讨论建立在数据结构上的一个重要操作——查找,包括顺序查找、折半查找和分块查找的算法及分析;二叉排序树、平衡二叉树、B树和哈希表的查找算法及分析。第9章讨论建立在数据结构上的另一个重要操作——排序,包括各种经典内排序算法及分析。第10章讨论算法设计的基础知识,介绍几种常用的算法设计技术:穷举法、贪心法、分治法、动态规划法和回溯法。

每章后附有一些不同难度的习题。希望读者通过本书的学习,提高实践能力,能将数据结构与算法成功应用于实际问题的解决。

因本书涉及程序与算法较多,故对于变量等未做斜体标注,均以正体表示。特此说明。

本书是作者团队在多年数据结构课程教学的基础上编写而成的。本书编写过程中得到了北京科技大学计算机与通信工程学院的支持和帮助,在此深表感谢。书中不足之处,恳请广大读者批评指正。

作　者

2014 年 12 月于北京

目　　录

第1章 绪 论

目前,计算机业在飞速发展,其应用领域也早不限于科学计算,而是广泛深入到社会生活的各个环节。与此相对应,计算机中加工处理的对象由纯粹的数值发展到字符、表格、图像等各种具有一定结构的数据。在计算机中如何组织数据,如何处理数据,从而更好地利用数据是计算机科学的基本内容。为了编写出一个"好"的程序,必须分析处理对象的特性以及对象之间存在的关系。这就是数据结构这门学科形成和发展的背景。

本章主要讨论数据结构、算法及算法分析等方面的一些基本概念。本章各小节主要内容及其关系如下:

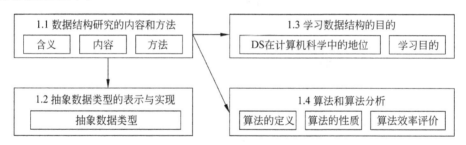

1.1 数据结构研究的内容和方法

1.1.1 数据结构的含义

数据结构(Data Structure)简称 DS,研究的是计算机所处理数据元素之间的关系及其操作实现的算法。包括数据的逻辑结构、数据的存储结构以及数据的操作。

数据结构在计算机科学中是一门综合性的专业基础课。不仅涉及计算机硬件(特别是编码理论、存储机制和存取方法等)的研究范围,而且和计算机软件的研究有着更密切的关系,无论是编译程序还是操作系统,都涉及数据元素在存储器中的分配问题。在研究信息检索时也必须考虑如何组织数据,以便查找和存取数据元素更为方便。因此可以认为,数据结构是介于数学、计算机硬件和计算机软件三者之间的一门核心课程(如图 1.1所示)。在计算机科学中数据结构不仅是一般程序设计(特别是非数值计算的程序设计)的基础,而且是设计和实现编译系统、操作系统、数据库系统及其他系统程序和大型应用程序的重要基础。

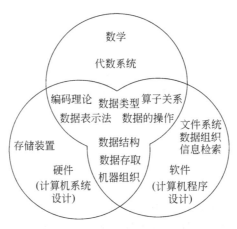

图 1.1　"数据结构"所处的地位

1.1.2　数据结构研究的内容

1. 数据的逻辑结构（Logical Structure）

简单地说，数据的逻辑结构是指数据元素之间的逻辑关系。

这里所说的数据（Data），是对客观事物的符号表示，是指输入到计算机并能被计算机程序处理的符号的总称。例如方程中的整数、实数，源程序中的字符串，以及文字、图像和声音信号等，都可作为计算机中的数据。

数据元素（Data Element），是数据的基本单位，在计算机程序中通常作为一个整体处理。简单的数据元素可以是整数、字符等形式。一般，一个数据元素由若干个数据项（Data Item）组成，常称为记录（Record）。例如表 1.1 所示的图书管理表，其中 a_0，a_1，a_2，$\cdots$，a_{n-1} 对应的每一行各是一个数据元素，而编号、书名等就是数据项。在计算机存取数据时，数据项是不可分割的最小存取单位。

表 1.1　图书管理表

	编号	书名	作者	出版商	出版日期	…
a_0	0001	C 程序设计及应用	李盘林	高等教育出版社	1998	…
a_1	0002	数据库原理与技术	周志逵	科学出版社	1998	…
a_2	0003	智能管理	涂序彦	清华大学出版社	1995	…
⋮	⋮	⋮	⋮	⋮	⋮	⋮
a_{n-1}	…	…	…	…	…	…

具有相同性质的数据元素组成的集合，称为数据对象（Data Object），它是数据的一个子集。

计算机要处理的数据元素不是相互孤立的，而是有着各种各样的联系，这种数据元素之间的关系就称作逻辑结构。人们经过长期的实践和总结，根据数据元素之间关系的不同特性，归纳出四类基本的逻辑结构。

(1) 集合：结构中的数据元素除了"属于同一集合"的关系外，没有其他关系(如例1-1)。

(2) 线性结构：结构中的数据元素存在一对一的关系(如例1-2)。

(3) 层次结构：结构中的数据元素之间存在一对多的关系(如例1-3)。

(4) 网状结构：结构中的元素之间存在若干个多对多关系(如例1-4)。

例1-1 学校举办了英语演讲比赛和歌曲演唱比赛，参赛者可以获得优胜奖和参与奖。问多少学生在两个竞赛中都获得了优胜奖？求解这个问题可以将在两个竞赛中获得优秀奖的人分别构成一个整体，问题便成了求两个整体公共部分的问题。由于每个整体之中的人在这个问题中的地位是没有差别的，于是可以抽象成为两个集合，问题也就成了求两个集合的交集。

例1-2 到医院看病的病人需要排队，而医院实行先来先服务的原则。每个病人都有自己的病历，病历上有病历的编号还有病人的其他具体信息。这些病人的信息构成一张表，如表1.2所示。

表 1.2 病人信息表

编号	姓名	性别	年龄	…
172	张立	男	30	…
091	田方	男	52	…
007	陈丽	女	27	…
156	王军	男	9	…
…	…	…	…	…

这张表中的元素存在一个顺序关系，即谁在谁前、谁在谁后的信息。所以，可以用线性结构来刻画这种关系。本例中表示将要接受诊断的病人顺序依次为(张立，田方，陈丽，王军，…)。

例1-3 大学系级行政结构如图1.2所示。其中系、办公室、…、教师、学生可视为数据元素；元素之间呈现的是一种层次关系，即系级下层机构为办公室、教研室和班级，而办公室、教研室和班级等单位又由若干个管理人员、教师、实验员和学生组成。

例1-4 田径比赛的时间安排问题。

设田径比赛项目有：A(跳高)、B(跳远)、C(标枪)、D(铅球)、E(100m跑)、F(200m跑)。参赛选手的项目表(每人限参加三项)如表1.3所示。

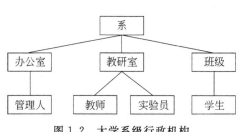

图 1.2 大学系级行政机构

表 1.3 选手项目表

姓名	项目1	项目2	项目3
丁一	A	B	E
马二	C	D	
张三	C	E	F
李四	D	F	A
王五	B	F	

问如何安排比赛时间,才能使得:

(1) 每个比赛项目都能顺利进行(无冲突);

(2) 尽可能缩短比赛时间。

此问题可归纳为图的"染色"问题:设项目 A 至 F 各表示一数据元素,以○表示。若两个项目不能同时举行,则将其连线(如项目 A 和 B 不能同时举行,否则丁一无法参赛)。由此得到如图 1.3 所示的结构。

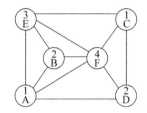

图 1.3 为解决此问题的数学模型或数据结构的模型,数据元素之间呈现的是一种网状关系,表示项目相对时间安排的一种约束。下面要解决的问题是对此图着色。设一种颜色表示一个比赛时间片。显然,同一直线上的两个元素不能同色(否则出现冲突)。若用

图 1.3 项目对时间安排的约束

1,2,3,4 表示四种颜色,一种着色方法如图 1.3 所示,即:时间片 1 内比赛 A、C 项目,时间片 2 内比赛 B、D 项目,时间片 3 内比赛 E 项目,时间片 4 内比赛 F 项目。当然,这种着色方法是否最优还待进一步研究。

上面的例子中所描述的逻辑结构都是从具体问题中抽象出来的数据模型,是独立于计算机存储器的,其逻辑关系如图 1.4 所示。

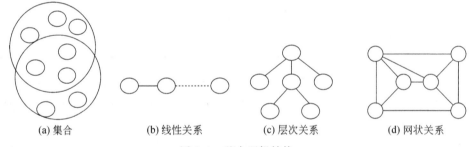

(a) 集合   (b) 线性关系   (c) 层次关系   (d) 网状关系

图 1.4 基本逻辑结构

2. 数据的存储结构或物理结构(Physical Structure)

数据结构在计算机中的表示(映像)称为数据的存储结构或物理结构,它包括数据元素的表示和关系的表示。

数据元素的表示 计算机中表示信息的最小单位是比特(Bit),即二进制数中的一位。数据元素可由一个由若干位组成的位串来表示,通常称这个位串为节点(Node)或元素(Element)。当数据元素由若干数据项组成时,位串中对应各个数据项的子串称为数据域(Data Field)。

关系的表示 存储结构中的关系反映了数据元素在存储器中物理位置上的关系。目前,对一个数据结构常用的有四种存储表示。

1) 顺序存储(Sequential Storage)

将数据结构中各元素按照其逻辑顺序存放于存储器一片连续的存储空间中(如 C 语言的一维数组),此时逻辑上相邻的元素在物理位置上也是相邻的,由此得到的存储结构

为顺序存储结构。每种类型的逻辑结构都可以顺序存储。如表 L＝$(a_1, a_2, \cdots, a_n)$的顺序结构如图 1.5 所示。

2）**链式存储**（Linked Storage）

将数据结构中各元素分布到存储器的不同点，用地址（或链指针）方式建立它们之间的联系，由此得到的存储结构为链式存储结构。如表 L＝$(a_1, a_2, \cdots, a_n)$的链式存储结构如图 1.6 所示。

图 1.5　顺序存储

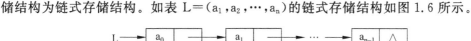

图 1.6　链式存储

此时，数据元素中除了各个数据项还要添加一个存放指针信息的子串，与数据域相对应，它被称为指针域（Pointer Field）。链式存储结构是数据结构的一个重点，因为数据结构中元素之间的关系在计算机内部很大程度上是通过地址或指针来建立的。

3）**索引存储**（Indexed Storage）

在存储数据的同时，建立一个附加的索引表，即索引存储结构＝数据文件＋索引表。

例 1-5　电话号码查询问题。为便于提高查询的速度，在存储用户数据文件的同时，建立一张姓氏索引表，如图 1.7 所示。这样，查找一个电话就可以先查找索引表，再查找相应的数据文件，无疑加快了查询的速度。

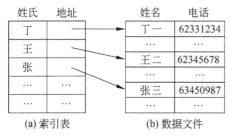

图 1.7　索引存储

4）**散列存储**（Hash Structure）

根据数据元素的特殊字段，称为关键字（key），计算数据元素的存放地址，然后数据元素按地址存放，所得到的存储结构为散列存储结构（或 Hash 结构）。

以后章节中讨论较多的是上述前两种存储结构。至于建立索引和散列结构，其目的之一都是为了提高对数据文件的查询速度，具体将在第 8 章中讨论。

3. 数据的操作

一般而言，必须对数据进行加工处理，才能得到问题的解。在非数值性问题中，对数据的操作（或运算）已不限于对数据进行加、减、乘、除等数学运算，数据的各种逻辑结构都有相应的操作，也就是说，在各种数据结构上都可以定义对数据实施的操作。操作的种类没有限制，可以根据需要来定义。数据的操作是定义在逻辑结构上的，而操作的具体实现是在存储结构上进行的。基本的数据操作主要有以下 5 种。

（1）查找：在数据结构中寻找满足某个特定条件的数据元素的位置或值。

（2）插入：在数据结构中添加新的数据元素。

（3）删除：删除数据结构中指定的数据元素。

（4）更新：改变数据结构中某个数据元素一个或多个数据项的值。

（5）排序：（在线性结构中）保持数据元素的个数不变，重新安排数据元素之间的逻辑顺序，使之按（某个数据项的）值由小（大）到大（小）的次序排列。

其中,查找是一种引用型操作,即它不改变现有结构,而其余四种均会改变现有结构,被称为加工型操作。插入、删除和更新操作通常都包含一个查找操作,以确定插入、删除和更新的确切位置。

综上所述,数据结构是一门研究非数值计算的程序设计中计算机操作的对象以及它们之间关系和操作的学科。在本书中,对数据结构的详细讨论,都是从数据的逻辑结构、数据的存储结构和对数据的操作这三方面展开的,读者应掌握住这个规律,以便以后知识的学习。

1.1.3　研究数据结构的方法

研究数据结构是为了编写解决问题(或完成任务)的程序。用计算机求解一个实际问题的过程,一般可以用如图 1.8 所示的模型加以描述。

现实问题 → 数学模型 → 算法 → 程序 → 解

图 1.8　计算机求解问题的流程

也就是说,首先要从现实问题出发,抽象出一个适当的数学模型,然后设计一个求解此数学模型的算法,最后根据这个算法编出程序,经过测试、排错、运行直至得到最终的解答。(现实)问题、数学模型、算法和程序是问题求解过程中出现的四个不同的概念。

1. 问题(Problem)

从直觉上讲,问题就是一个要完成的任务,即对应一组输入有一组相应的输出。例如,在例 1-1 和例 1-2 中描述的都是一个问题。在问题的定义中不应包含有关怎样解决问题的限制。只有在问题被准确定义并完全理解后才有可能研究问题的解决方法。然而在问题的定义中应该包含对所有解决方案所需的资源(比如说,计算机的主存储器和磁盘空间以及运行时间)的限制。

2. 数学模型(Mathematical Model)

问题的数学模型是指用数学的方法精确地把问题描述成为函数。而函数(Function),是输入(即定义域)和输出(即值域)之间的一种映射关系。函数的输入是一个值或一些信息,这些值组成的输入称为函数的参数。不同的输入可以产生不同的输出,但对于给定的输入,每次计算函数时得到的输出必须相同。

3. 算法(Algorithm)

算法是指解决某个问题的一种方法(1.4 节将给出算法更详细的定义)。如果将问题抽象为数学模型,那么它仅是精确地定义了输入和输出的映射关系,而算法则能把输入转化为输出。一个问题可以有多种算法。一个算法如果能在所要求的资源限制内将问题解决好,则称这个算法是有效率的。一个算法如果比其他已知算法需要的资源更少,则称这个算法效率更高。

4. 程序(Program)

一个计算机程序被认为是对一个算法用某种程序设计语言的具体实现。由于使用任何一种现代计算机程序设计语言都可以实现任何一个算法,所以可能有许多程序都是同一个算法的实现。虽然算法是独立于程序的,但因为最终的目标是问题求解,所以在定义算法时,应该提供足够多的细节,以便转换为程序。在本书中我们使用以 C 语言为基本构架的程序作为算法的描述。

在问题求解模型中关键的一步是建立数学模型,而寻找(或者说将问题抽象成)数学模型的实质是分析问题,从中提取出要进行处理的对象,并找出这些对象之间内在的相互关系,然后用数学语言加以描述。

被处理的对象在计算机中的表示就是数据,数据结构实际上就是一种数学模型。选择正确恰当的数据结构对问题的求解是至关重要的。

为解决某一问题而选择(或设计)数据结构时应完成以下三步:

(1) 分析问题以确定任何算法都会遇到的资源限制;

(2) 确定必须支持的基本操作,并度量每种操作所受到的资源限制;

(3) 选择或设计在此限制下尽量少耗用资源的数据结构。

根据这三个步骤来选择或设计数据结构,实际上贯彻了一种以数据为中心的设计思想。先定义数据和对数据的操作,然后确定数据的表示方法,最后是数据操作的实现,而数据的操作都是通过算法来实现的。因此对算法的研究也是数据结构课程的主要研究内容。

1.2 抽象数据类型的表示与实现

抽象数据类型(Abstract Data Type,ADT)是指一个数据结构以及定义在其上的一组操作。ADT 的定义仅依赖于它的逻辑特性(即数学特性),它是独立于计算机的,即无论计算机中如何实现这些逻辑特性,只要它的数学特性不变,则从外部对它的使用都是一样的。抽象数据类型可通过固有数据类型来表示和实现,即利用已经存在的数据类型来说明新的结构,用已经实现的操作来组合新的操作。由于本书在高级程序设计语言的虚拟层次上讨论抽象数据类型的表现和实现,故采用介于伪码和 C 语言之间的类 C 语言作为描述工具,有时也使用一些伪码描述一些只含抽象操作的抽象算法。这使得数据结构的描述和讨论简明清晰,不拘泥于 C 语言的细节,又容易转换为 C 或 C++ 程序。我们以下面的形式描述 ADT:

$$ADT = (D, R, P)$$

其中,D 是数据元素的有限集;R 是 D 上关系的有限集,(D,R)构成了一个数据结构;P 是对该数据结构的基本操作集。用以下格式定义抽象的数据类型:

```
ADT 抽象数据类型名{
    数据元素集:<数据元素集的定义>
    数据关系集:<数据关系集的定义>
    基本操作集:<各中基本操作的定义>
    } ADT 抽象数据类型名;
```

其中,基本操作的定义格式是:

基本操作(参数表)

　　初始条件:<初始条件描述>

　　操作结果:<操作结果描述>

　　基本操作有两种参数:赋值参数只为操作提供输入值;引用参数以 & 开头,除了可提供输入值外,还可返回操作结果。"初始条件"描述了操作执行之前的数据结构及参数应满足的条件,"操作结果"说明了操作正常完成之后,数据结构的变化和应返回的结果。

　　另外,在我们使用 C 语言对算法进行实现时,有几点要特别注意:

　　(1) 避免可能出现二义性的表达式。

　　例如有以下的表达式:

　　① i++;

　　② i=++i;

　　③ i=1;j=i+++i−−;

　　上述②和③不仅阅读困难(即使在目前使用的不同编译器上进行测试,结果也是不同的,其中③的 j 值可能是 1、2 或 3),并且对③来说,同一编译器也可能算出不同的值,这主要取决于机器当时的优化状态。我们把有可能使表达式求值结果不确定以及阅读时不易理解真实意图的表达式称为二义性表达式,这样的表达式应避免使用。

　　(2) 避免使用转向语句。

　　C 语言中,goto 语句是结构化编程所不愿看到的,应避免使用。另外 C 语言中多路开关 switch 语句中每一个 case 语句后面都应该有 break,使之成为规范的语句格式,避免 case 语句中不使用 break 而出现的不规范分支转向。

　　(3) 避免使用预处理。

　　C 语言预处理对语法不敏感,所以定义复合作用规则时常常不能生效。另外,人们对预处理的可能扩展参数情况也难以把握。所以应尽量避免使用。

　　(4) 避免函数返回值隐含说明。

　　C 语言规定当函数、参数、外部变量不加类型说明时隐含说明为 int 类型。编写算法时,函数返回值应显式声明,以避免类型不匹配或代码移植时出错;当函数无返回值时也应该以 void 声明,避免混淆。

1.3 学习数据结构的目的

1.3.1 数据结构的发展简史及在计算机科学中的地位

　　数据结构的内容来源于图论、操作系统、编译系统、编码理论和检索与分类技术的相关领域。20 世纪 60 年代末,美国一些大学把上述领域中的技术归纳为《数据结构》课程。美国人 D. E. 克劳特《计算机程序设计技巧》一书,对数据的逻辑结构、存储结构及算法进行了系统的阐述。我国从 20 世纪 70 年代末在各大专院校陆续开设数据结构课程,目前该课程已经是计算机专业的核心课程之一。

　　关于计算机科学的概念,根据计算机界的权威人士的观点:其一,计算机科学是信息结构转换的科学,构造有关信息结构的转换模型,对其进行研究是计算机科学中最根本性的问题。而构造出现实问题中的数据结构模型,并合理地将其映像到计算机存储装置中,是这种观点的具体体现。其二,计算机科学是算法的学问,研究的是对数据处理的方法或规则。要用计算机完成具体任务,离不开对算法的研究。因而,"数据结构"+"算法"应该是计算机科学研究中的基础课题。它的理论基础是离散数学中的图论、集合论和关系理论等,实践基础是程序设计技术。

1.3.2 学习数据结构的目的

在分析和开发计算机系统与应用软件中要用到的数据结构知识。

如操作系统、编译系统、数据库技术和人工智能中普遍涉及以下内容:栈和队列、存储管理表、目录树、语法树、索引树、搜索树、广义表、散列表、有向图等。因而数据结构知识既是操作系统、编译系统等课程的基础,也是开发软件所必须具备的知识。

学习数据结构是为了提高程序设计水平。

我们知道,不论计算机从事哪方面的应用,一般都是由计算机运行程序来实现的,而任何一个程序都是建立和运行在相应的数据结构基础上的。这就要求我们在做程序设计时,一方面要描述好对应的数据结构,另一方面要设计正确、精确和快速处理数据的算法(或程序)。做到这两点,无疑程序设计水平会有一个大的提高。

1.4 算法和算法分析

1.4.1 算法的定义

算法(Algorithm)是一个有穷规则(或语句、指令)的有序集合。它确定了解决某一问题的一个操作序列。对于问题的初始输入,通过算法有限步的运行,产生一个或多个输出。

例 1-6 求两正整数 m、n 的最大公因子的算法(欧几里德算法),其步骤如下:

(1) 输入 m,n;

(2) m/n(整除),余数→r ($0 \leqslant r \leqslant n$);

(3) 若 r=0,则当前 n=结果,输出 n,算法停止;否则,转步骤(4);

(4) n→m,r→n;转步骤(2)。

如初始输入 m=10,n=4,则 m,n,r 在算法中的变化如下:

m	n	r
10	4	2
4	2	0(停止,即 10 和 4 的最大公因子为 2)

1.4.2 算法的性质

有穷性 —— 算法执行的步骤(或规则)是有限的;

确定性 —— 每个计算步骤无二义性;

可行性 —— 每个计算步骤能够在有限的时间内完成;

输入 —— 算法有一个或多个外部输入;

输出 —— 算法有一个或多个输出。

这里要说明的是,算法与程序有联系又有区别。算法和程序都是为完成某个任务,或解决某个问题而编制的规则(或语句)的有序集合,这是它们的共同点。区别在于:其一,算法与计算机无关,但程序依赖于具体的计算机语言。其二,算法必须是有穷尽的,但程序可能是无穷尽的。例如控制卫星运行的程序,一旦启动,它就一直运行下去,直至卫星毁灭为止。其三,算法可忽略一些语法细节问题,重点放在解决问题的思路上,但程序必须严格遵循相应语言工具的语法。算法转换成程序后才能在计算机上运行。另外,在设计算法时,一定要考虑它的确定性,即算法的每个步骤都是无二义性的(即一条规则不能有两种以上的解释)。如"一个没有来",就是一个二义性的例子。到底是"一个都没有来",还是"只有一个没有来"?这样的句子在算法中应杜绝。

下面将例 1-6 中的算法转换成 C 语言程序如下:

```c
#include<stdio.h>
int maxog();
void main()
{   int m,n,j;
    char flag='Y';
    while(flag=='y'||flag=='Y')
    {   printf("\n");
        scanf("input=%d%d",&m, &n);        //输入两个整数 m,n
        if(m>0 && n>0)
        {   j=maxog(m,n);                   //求 m,n 的最大公因子
            printf ("output=%d\n",j);       //输出结果
        }
        printf ("continue? (y/n)");
        flag=getchar();                     //输入 'y' 或 'Y'继续,否则停止
    }
}
int maxog(int m,int n)                       //求 m,n 的最大公因子的算法 (或函数)
{   int r;
    r=m%n;
    while(r!=0)
    {   m=n;
        n=r;
        r=m%n;
    }
    return(n);
}
```

当然,这只是一个很简单的例子,实际应用中的算法及所涉及的数据结构是比较复杂

的。为方便问题讨论及节省篇幅,以后章节中的算法均以类 C 语言的函数形式描述,而具体的 main()函数和数据 I/O 就不描述了。另外,由于某种原因(如参数错、存储分配失败等)导致算法无法继续执行下去时,约定调用函数 ERROR()进行出错处理。

1.4.3 算法的设计目标

算法的设计应满足以下 5 点。

1. 正确性

算法应当满足具体问题的需求,这是算法设计的基本目标。通常一个大型问题的需求以特定的规格说明方式给出。这种问题需求一般包括对于输入、输出、处理等的明确的无歧义的描述,涉及的算法应当能正确地实现这种需求。

2. 可读性

即使算法已转变为机器可执行的程序,也需要考虑让人们能够较好地阅读与理解。可读性有助于对算法的理解及帮助排除算法中隐藏的错误,也有助于算法的交流和移植。

3. 健壮性

当输入不合法的数据时,算法应能做出相应的处理,而不产生不可预料的结果。

4. 高效率

算法的效率指算法执行时间的长短。对同一个问题如果有多个算法可供选择,应尽可能选择执行时间短的,也就是高效率的算法。算法的效率也称作算法的时间复杂度。

5. 低存储量需求

算法的存储量需求指算法执行期间所需要的最大存储空间。对于同一个问题如果有多个算法可供选择,应尽可能选择存储量需求低的算法。算法的存储量需求也称作算法的空间复杂度。算法的高效率和低存储量往往是互相矛盾的。

1.4.4 算法效率的度量

算法执行时间需通过依据该算法编制的程序在计算机上运行所消耗的时间来度量。这个时耗与下面的因素有关:

(1) 书写算法的程序设计语言;

(2) 编译产生的机器语言代码质量;

(3) 机器执行指令的速度;

(4) 问题的规模。

这四个因素中,前三个都与机器有关。当度量一个算法的效率抛开具体的机器、仅考虑算法本身的效率高低时,算法效率仅与问题的规模有关,也就是说,算法效率是问题规模的函数。为了详细描述这个函数,引入以下几个概念。

1. 语句的频度(Frequency Count)

语句频度定义为可执行语句在算法(或程序)中重复执行的次数。若某语句执行一次的时间为 t,执行次数为 f,则该语句所耗时间的估计为 t·f。

例 1-7 求两个 n 阶方阵乘积。

$$C_{n\cdot n} = A_{n\cdot n} * B_{n\cdot n}$$

$$= \begin{bmatrix} c[0][0] & c[0][1] & \cdots & c[0][j] & \cdots & c[0][n-1] \\ c[1][0] & c[1][1] & \cdots & c[1][j] & \cdots & c[1][n-1] \\ & & \vdots & & & \\ c[i][0] & c[i][1] & \cdots & c[i][j] & \cdots & c[i][n-1] \\ & & \vdots & & & \\ c[n-1][0] & c[n-1][1] & \cdots & c[n-1][j] & \cdots & c[n-1][n-1] \end{bmatrix}$$

其中:

$$c[i][j] = \sum_{k=0}^{n-1} a[i][k] \times b[k][j]$$

算法描述:

```
#define n 10
void MATRIXM(A,B,C)
float A[n][n],B[n][n],C[n][n];
{   int i,j,k;                         语句频度:
    for(i=0; i<n;i++)                  n+1
    for(j=0; j<n;j++)                  n(n+1)
    {   C[i][j]=0;                     n²
        for(k=0;k<n;k++)               n²(n+1)
        C[i][j]+=A[i][k]*B[k][j];      n³
    }
}
```

for 循环语句的执行次数实际上是循环变量的变化次数,所以例 1-7 中第一个 for 语句执行的次数(即频度)应为 $n+1$,其他各句依次为 $n(n+1)$、n^2、$n^2(n+1)$ 和 n^3。

2. 算法的时间复杂度(Time Complexity)

算法的时间复杂度定义为算法中可执行语句的频度之和,记为 $T(n)$。$T(n)$ 是算法所需时间的一种估计,其中 n 为问题的规模,它有时为算法的输入量,有时为算法的计算量。如例 1-7 中,问题的规模 n 为矩阵的阶,该算法的时间复杂度为:

$$T(n) = (n+1) + n(n+1) + n^2 + n^2(n+1) + n^3$$
$$= 2n^3 + 3n^2 + 2n + 1$$

当 $n \to \infty$ 时,$\lim(T(n)/n^3) = 2$,故 $T(n)$ 与 n^3 为同阶无穷大,或说 $T(n)$ 与 n^3 成正比、$T(n)$ 的量级为 n^3,记为:

$$T(n) = O(n^3)$$

对不同的场合,有时以 n 取不同值时算法平均所耗时间作为 $T(n)$(如在查找场合),有时又以算法最长所需时间为 $T(n)$(如在排序场合)。当然,算法设计时,应使 $T(n)$ 的量级越小越好。另外,在算法分析中关键要抓住一些循环语句的执行次数,而对一些循环之外语句的执行次数可忽略不计。

有了时间复杂度的概念之后,我们就可以用它来衡量一个算法的效率高低了。

例 1-8 在数组$(A[0],A[1],A[2],\cdots,A[n-1])$中查找第一个与给定值 k 相等的元素的序号。

算法描述如下:

```
int search(datatype A[n],datatype k)          //在 A[n]中查找 k 的算法
{   int i;
    i=0;
    while(i<n&&A[i]!=k)
        i++;
    if(i<n) return i;
    else return(-1);
}
```

本例应以平均查找次数为算法的 $T(n)$。设查找每个元素的概率 $p_i(0\leqslant i\leqslant n-1)$ 均等,即 $p_i=1/n$,查找元素 k 时,k 与 $A[i]$ 的比较次数(即执行 while 循环语句的次数)为 $c_i=i+1$,则查找次数的平均值(或期望值):

$$T(n) = \sum_{i=0}^{n-1} p_i c_i = \frac{1}{n} \sum_{i=0}^{n-1} (i+1) = (n+1)/2$$

因为 $\lim_{n\to\infty}(T(n)/n)=1/2$,故 $T(n)=O(n)$,此时又称 $T(n)$ 为算法的平均时间复杂度。当然,本例中若 k 不在数组 A 中,则 while 语句最多执行 $n+1$ 次,量级同样为 $O(n)$。

例 1-9 设某算法执行部分语句如下:

```
x=1;
for(i=1;i<=n;i++)
    for(j=1;j<=i;j++)
        for(k=1;k<=j;k++)
            x++;
```

此例中,循环变量 i 从 1 到 n;对每个 i,循环变量 j 从 1 到 i;而对每个 j,循环变量 k 从 1 到 j。显然,最内循环体内的语句 x++ 执行频度是最高的,故以 x++ 的执行次数刻画 $T(n)$,即:

$$T(n) = \sum_{i=1}^{n} \sum_{j=1}^{i} \sum_{k=1}^{j} 1 = \sum_{i=1}^{n} \sum_{j=1}^{i} j = \sum_{i=1}^{n} \frac{1}{2}i(i+1) = \frac{1}{6}n(n+1)(n+2)$$

因为 $\lim_{n\to\infty}(T(n)/n^3)=1/6$,所以 $T(n)=O(n^3)$。

有时为加快算法的分析速度,而不必纠缠一些细节,可对算法的 $T(n)$ 做大致的估计。

例 1-10 设某算法的执行部分如下:

```
x=n;
y=1;
while(x>=(y+1)*(y+1))
    y++;
```

此例关键看 while 语句的执行次数（或 y++ 的执行次数），y 从 1 开始，每次加 1，当其接近 $\sqrt{n}$ 时，结束循环，故 T(n)估计为 $O(\sqrt{n})$。

T(n)的量级通常有：

$O(C)$——常数级，算法中不论问题规模多大，T(n)一致，因而是最理想的 T(n)量级；

$O(n)$——线性级；

$O(n^2)$，$O(n^3)$——平方、立方级；

$O(\log_2 n)$，$O(n*\log_2 n)$——对数、线性对数级；

$O(2^n)$——指数级，时间复杂度最差。

以上几种常见的 T(n)随 n 变化的增长率如图 1.9 所示。

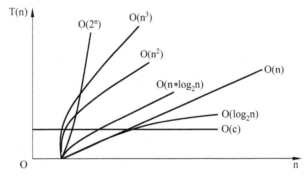

图 1.9　T(n)随 n 变化的增长率

另外，算法的空间复杂度也有类似的定义：设问题的规模为 n，执行算法所占存储空间的量级为 D(n)，则 D(n)为算法的空间复杂度（Space Complexity）。

讨论了数据结构与算法的基本概念后，有必要提到瑞士科学家沃思（N. Wirth）的著名公式：

$$数据结构＋算法＝程序$$

其中数据结构指的就是对数据及其相互关系的表示，包括数据的逻辑结构和存储结构，实际上是研究从具体问题中抽象出来的数学模型如何在计算机存储器中表示出来的问题；而算法研究的是对数据处理的步骤，即如何在相应的数据结构上施加一些操作来完成所要求的任务。如果对问题的数据表示和数据处理都讨论清楚了，并做出了具体的设计，就相当于完成了相应的程序。

习　题　1

1-1　解释下列术语：数据、数据元素、数据结构、操作。

1-2　什么叫数据的逻辑结构？什么叫数据的存储结构？

1-3　举一个数据结构的例子，叙述其逻辑结构、存储结构和操作三方面的内容。

1-4　什么叫抽象数据类型？如何描述抽象数据类型？抽象数据类型有什么作用？

1-5 用 C 语言描述算法时应该注意哪些事项？

1-6 什么叫算法？算法设计的目标是什么？

1-7 什么叫算法效率？如何度量算法效率？

1-8 设 n 为正整数，给出下列算法的时间复杂度为 T(n)。

(1)
```
i=1; k=0;
while(i<=n-1)
{   k=k+10*i;
    i=i+1;
}
```

(2)
```
i=1; k=0;
do
{   k=k+10*i;
    i=i+1;
} while(i!=n);
```

(3)
```
x=91; n=100;
while(n-->0)
{   if(x>100)
    {   x=x-10;
        y=y-1;
    }
    else   x=x+1;
}
```

(4)
```
x=n;            //n>1
y=0;
while(x>=(y+1)*(y+1))
    y++;
```

(5)
```
for(i=1; i<n; i++)
    for(j=1; j<i; j++)
        for(k=1; k<j; k++)
            x++;
```

第 2 章 线 性 表

线性表是信息表的一种形式,表中数据元素之间满足线性关系(或线性结构),是一种最基本、最简单的数据结构类型。本章讨论线性表的逻辑和存储结构、相关算法的实现以及线性表的应用举例。本章各小节之间关系如下:

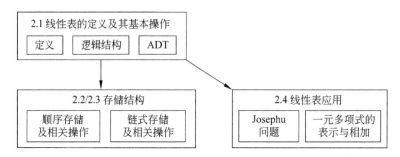

2.1 线性表的定义及其基本操作

2.1.1 线性表的定义

线性表(Linear List)是包含若干相同类型数据元素的一个线性序列,记为:

$$L = (a_0, \cdots, a_{i-1}, a_i, a_{i+1}, \cdots, a_{n-1})$$

其中:L 为表名,$a_i(0 \leqslant i \leqslant n-1)$为数据元素,n 为表长,即当前线性表 L 中元素的个数,n>0 时,线性表 L 为非空表,否则为空表。

2.1.2 线性表的逻辑结构和特征

线性表 L 的逻辑结构可用形式化语言描述如下:

$$L = (D, R)$$

即 L 为一个包含数据元素集合 D 和 D 上关系集合 R 的二元组,其中:

$$D = \{a_i \mid a_i \in datatype, i = 0, 1, 2, \cdots, n-1, n \geqslant 0\}$$

$$R = \{<a_i, a_{i+1}> \mid a_i, a_{i+1} \in D, 0 \leqslant i \leqslant n-2\}$$

表长 n=0 时,L 为空表,记为 ϕ;关系符$<a_i, a_{i+1}>$在这里称为有序对,表示表中任意相邻的两个元素之间的一种先后次序关系,这种关系中称 a_i 是 a_{i+1} 的直接前驱,a_{i+1} 是 a_i

的直接后继,当表长 n≤1 时,关系集 R 为空集。

对于一个非空线性表来说,a_0 被称为表头元素,它是表中唯一一个没有直接前驱的元素;a_{n-1} 被称为表尾元素,它是表中唯一一个没有直接后继的元素;对于表中其他的元素 a_i,有且仅有一个直接前驱(a_{i-1})和一个直接后继(a_{i+1})。

例 2-1 线性表例子:

L1=(A,B,…,Z),表中每个元素为字符;

L2=(6,7,…,105),表中每个元素为整数。

学生记录表 L3 如表 2.1 所示。即 L3=(a_0,a_1,…,a_{31}),表中每个元素 a_i(0≤i≤31)含有若干个数据项,这样的数据元素通常被称为记录(Record),它们一同描述了一个学生的信息。在计算机中,又将含有若干个记录的线性表称为记录文件(或数据文件)。

表 2.1 学生记录表

	学号	姓名	性别	年龄	班级	…
a_0	98001	丁兰	女	19	计 98	…
a_1	98002	王林	男	20	计 98	…
⋮	…	…	…	…	…	…
a_{31}	98032	马红	女	18	计 98	…

2.1.3 线性表的抽象数据类型表示

在线性表的逻辑结构的基础上,定义一组相关的操作,就可以建立一个完整的线性表的抽象数据类型表示:

```
ADT  List{
    数据元素集:D={a_i|a_i∈datatype,i=0,1,2,…,n-1,n≥0}
    数据关系集:R={<a_i,a_{i+1}>|a_i,a_{i+1}∈D,0≤i≤n-2}
    基本操作集:P
ListInit(&L)
    操作结果:构造一个空的线性表 L。
ListDestroy(&L)
    初始条件:线性表 L 存在。
    操作结果:撤销线性表 L。
ListClear(&L)
    初始条件:线性表 L 存在。
    操作结果:将 L 置为一张空表。
ListLength(L)
    初始条件:线性表 L 存在。
    操作结果:返回 L 中数据元素的个数,即表长 n。
ListEmpty(L)
    初始条件:线性表 L 存在。
    操作结果:L 为空表时返回 TRUE,否则返回 FALSE。
```

GetElem(L,i)

    初始条件：线性表 L 存在，且 $0 \leqslant i \leqslant n-1$。

    操作结果：返回 L 中第 i 个元素的值(或指针)。

LocateElem(L,e)

    初始条件：线性表 L 存在，且 $e \in$ datatype。

    操作结果：若 e 在 L 中，返回 e 的序号(或指针)；否则返回 e 不在表中的信息(实际应用中如 -1 或 NULL)。

PreElem(L,cur)

    初始条件：线性表 L 存在，且 cur $\in$ datatype。

    操作结果：若 cur 在 L 中且不是表头元素，返回 cur 的直接前驱的值，否则返回 NULL。

SuccElem(L,cur)

    初始条件：线性表 L 存在，且 cur $\in$ datatype。

    操作结果：若 cur 在 L 中且不是表尾元素，返回 cur 的直接后继的值，否则返回 NULL。

ListInsert(&L,i,e)

    初始条件：线性表 L 存在，且 $e \in$ datatype。

    操作结果：若 $0 \leqslant i \leqslant n-1$，将 e 插入到第 i 个元素之前，表长增加 1，函数返回 TRUE；

              若 i=n，将 e 插入到表尾，表长增加 1，函数返回 TRUE；

              i 为其他值时函数返回 FALSE，L 无变化。

ListDel(&L,i)

    初始条件：线性表 L 存在。

    操作结果：若 $0 \leqslant i \leqslant n-1$，将第 i 个元素从表中删除，函数返回 TRUE，

              否则函数返回 FALSE，L 无变化。

ListTraverse(L)

    初始条件：线性表 L 存在。

    操作结果：依次对表中的元素利用 visit() 函数进行访问。

        (visit() 是根据具体 datatype 和实际对数据的应用方式编写的访问函数)

}ADT List;

以上是在逻辑层面上建立的线性表的抽象数据类型。当然，这里只是描述了对线性表能够"做什么"，至于"如何做"也就是这些操作的具体实现，依赖于线性表的存储结构，将在谈到线性表不同的存储结构时，分别说明(以后的章节讨论的方法相同)。

除了上面定义的这些基本操作之外，还有下面一些常用的操作：

合并——将多个表合并成一个表；

拆分——将一个表拆分成若干个表；

复制——拷贝一个表作为备份；

排序——按某种关系(如按元素值的大小)整理表。

类似这样的操作可以通过调用前面的若干基本操作得到实现。

例 2-2 设线性表 La$=(a_0, a_1, \cdots, a_{m-1})$，Lb$=(b_0, b_1, \cdots, b_{n-1})$，求两表的合并操作 La$\cup$Lb$\rightarrow$La，如图 2.1 所示。结果即为图中的阴影部分。

(1) 算法思路：依次取表 Lb 中的 b_i(i=

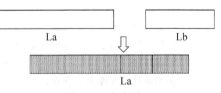

图 2.1 表合并

$0,1,\cdots,n-1)$,若 b_i 不属于 La,则将其插入表 La 中。

（2）算法描述：

```
void Union(list La,list Lb)              //求 La∪Lb→La 的算法,设 list 为已定义的表的数据类型
{   int i,k;
    datatype x;
    for(i=0;i<ListLength(Lb);i++)        //依次取 Lb 中的各元素
    {   x=GetElem(Lb,i);                 //取出 bᵢ=>x
        k=LocateElem(La,x);              //考查 x 是否在 La 中
        if(k==-1) ListInsert(La,ListLength(La),x);      //若 x 不属于 La,插到其表尾
    }
}
```

因为对于每一个 $b_i(0 \leqslant i \leqslant n-1)$,都要调用定位操作以决定其是否在 La 中,而函数 LocateElem(L,x) 的时耗为 $O(m)$,故该算法的时间复杂度为 $T(m,n)=O(m*n)$。

类似可写出求 La-Lb、La∩Lb 等操作的算法。

例 2-3　设计清除线性表 $L=(a_0,a_1,\cdots,a_i,\cdots,a_{n-1})$ 中重复元素的算法。

（1）算法思路：对当前表 L 中的每个元素 $a_i(0 \leqslant i \leqslant n-2)$,依次与 $a_{i+1},\cdots,a_{n-1}$ 比较,若其中有元素 $a_j(i+1 \leqslant j \leqslant n-1)$ 与 a_i 相等,则删除之。

（2）算法描述：

```
void Purge(list L)                       //清除 L 表中重复元素的算法
{   int i,j;
    datatype x,y;
    i=0;
    while(i<ListLength(L)-1)
    {   x=GetElem(L,i);                  //取 aᵢ
        j=i+1;
        while(j<ListLength(L))
            {   y=GetElem(L,j);          //取 aⱼ
                if(y==x) ListDel(L,j);   //删除重复元素 aⱼ
                else j++;
            }
        i++;
    }
}
```

不难看出,若表 L 的长度为 n,则该算法的时间复杂度为 $T(n)=O(n^2)$。

2.2　线性表的顺序存储结构

线性表作为一种基本的数据结构类型,在计算机存储器中的映像(或表示)一般有两种形式:一种是顺序映像,常将线性表的这种存储结构称为顺序表;另一种是链式映像,

常将线性表的这种存储结构称为链表。

2.2.1 顺序表

顺序表存储结构是用一组地址连续的存储单元依次存储线性表的各个数据元素。假设每个数据元素在存储器中占 d 个存储单元,且将第 i 个元素 a_i 的内存地址表示为 $Loc(a_i)$,那么有如下关系:

$$Loc(a_i) = Loc(a_0) + i \times d$$

其存储结构如图 2.2 所示。

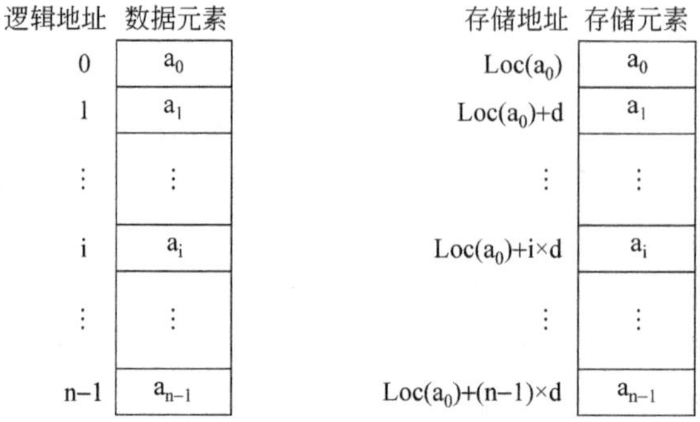

图 2.2 顺序表存储结构

在 C 语言中,一维数组的元素就是存放于一片连续的存储空间中,故可借助于 C 语言中一维数组类型来描述线性表的顺序存储结构,即:

```
#define maxsize 1024          //线性表的最大长度
typedef struct               //表的类型
{   datatype data[maxsize];   //表的存储空间
    int last;                 //当前表尾指针
}sqlist, *sqlink;            //表说明符
```

可调用 C 语言中 malloc()函数向编译系统申请线性表的存储空间,即:

```
sqlink L;
L=(sqlink)malloc(sizeof(sqlist));
```

则指针 L 指向一个存储结构的线性表,如图 2.3 所示。此时,逻辑结构中的数据元素 a_i 表示为 L->data[i]($0 \leqslant i \leqslant$ L->last)。

下面讨论建立在线性表顺序存储结构上的几个操作的实现。

2.2.2 顺序表上的基本操作

在明确了存储结构之后,我们就可以实现线性表的基本操作了。有些操作实现起来是相当简单的,例如,

置空表:ListClear($\&$L),令 L->last$=-1$;

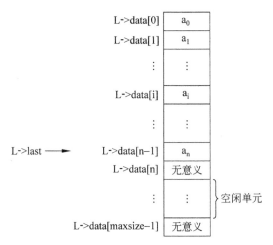

图 2.3　线性表顺序存储

取 a_i：GetElem(L,i)，　取 L->data[i]之值；

求表长：ListLength(L)，取 L->last 之值加 1 即可。

所以我们主要讨论前插、删除、定位等算法的实现。以下几个算法对应的表存储结构如图 2.3 所示。

1. 前插

将一给定数据元素 e 插在表中元素 a_i 之前，即实现 ListInsert(&L,i,e)。

(1) 算法思路：若表存在空闲空间，且参数 i 满足：$0 \leqslant i \leqslant$L->last＋1，则可进行正常插入。插入前，将表中(L->data[L->last]～L->data[i])部分顺序下移一个数据单位，然后将 e 插入 L->data[i]处，之后 L->last 之值加 1 即可。

(2) 算法描述：

```
int ListInsert(sqlink L,int i,datatype e)      //将给定值 e 插在表中第 i 位置的算法
{   int j;
    if(L->last>=maxsize-1)
    {   ERROR(L); return(0);}                   //表 L 溢出
        else if(i<0||i>L->last+1)
        {   ERROR(i); return(0);}               //非法参数 i
        else
        {   for(j=L->last;j>=i;j--)
                L->data[j+1]=L->data[j];        //顺序下移一个元素位置
            L->data[i]=e;                       //插入 e
            L->last++;                          //表尾指针加 1
            return(1);
        }
}
```

(3) 算法分析：因为算法的主要时间耗费在数据元素的移动上，即算法中的 for 语句上，故以每插入一个元素的平均移动次数刻画算法的时间复杂度为 T(n)(n 为表长)。设

元素 e 插入 $a_i(0 \leqslant i \leqslant n)$ 处的概率 p_i 均等,即 $p_i = 1/(n+1)$,而插入时的元素移动次数 $c_i = n - i$,则平均移动次数为:

$$T(n) = \sum_{i=0}^{n} p_i \times c_i = \frac{1}{n} \sum_{i=0}^{n} (n-i) = \frac{n}{2}$$

故此算法的 $T(n) = O(n)$。它说明该插入算法执行速度是很慢的,最坏情况下插入一个元素要移动原来的整个表。

另外,若表中元素从"小"到"大"有序排列(约定使用 DataCompare(a, b) 来对数据进行比较,a"大于"b 返回正数,a"等于"b 时为 0,a"小于"b 返回负数),则可写出将元素 e 插入到表的适当位置的算法:

(1) 算法思路:若表存在空闲空间,则可进行正常插入。此时依次用 e 和表中每一个元素进行比较直到找到第一个"不小于"e 的元素,用于前面类似的方法把 e 插入到该元素之前,然后修改表长即可。如果找不到就插入到表尾。

(2) 算法描述:

```
int Sinsert(sqlink L,datatype e)        //将 e 插入有序表 L 的适当位置的算法
{   int i,j;
    if(L->last>=maxsize-1)
    {   ERROR(L); return(0);}
    else
    {   i=0;
        while(i<=L->last&& DataCompare(e,L->data[i])<=0)        //查找适合 e 的位置
            i++;
        for(j=L->last;j>=i;j--)
            L->data[j+1]=L->data[j];   //元素顺序下移
        L->data[i]=e;                  //插入 e
        L->last++;                     //表长加 1
        return(1);
    }
}
```

显然该算法的时间复杂度为 $T(n)$ 也为 $O(n)$。

2. 删除

将表中第 i 个元素 a_i 从表中删除,即实现 ListDel(&L, i)。算法对应的存储结构如图 2.3 所示。

(1) 算法思路:若参数 i 满足:$0 \leqslant i \leqslant L->last$,则可进行正常删除。具体做法是将表中(L->data[i+1]~L->data[L->last])部分顺序向上移动一个元素位置,挤掉 L->data[i],再修改表长即可达到删除的目的。

(2) 算法描述:

```
int ListDel(sqlink L,int i)             //将表 L 中第 i 个元素 a_i 从表中删除的算法
{   int j;
    if(i<0||i>L->last)
```

```
{   ERROR(i); return(0); }              //非法参数处理
    else
{   for(j=i+1;j<=L->last;j++)
    L->data[j-1]=L->data[j];            //元素顺序上移
    L->last--;                         //表长减1
    return(1);
    }
}
```

(3) 算法分析：设删除一个元素 $a_i(0 \leqslant i \leqslant n-1)$ 的概率 p_i 均等，即 $p_i = 1/n$，删除 a_i 的元素移动次数 $c_i = n-(i+1)$，则平均移动次数为：

$$T(n) = \sum_{i=0}^{n-1} p_i \times c_i = \frac{1}{n} \sum_{i=0}^{n-1} (n-i-1) = \frac{n-1}{2}$$

故此算法的时间复杂度为 $T(n) = O(n)$，同样说明删除表中元素的速度是比较慢的。

3. 定位

确定一给定元素 e 在表 L 中第一次出现的位置（序号），即实现 LocateElem(L, e)。

(1) 算法思路：设一扫描变量 i（初值 $=0$），判断当前表中元素 a_i 是否等于 e，若相等，则返回当前 i 值（表明 e 落在表的第 i 位置）；否则 i 加 1，继续往下比较。若表中无一个元素与 e 相等，则返回 -1。

(2) 算法描述：

```
int LocateElem(sqlink L,datatyp e)        //在表中查找元素 e 第一次出现的位置的算法
{   int i=0;
    while(i<=L->last&&DataCompare(e,L->data[i])!=0)
    i++;
    if(i<=L->last) return(i);
    else return(-1);
}
```

(3) 算法分析：算法的时间主要消耗在 while 语句中元素 e 与 a_i 的比较次数上，所以用平均比较次数来刻画算法的 $T(n)$。设元素 $a_i(0 \leqslant i \leqslant n-1)$ 与 e 相等的概率 p_i 均等，即 $p_i = 1/n$，查找 a_i 与 e 相等的比较次数 $c_i = i+1$，则平均的比较次数为：

$$T(n) = \sum_{i=0}^{n-1} p_i \times c_i = \frac{1}{n} \sum_{i=0}^{n-1} (n+1) = \frac{n+1}{2}$$

故此算法的时间复杂度为 $T(n) = O(n)$，这是查找算法的最高时耗。当然，查找失败的 $T(n)$ 同样为 $O(n)$。

2.2.3 顺序存储结构的基本特点

顺序表是线性表中最简单、最常用的存储结构。这种存储方式中逻辑上相邻的元素 a_i, a_{i+1}，其存储位置也是相邻的，即 $Loc(a_{i+1}) = Loc(a_i) + d$，这就使得对顺序表的设计与操作十分方便。主要体现在：

（1）表的逻辑结构与存储结构的相似性使得理解与编写算法非常直接。

（2）顺序表是随机存取的存储结构。因为 $Loc(a_i)$ 与起始地址（设为 b）只相差 $i*d$。所以，当确定了 b、i 和 d 后，$Loc(a_i)$ 便可按公式取得，然后再按所指定的单元地址存取元素 a_i，其速度是最快的。

（3）存储密度高。定义存储密度 D=（数据结构中元素所占存储空间）/（整个数据结构所占空间）。顺序存储结构中 D 接近于 1。

但顺序存储结构有以下不足：

（1）由于这种存储结构需要系统提供连续的地址空间，对于系统资源紧张、数据元素较多的情况下，这种要求并不一定能被满足。

（2）数据元素最大个数需要预先确定，以便高级程序设计语言（例如 C）编译系统能够预先分配相应的存储空间。这就需要按问题中可能存入表内的最多数据量来设计，对系统资源会造成浪费。

（3）由于表中的元素连续分布，使得插入和删除时都需要移动后面的大量数据，极端情况下甚至要移动整张表。在数据元素比较多，插入、删除操作比较频繁，以及每个元素所占空间较多的情况下，将极大地影响系统速度。

2.3 线性表的链式存储结构

下面我们讨论线性表的链式存储结构，也就是所谓的链表。链表能较好地克服顺序表的几点不足，也是第 2 章的重点。

2.3.1 单链表

将线性表 $L=(a_0,a_1,\cdots,a_{n-1})$ 中各元素分布在存储器的不同存储块，并附加指针域，形成节点（Node），通过地址或指针建立它们之间的联系，所得到的存储结构为链表结构。表中元素 a_i 的节点形式如图 2.4 所示。其中，节点的 data 域存放数据元素 a_i，而 next 域是一个指针，指向 a_i 的直接后继 a_{i+1} 所在的节点。于是，线性表 $L=(a_0,a_1,\cdots,a_{n-1})$ 的链式存储结构如图 2.5 所示。在此结构中，每节点只有一个指向后继节点的指针，故称其为单链表。

data	next

图 2.4 单链表节点

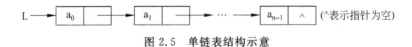

图 2.5 单链表结构示意

例 2-4 设线性表 $L=$（赵，钱，孙，李，周，吴，郑，王），各元素在存储器中的分布如图 2.6 所示。

为方便链表的操作，有时在链表的第一节点之前加上一个头节点，称为带头节点的单链表，如图 2.7 所示。

链表结构不要求预先分配存储空间，表结构是在算法执行过程中动态形成的。另外，

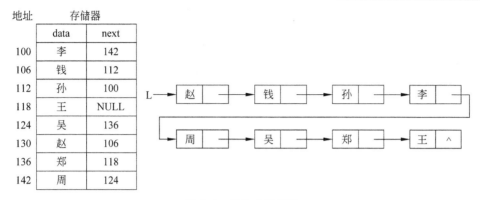

图 2.6　单链表的例子

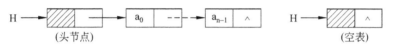

图 2.7　带头节点的单链表

这种结构可利用存储器中一些零散的存储空间,对表的扩充等操作方便可行,基本上克服了顺序存储结构的几点不足(但插入、删除等操作的速度还是较慢的)。

节点类型描述:

```
typedef int datatype;          //设当前数据元素为整型
typedef struct node            //节点类型
{   datatype data;             //节点的数据域
    struct node *next;         //节点的后继指针域
}linknode, *link;              //linknode 为节点说明符,link 为节点指针说明符
```

若说明"linknode A；link p;",则结构变量 A 为所描述的节点,而指针变量 p 为指向此类型节点的指针(或 p 的值为节点的地址),其表示如图 2.8 所示。

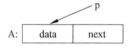

图 2.8　单链表节点表示

为方便下面讨论链表的操作,约定两种提法:

节点 x——数据元素为 x 的节点,如图 2.9 所示。

p 节点——指针 p 所指向的节点,如图 2.10 所示。

图 2.9　节点 x　　　　　　　　　　　图 2.10　p 节点

设 p 指向链表中节点 a_i,如图 2.11 所示。要获取节点 a_i,在算法中写作:p->data 或 (* p). data;而获取 a_{i+1},则写作:p->next->data,或 (* (* p). next). data。另外,若指针 p 的值为 NULL,则表明它不指向任何节点,此时,取 p->data 或 p->next 是错误的。

可调用 C 语言中 malloc()函数向编译系统申请节点的存储空间,若说明:

图 2.11　相邻节点

```
link p; p=(link)malloc(sizeof(linknode));
```

则获得了一个类型为 linknode 的节点，且该节点的地址已经
存入指针变量 p 中，如图 2.12 所示。而释放一个 p 节点，调用
free(p) 函数完成。

图 2.12　获取 p 节点

2.3.2　单链表中的基本操作

下面着手实现以单链表为存储结构的线性表的基本操作。这里使用的存储结构均为
带头节点的单链表结构。

1. 创建单链表

（1）算法思路：创建一个空的单链表就是创建一个头节点，并返回其指针。

（2）算法描述：

```
link Createlist()                           //创建单链表的算法
{   link H;
    H= (link)malloc(sizeof(linknode));      //建立头节点
    H->next=NULL;                           //将尾节点（这里就是头节点）的指针域置空
    return(H);                              //返回已创建的头节点
}
```

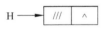

图 2.13　获取头节点

通过算法的执行，我们得到如图 2.13 所示的一个头节点。

若需要输入数据创建链表，可以写出如下算法。

（1）算法思路：先创建头节点，之后依次读入表 $L=(a_0, a_1, \cdots, a_{n-1})$ 中的每一元素 a_i（这里以整型数据为例），若 $a_i \neq$ 结束符（这里以 -1 表示），则将形成一个新节点，放到表尾，并返回头指针。

（2）算法描述：

```
link Createlist()                           //创建单链表的算法
{   int a;
    link H,P,r;                             //H,P,r分别为表头,新节点和表尾节点指针
    H= (link)malloc(sizeof(linknode));      //建立头节点
    r=H;
    scanf("%d",&a);                         //输入一个数据
    while(a!=-1)
    {   P=(link)malloc(sizeof(linknode));   //申请新节点
        P->data=a;                          //存入数据
        r->next=P;                          //新节点链入表尾
        r=P;
        scanf("%d",&a);                     //输入下一数据
    }
    r->next=NULL;                           //将尾节点的指针域置空
    return(H);                              //返回已创建的头节点
}
```

通过运行,我们得到了如图 2.7 所示的带头节点的链表。设表长为 n,显然此算法的时间复杂度 T(n)=O(n)。通过上面两个算法可以看到,链表的结构是动态形成的,即数据插入之前,没有分配元素的存储空间。

2. 查找

1) 按序号查找

按序号查找即实现 GetElem(L,i)操作。算法对应的链表如图 2.7 所示。

(1)算法思路:从链表的第一个节点 a_0 起,判断是否为第 i 节点,若是,则返回该节点的指针,否则查找下一节点,以此类推。

(2)算法描述:

```
Link  GetElem(link H,int i)        //查找单链表 H 中第 i 节点的指针的算法
{   int j=-1;
    link P=H;                      //令指针 P指向头节点
    if(i<0) return(NULL);          //参数错,返回 NULL
    while(P->next&&j<i)            //若当前节点存在且不为第 i 个节点时
    {   P=P->next;                 //取 P节点的后继
        j++;
    }
    if(i==j) return(P);            //返回第 i 节点的指针
    else return(NULL);            //查找失败,即 i>表长
}
```

设表长为 n,显然此算法的时间复杂度 T(n)=O(n)。

2) 按值查找(定位)

按值查找即实现 LocateElem(L,e),算法对应的链表如图 2.7 所示。

(1)算法思路:从链表节点 a_0 起,依次判断某节点是否等于 x,若是,则返回该节点的地址,若不是,则查找下一节点,以此类推。若表中不存在 x,则返回 NULL。

(2)算法描述:

```
link LocateElem(link H,datatype e)     //在单链表中查找元素值为 x 的节点的算法
{   link P=H->next;                    //令指针 P指向节点 a₀
    while(P&&P->data!=e)
    P=P->next;                         //继续向后查找
    return(P);        //若查找成功(即某个 P->data=e)则返回指针 P;否则 P必为空,返回 NULL
}
```

此算法的时间复杂度 T(n)也为 O(n)。

3. 前插

即实现 ListInsert(&L,i,e,)。算法对应的链表结构如图 2.14 所示。

(1)算法思路:调用前面的算法 GetElem(H,i−1),获取节点 a_{i-1} 的指针 p,然后申请一个 q 节点,将 e 存入此节点,并将其插入 p 节点之后。插入时的指针变化如图 2.14 所示。

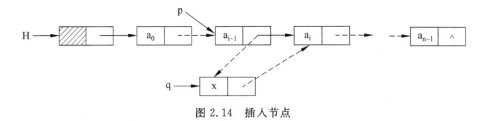

图 2.14　插入节点

（2）算法描述：

```
void ListInsert(link H,int i,datatype e)        //在单链表 H 中将节点 x 插入到节点 aᵢ 之
                                                    前的算法
{   link p,q;
    if(i==0) p=H;else p=GetElem(H,i-1);         //取节点 aᵢ₋₁ 的指针
    if(p==NULL) ERROR(i);                        //参数 i 出错
    else
    {   q=(link)malloc(sizeof(linknode));        //申请插入节点
        q->data=x;                               //存入数据
        q->next=p->next;                         //插入新节点
        p->next=q;
    }
}
```

此算法的时间主要花费在函数 GetElem(H,i-1) 上，故 $T(n)=O(n)$，但插入时未引起元素的移动，这一点优于顺序结构的插入。

4. 删除

删除即实现 ListDel(L,i)，算法对应的链表结构如图 2.15 所示。

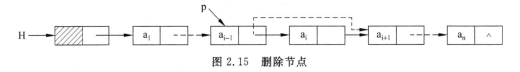

图 2.15　删除节点

（1）算法思路：同插入法，先调用函数 GetElem(H,i-1)，找到节点 aᵢ 的前驱，然后如图 2.15 所示，将节点 aᵢ 删除。

（2）算法描述：

```
void ListDel(link H,int i)                      //删除单链表 H 中节点 aᵢ 的算法
{   link p,q;
    if(i==0) p=H;else p=GetElem(H,i-1);         //取节点 aᵢ₋₁ 的指针
    if(p&&p->next)                               //若 p 及 p->next 所在的节点存在
    {   q=p->next;
        p->next=q->next;                         //删除
        free(q);                                 //释放被删除节点
    }
```

```
    else ERROR(i);                          //参数 i 出错
}
```

同插入法，此算法的 T(n)＝O(n)。为熟练掌握单链表结构及指针操作，我们再讨论几个例子。

例 2-5 设计一个算法，将单链表 H 倒置，如图 2.16 所示。

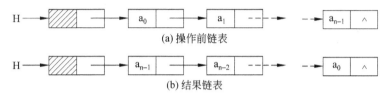

(a) 操作前链表

(b) 结果链表

图 2.16 单链表倒置

(1) 算法思路：依次取原链表中每一个节点，将其作为新链表的第一节点插入 H 节点之后即可。

(2) 算法描述：

```
void L1n-Ln1(link H)          //求单链表 H 倒置的算法
{   link p,q;
    p=H->next;                //令指针 p 指向节点 a₀
    H->next=NULL;             //先将原链表置空
    while(p)
    {   q=p;
        p=p->next;
        q->next=H->next;      //将节点 aᵢ 插入到头节点之后
        H->next=q;
    }
}
```

此算法可视为对单链表的遍历操作，其时间复杂度 $T(n)＝O(n)$。

例 2-6 设节点的 data 域为整型，设计一个算法求链表中相邻两节点 data 值之和为最大的第一节点的指针。如图 2.17 所示的链表，它应返回 data 值为 4 的节点所在的指针。

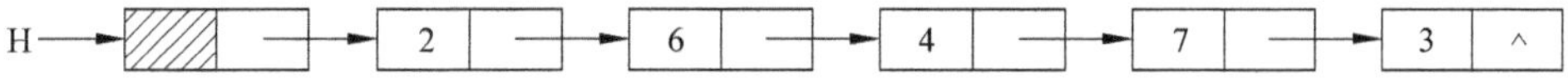

H —▶ [▨ |] —▶ [2 |] —▶ [6 |] —▶ [4 |] —▶ [7 |] —▶ [3 | ∧]

图 2.17 单链表例子

(1) 算法思路：设 p、q 分别为链表的相邻两节点指针，求 p->data+q->data 为最大的那一组值，返回其相应的指针 p 即可。

(2) 算法描述：

```
link Adjmax(link H)      //求链表中相邻两节点 data 值之和为最大的第一节点的指针的算法
{   link p,p1,q;
    int m0,m1;
    p=p1=H->next;
```

```
if(p1==NULL) return(p1);          //表空返回
q=p->next;
if(q==NULL) return(p1);           //表长=1时的返回
m0=p->data+q->data;               //相邻两节点 data 值之和
whie(q->next)
{  p=q; q=q->next;                //取下一对相邻节点的指针
   m1=p->data+q->data;
   if(m1>m0)
   { p1=p; m0=m1; }               //取和为最大的第一节点指针
}
return(p1);
}
```

算法的时间复杂度 $T(n)=O(n)$。

例 2-7 设两单链表 A、B 按 data 值(设为整型)递增有序,如图 2.18 所示。

图 2.18 有序链表

设计一个算法,将表 A 和 B 合并成一个表 A,且表 A 也按 data 值递增有序。图 2.18 中的两表合并后的结果如图 2.19 所示。

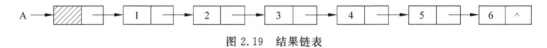

图 2.19 结果链表

(1)算法思路:设指针 p、q 分别指向表 A 和 B 中的节点,若 p->data≤q->data,则将 p 节点链入结果表,否则将 q 节点链入结果表。

(2)算法描述:

```
void Merge(link A,link B)          //将两个递增表合并成一个递增有序表的算法
{  link r,p,q;
   p=A->next;
   q=B->next;
   free(B);
   r=A;                            //指针 r 为结果表的表尾指针
   while(p&&q)
   {  if(p->data<=q->data)
      {  r->next=p; r=p;           //p节点进结果表
         p=p->next;
      }
      else
      {  r->next=q; r=q;           //q节点进结果表
         q=q->next;
      }
```

```
    }
    if(p==NULL) p=q;              //收尾处理
    r->next=p;
}
```

设原表 A 长度为 m,表 B 长度为 n,因算法中循环语句最多执行 m＋n 次,故该算法的时间复杂度为 T(m,n)＝O(m＋n)。

2.3.3 单向循环链表

单向循环链表是单链表的一种改进,若将单链表的首尾节点相连,便构成单向循环链表结构,如图 2.20 所示。

图 2.20　单向循环链表

循环链表的操作与单链表基本类似,只是在做查找操作时,可以从循环链表的任一节点开始,这时,若查找一周,又回到原来位置,则查找失败。另外,若链表操作频繁在尾部进行,可设一链表指针 rear 指向尾部节点(指针 H 可省去),如图 2.21 所示。

图 2.21　指针指向表尾的单向循环链表

这样,为获得表尾元素 a_{n-1},取 rear->data 即可,不必遍历到表尾,而取 a_0 的操作为:

```
(rear->next->next)->data
```

例 2-8　设 ra 和 rb 分别为两循环链表的尾指针,设计一个算法,实现表 ra 和 rb 的简单连接。算法的链表结构如图 2.22 所示。

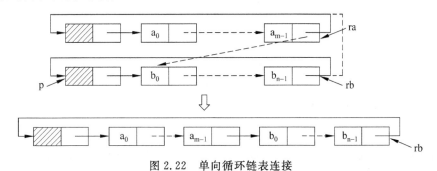

图 2.22　单向循环链表连接

算法描述:

```
link Connecta-b(link ra,link rb)       //两循环链表简单链接的算法
{   link p;
    p=rb->next;
```

```
rb->next=ra->next;
ra->next=p->next;
free(p);
return(rb);
}
```

2.3.4　双向链表

在单链表 L 中,查找某节点 a_i 的后继节点 $next(L,a_i)$,耗时仅为 $O(1)$,因为取节点 a_i 之后继指针即可。但查找 a_i 的直接前驱 $prior(L,a_i)$,则需从链表的头指针开始,找到节点 a_i 前一节点即是。故操作 $prior(L,a_i)$ 依赖表长 n,耗时为 $O(n)$,另外,若链表中有一指针值被破坏,则整个链表也脱节。这是单链表的不足,为此,引入双向链表。

先定义双向链表中的节点,如图 2.23 所示。其中,data 和 next 的含义同单链表,增加另一指针域 prior,令其指向本节点的直接前驱。

节点 a_i 定义: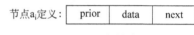

图 2.23　双向链表节点

节点描述:

```
typedef struct dnode            //双向链表节点
{   datatype data;
    struct dnode *prior, *next;
}dlinknode, *dlink;
```

通常将双向链表首尾相连,构成如图 2.24 所示的双向循环链表。

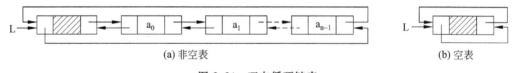

(a) 非空表　　　　　　　　　　　　　　　　　　　(b) 空表

图 2.24　双向循环链表

设 p 为链表中某节点的指针,有对称性:

```
(p->prior)->next==p==(p->next)->prior
```

在双向链表中,有些操作(如求长度、取元素、定位等)的算法仅涉及后继指针,此时相应的算法与单向链表相同。但对于前插、删除操作,须同时修改后续及前驱指针。下面算法都是在双向循环链表上进行讨论。

1. 前插

前插即实现在表 L 的第 i 节点前插入一节点 e 的操作,如图 2.25 所示。

(1)算法思路:调用双向链表查找算法(设为 Getlist(L,i)),获取节点 a_i 的指针 p。若 p 存在,申请一 q 节点,存入元素 x,然后修改指针,将 q 节点插入 p 节点之前。

(2)算法描述:

```
void Dinsert(dlink L,int i,datatype x)      //将节点 x 插入双向链表 L 中第 i 节点之前的算法
```

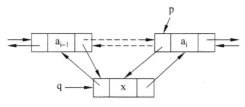

图 2.25 节点前插

```
{   dlink p,q;
    p=Getlist(L,i);                              //取节点 a_i 的指针
    if(p==NULL) Error(i);                        //参数 i 出错处理
    else
    {   q=(dlink)malloc(sizeof(dlinknode));      //申请 q 节点
        q->data=x;                               //存入数据
        q->prior=p->prior;                       //修改指针,将 q 节点插入
        q->next=p;
        (p->prior)->next=q;
        p->prior=q;
    }
}
```

此算法的耗时主要在查找操作 Getlist(L,i)上,故 $T(n)=O(n)$。

2. 删除

删除即实现删除链表中第 i 节点的操作,如图 2.26 所示。

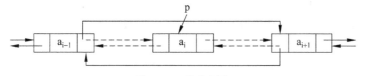

图 2.26 节点删除

(1) 算法思路:调用双向链表查找算法 Getlist(L,i),获取节点 a_i 的指针 p,若 p 存在,则修改相应指针,删除 p 节点。

(2) 算法描述:

```
void Ddelete(dlink L,int i)                      //删除双向链表中第 i 节点的算法
{   dlink p;
    p=Getlist(L,i);                              //取节点 a_i 的指针
    if(p==NULL) Error(i);                        //参数 i 出错
    else
    {   (p->prior)->next=p->next;
        (p->next)->prior=p->prior;
        free(p);
    }
}
```

同插入操作,该算法的 $T(n)=O(n)$。

2.3.5 静态链表

前面讨论的链表属于动态结构,即链表中节点的分配和回收是由 C 语言编译系统提供的函数 malloc() 和 free() 来完成的,且节点之间的"链"是由指针实现。如果使用的工具(如 Fortran)无"指针"类型,就无法"动态生成"节点,此时就需要借助静态链表来实现链表结构。

静态链表是在顺序表基础上实现的链表。它是顺序表方法与链表方法的结合。最常用的静态链表是静态单链表。静态单链表中的一个节点是数组的一个元素。每个元素包含一个数据域和一个指示器域(类似于指针),指示器表明了后继节点在数组中的位置。数组的第 0 号元素可以设置为头节点,头节点指示器指出第一个节点的位置。

静态单链表的节点结构可定义如下:

```
typedef struct
{    datatype data;
     int next;
}snode;
```

静态单链表可定义如下:

```
#define MAXSIZE 1024
snode spool[MAXSIZE];
```

静态单链表须像顺序表那样预先分配一个较大的存储空间。在做数据元素的插入、删除操作中不需要像顺序表那样移动数据元素,仅需像单链表那样修改指示器,但是静态单链表是非随机存储结构,插入和删除需顺指示器链查到所需插入或删除的位置,因此其算法的时间复杂度仍为 $O(n)$。

设有如上定义的静态单链表 spool 中存储着线性表(a,b,c,d,f,g,h,i),MAXSIZE=11。如图 2.27(a)所示。要在第四个数据元素之前插入 e,方法是在当前表尾(或当前可用元素)后加入 e,然后修改 spool[4].next=9,置 spool[9].next=5,插入后如图 2.27(b)所示。再要删除第 8 个元素的方法是顺着指示器找到第 7 个和第 8 个元素的序号,分别为 6 和 7。于是令 spool[6].next=spool[7].next 即可,删除后状态如图 2.27(c)所示。

上述例子中并未考虑释放单元的回收,这样多次插入删除后可能造成链表的"假满",即虽然还有未使用的空间,却不能再插入元素了。解决的方法是把未使用的空间也构成一个链表,每次插入时取出这个链表中的第一个空间存放数据,而删除时把相应的空间接入这个链表。也就是说,在这个数组上建立两个链表:一个是已用链表,另一个是未用链表。已用链表的头指针为序号 0 的数组元素,未用链表则需另设一个变量来指出。

这样可以定义静态链表为:

```
snode spool[MAXSIZE];
int unused;              //未用静态单链表的头指示器
```

位置序号	data	next
0		1
1	a	2
2	b	3
3	c	4
4	d	5
5	f	6
6	g	7
7	h	8
8	i	0
9		
10		

(a) 原始表

位置序号	data	next
0		1
1	a	2
2	b	3
3	c	4
4	d	9
5	f	6
6	g	7
7	h	8
8	i	0
9	e	5
10		

(b) 插入后

位置序号	data	next
0		1
1	a	2
2	b	3
3	c	4
4	d	5
5	f	6
6	g	8
7	h	8
8	i	0
9	e	5
10		

(c) 删除后

图 2.27 静态链表插入、删除示例

则可以将静态单链表的基本操作实现如下。

1. 初始化

(1) 算法思路：将第 0 元素指向自身，并将其余数组元素链成未用表。

(2) 算法描述：

```
void spInit(snode spool[],int *unused)
//初始化静态单链表，并设置为使用表头指示器
{   int j;
    spool[0].next=0;                    //已用链表置空
    for(j=1;j<MAXSIZE-1;j++)
    spool[j].next=j+1;                  //每一未用节点链向下一点
    spool[j].next=0;*unused=1;          //标记链尾
}
```

2. 前插

在描述插入与删除算法之前，首先我们要描述模拟 C 中的内存分配与回收函数。

1) 节点分配

(1) 算法思路：即从当前未使用链表中获得一个节点，将序号返回。

(2) 算法描述：

```
int smalloc(snode spool[],int *unused)          //静态链表节点分配
{   int p=0;
    if(*unused!=0)                              //有未用空间时分配
    {   p=*unused;                              //取未用空间第一个元素
        *unused=spool[*unused].next;            //将此空间从未用表中删除
    }
    return(p);                                  //有空闲时返回相应序号,否则返回 0
}
```

2）节点回收

（1）算法思路：即从当前未使用链表中获得一个节点，将序号返回。

（2）算法描述：

```
int sfree(snode spool[],int*unused,int p)        //静态链表节点回收
{   if(p>=0&&p<MAXSIZE)
    {   spool[p].next=*unused;
        *unused=p;                               //将此空间链入未用表头
        return(1);
    }
    else return(0);
}
```

下面就可以开始描述前插算法了。

（1）算法思路：先从未使用表中取一个元素，将数据 e 赋给其数据域，之后找到插入位置 i 之前的元素，把 e 插到其后。

（2）算法描述：

```
int sInsert(snode spool[],int i,datatype e,int*unused)
//e 插入 spool 第 i 个元素之前的算法
{   int j,k,m;
    j=smalloc(snode spool[],int*unused)          //取可用空间
    if(j==0)ERROR();
    m=0;
    for(k=0;k<i-1;k++)                            //找第 i-1 个元素
    {   m=spool[m].next;
        if(m==0)ERROR(i);
    }
    spool[j].data=e;                             //插入元素
    spool[j].next=spool[m].next;
    spool[m].next=j;
    return(1);
}
```

3. 删除

（1）算法思路：先从表中找到该元素，删除之后再将其空间存入未使用表。

（2）算法描述：

```
int sDelete(snode spool[],int i,int*unused)                //删除 spool 中第 i 个元素的算法
{   int j,k,m;
    k=0;
    for(k=0;k<i-1;k++)                            //找第 i-1 个位置
    {   m=spool[m].next;
        if(m==0)ERROR(i)
```

```
    }
    j=spool[m].next;
    spool[m].next=spool[j].next;              //删除节点
    sfree(snode spool[],int*unused,j);
    return(1);
}
```

例 2-9 建立一个静态单链表。首先一次读入 6 个字符,之后删除第二个字符,再在第三个字符前插入 a,并输出各个状态。程序如下:

```
#define MAXSIZE 10
typedef char datatype;
main()
{   datatype e;
    snode spool[MAXSIZE];
    int unused;
    int i,j,k;
    sInit(spool,&unused);
    sbrowse(spool,unused);
    printf("\n Input 6 chars\n");
    for(i=0;i<6;i++)
    {   e=getch();
        sInsert(spool,i,e,&unused);
    }
    sbrowse(spool,unused);
    sDelete(spool,2,&unused)
    sbrowse(spool,unused);
    sInsert(spool,3,'a',&unused);
    sbrowse(spool,unused);
}
sbrowse(snode spool[],int unused);
{   int i;
    for(i=0;i<MAXSIZE;i++)
        printf("\n%d %c %d ",i,spool[i].data,spool[i].next);
    printf("\n unused=%d",unused);
    printf("\nPress a key to continue\n");getch();
}
```

2.3.6 链式存储结构的特点

链式存储结构与顺序存储结构比较,主要有以下两个优点:

(1)节点空间的动态申请和动态释放克服了顺序表中必须预先确定最大存储空间的缺点。可以用到时再分配,不需要就回收,可以在一定程度上节省资源。

（2）链式存储中元素之间的逻辑次序依靠指针的链接来实现，克服了顺序表中插入与删除时会带来元素大量移动的缺点。

当然，链式存储也有它的不足：

（1）每个节点的指针域都会带来额外的空间消耗。尤其是当数据域所占字节不多时，指针域的比重就显得很大。所以，使用顺序表或者链式表哪一个更节省资源还需要根据具体问题来分析。

（2）链式表中对节点的操作一般要从头节点开始进行查找，这增加了有些算法的复杂程度。

2.4　线性表应用举例

线性表的应用很多，限于篇幅，这里讨论两个例子：Josephu（约瑟夫）问题和一元多项式的表示及相加。

2.4.1　Josephu 问题

Josephu 问题为：设编号分别为 $1,2,\cdots,n$ 的 n 个人围坐一圈。约定序号为 k(1≤ k≤n)的人从 1 开始计数，数到 m 的那个人出列，他的下一位又从 1 开始计数，数到 m 的那个人又出列，以此类推，直到所有人出列为止。

例 2-10　设 n=8,k=3,m=4 时，如图 2.28 所示。出列序列为：(6,2,7,4,3,5,1,8)。

算法思路：Josephu 问题用一个不带头节点的循环链表来处理会很容易实现。首先创建一个有 n 个节点的单循环链表，然后从第 k 节点起从 1 计数，计到 m 时，对应节点从链表中删除；然后再从被删除节点的下一个节点起又从 1 开始计数，……，直到链表剩下一个节点时算法结束。算法对应的链表结构如图 2.29 所示。

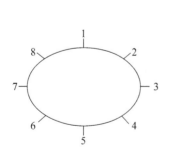

图 2.28　Josephu 问题

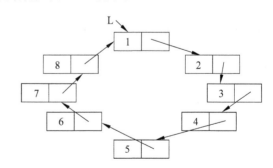

图 2.29　n 个节点的循环链表

解决该问题的主要有以下步骤：

（1）根据输入 n 创建有 n 个节点的循环链表；

（2）根据输入 k 和 m，按规则计算出每一次出列的人的序号；

（3）按照出列顺序将序号输出。

可以将（2）、（3）两项综合在一起，即选择一个，输出一个，这样，程序的主要函数就有两个：一个是创建循环链表，另一个是按约瑟夫规则出列。另外还有程序的主控函数（main）与循环链表的删除函数。

下面是实现这些功能的完整源程序：

```
#include<stdio.h>
#include<malloc.h>
#include<conio.h>
typedef struct node          /*循环链表结构*/
{   int No;
    struct node*next;
}Node, *Link;
/**********************/
/*建立单循环链表      */
/**********************/
Link CreatRing(int n)        /*创建n个节点的链表，并给相应得数据域赋给相应序号*/
{   int i;
    Link head=NULL,tail=NULL;
    for(i=1;i<=n;i++)
    {   if(i==1)head=tail= (Link)malloc(sizeof(Node));       /*第一个节点的创建方式*/
        else
        {   tail->next= (Link)malloc(sizeof(Node));
                                                    /*以有节点时新建一个节点插入尾部*/
            tail=tail->next;
        }
        tail->No=i;                            /*给新增节点赋序号值*/
        tail->next=NULL;
    }
    tail->next=head;                           /*全部建立完成后将首尾相连形成环*/
    return(head);                              /*返回建好的头节点*/
}
/**********************/
/*从循环链表中删除节点*/
/**********************/
Link Delete(Link s)                            /*删除循环链表中的节点s*/
{   Link p=s;
    while(p->next!=s)                          /*寻找s的前一个节点*/
    p=p->next;
    p->next=s->next;
    free(s);                                   /*删除s节点*/
    return(p->next);        /*为了本问题的方便,返回删除节点的下一个节点的指针*/
```

```
    }
/**********************************************/
/*按约瑟夫规则删除节点,并按顺序输出其序号*/
/**********************************************/
void Josephu (Link p,int n,int m,int k)              /*按约瑟夫规则依次输出节点*/
{   int i,j;
    printf("出列的序列为:\n(");
    for(i=1;i<k;i++)                                 /*找到报数的起始者*/
        p=p->next;
    for(i=0;i<n;i++)                                 /*每次循环出列一人*/
    {   for(j=1;j<m;j++)                             /*向前移动 m-1 步*/
        p=p->next;
        printf("%d,",p->No);                         /*将出列人的序号显示出来*/
        p=Delete(p);                                 /*从表中删除该人*/
    }
    printf("\b)");
}

void main()                                          /*主控函数*/
{   int n,m,k;
    Link head=NULL;
    printf("\n请输入总人数 n: ");
    scanf("%d",&n);
    printf("请输入起始者序号 k: ");
    scanf("%d",&k);
    printf("请输入每次数到多少时产生一名出列者 m: ");
    scanf("%d",&m);
    head=CreatRing(n);
    Josephu (head,n,m,k);
    getch();
}
```

输入:

20✓ 5✓ 7✓

就可得到如下输出序列:

(11,18,5,13,1,9,19,8,20,12,4,17,15,14,16,3,10,2,6,7)

主要求解算法中的第一个 for 循环的时间复杂度为 O(k);第二个 for 循环的时间复杂度为 O(n),而内层循环执行次数为 m,每执行一次第二个 for 循环,其里面的 for 循环执行的时间为 O(m)。所以可以忽略第一次的 k 次循环。故此时算法的时间复杂度为:

$$T(n,m) = O(n) + O(k) + O(n * m) = O(n * m)$$

2.4.2　一元多项式的表示与相加

带符号多项式的操作，已成为线性表处理的典型例子。一个一元 n 次多项式可以表示如下：

$$p_n(x) = p_0 + p_1 x^1 + \cdots + p_i x^i + \cdots + p_n x^n$$

它的 n+1 个系数可形成一个线性表 $p(p_0, p_1, \cdots, p_n)$，而 x 的指数 $i(0 \leqslant i \leqslant n)$ 对应系数 p_i 的序号。如果用这样的方式建立线性表 $P_n(x)$，无疑其中有许多系数为 0 的项，极端情况下如：

$$p_{2000}(x) = 1 + 3x^{1000} + 2x^{2000}$$

对应的线性表就是 $P(1,0,\cdots,0,3,0,\cdots,0,2)$。显然这些 0 元素在存储结构中要占用大量的存储空间，是一种浪费，且处理起来费时，所以为节省存储空间及处理方便，去掉 $P_n(x)$ 中系数为 0 的项，表示成：

$$P_n(x) = P_1 x^{e1} + P_2 x^{e2} + \cdots + P_m x^{em}$$

其中：$P_i(1 \leqslant i \leqslant m) \neq 0$，且 $0 \leqslant e1 < e2 < e3 < \cdots < em = n$。这样就可以避免无关项的资源占用。但是，此时系数的序号 i 并不反映 x 的指数 ei，故线性表的每一元素还要存储与系数对应的指数，所以要用两个值表示：(P_i, ei)，即：

$$P((P_1,e1),(P_2,e2),\cdots,(P_m,em))$$

如 $P_{2000}(x)$，对应的线性表为 $P((1,0),(3,1000),(2,2000))$，大大节省了存储空间。可是对于 0 系数项很少的情况，例如 n+1 项系数均不为零的极端情况下，链式存储会加大一倍的存储量。

多项式 $P_n(x)$ 对应的线性表是采用顺序存储结构还是链式存储结构视具体情况而定。下面讨论用单链表的形式存储多项式及两个多项式相加。

节点形式：

coef	exp	next
(系数域)	(指数域)	(指向下一项的指针)

图 2.30　节点

将多项式中的一项存储于一个节点，节点类型描述如图 2.30 所示。

```
typedef struct node
{   float coef;
    int exp;
    struct node *next;
}linknode, *link;
```

例 2-11　设两多项式 A、B 分别为：

$A_{16}(X) = 5 + 2X + 8X^8 + 3X^{16}$，相应的线性表为 $A((5,0),(2,1),(8,8),(3,16))$

$B_8(X) = 6X + 23X^6 - 8X^8$，相应的线性表为 $B((6,1),(23,6),(-8,8))$

A+B 的结果多项式 C 为：

$C_{16}(X) = 5 + 8X + 23X^6 + 3X^{16}$，相应的线性表为 $C((5,0),(8,1),(23,6),(3,16))$

如何形成多项式 A 和 B 的链表结构，可参照 2.3.2 节中"建立单链表的算法"。例 2-11 中 A 和 B 的链表结构如图 2.31 所示。

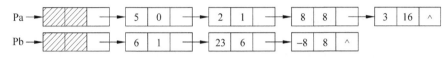

图 2.31 多项式 A 和 B 的链表

两链表相加的算法思路：两链表表示的多项式相加算法是通过逐项比较对应节点的指数进行的。设指针 Pa、Pb 分别指向两链表中的某节点（初始指向第一节点）：

若 Pa->exp<Pb->exp，则 Pa 节点应为和的一项；

若 Pa->exp>Pb->exp，则 Pb 节点应为和的一项；

若 Pa->exp＝Pb->exp，则两节点对应系数相加：

$$sum＝Pa->exp＋Pb->exp$$

若 sum≠0，相加结果应为和的一项。

图 2.31 中两多项式的链表相加的结果如图 2.32 所示。

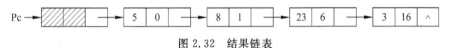

图 2.32 结果链表

解决该问题的主要有以下步骤：

(1) 根据输入创建 2 个表达式的链表。

(2) 计算两个表达式的和。

(3) 将 3 个表达式链表分别转化为表达式形式输出。

这样，程序的主要函数就有 3 个：一个是创建表达式链表，一个是求两个表达式的和，最后一个是输出表达式。另外还有程序的主控函数与表达式链表的插入函数。

下面是实现这些功能的完整源程序：

```
#include<stdio.h>
#include<malloc.h>
#include<conio.h>
typedef struct node
{   float coef;
    int exp;
    struct node *next;
}linknode, *link;
/*********************/
/*将节点插入到有序表中*/
/*********************/
void Insert(link head,link s)              /* 把 s 插入到有序的 head 表中 */
{   link pre=NULL,p=NULL;
    pre=head;                              /* pre 指向 p 的前一级节点 */
    p=pre->next;
    while(p!=NULL)                         /* 浏览表找到第一个比 s 指数项大的节点 */
    {   if(p->exp>s->exp)break;
```

```
            pre=p;
            p=p->next;
        }
        s->next=p;                          /* s 插入该节点前面 */
        pre->next=s;
}
/***********************************/
/*从键盘读入数据,并建成多项式链表*/
/***********************************/
link CreatPoly()                            /* 建立多项式列表并返回头指针 */
{   link head=NULL,s=NULL;
    float co;
    int last=-1,ex,flag=0;
    head=(link)malloc(sizeof(linknode));    /* 建立头节点 */
    head->next=NULL;
    do
    {   printf("\n请输入系数(0表示结束):"); /* 读入系数 */
        scanf("%f",&co);
        if(co==0) flag=1;                   /* 系数为 0 则设置标志变量表示结束 */
        if(flag==0)                         /* 尚未结束时继续输入信息并插入 */
        {   printf("请输入指数:");
            scanf("%d",&ex);
            if(ex<=last)continue;
            last=ex;
            s=(link)malloc(sizeof(linknode));
            s->coef=co;s->exp=ex;
            Insert(head,s);
        }
    }while(flag==0);
    return(head);                           /* 返回头指针 */
}
/**********************/
/*将两个多项式相加   */
/**********************/
void AddPoly(link pa,link pb)               /* 多项式 La 与 Lb 相加,并保存入 La */
{   link pc,pre,u;
    float sum;
    pc=pa; pre=pa;
    pa=pa->next;
    u=pb;
    pb=pb->next;
    free(u);
    while(pa&&pb)
    {if   (pa->exp<pb->exp)                 /* pa 和的一项 */
```

```
          {   pre=pa; pa=pa->next;}
      else   if(pa->exp>pb->exp)       /* pb 和的一项 */
          {   u=pb->next;
              pb->next=pa; pre->next=pb;
              pre=pb;pb=u;
          }
          else
          {   sum=pa->coef+pb->coef;/* 指数相同,系数相加 */
              if(sum!=0.0)                 /* 修改 pa 中节点系数为结果 */
              {   pa->coef=sum; pre=pa;}
                else                     /* 系数为 0 的项被删除 */
                {   pre->next=pa->next; free(pa);}
              pa=pre->next;
              u=pb;
              pb=pb->next;               /* 删除对应的 pb 节点 */
              free(u);
          }
      }
      if(pb) pre->next=pb;                /* 将 pb 表示的剩余项链入结果表 */
}
/**********************/
/*显示多项式        */
/**********************/
void Display(link head)                   /* 显示 head 中存储的多项式 */
{   link p=NULL;
    p=head->next;
    while(p!=NULL)                        /* 依次显示每一项 */
    {   if(p->exp==0)printf("%g+",p->coef,p->exp);
        else printf("%gx^%d+",p->coef,p->exp);
        p=p->next;
    }
    if(head->next==NULL)printf(" 0");     /* 一项都没有时显示 0 */
    else printf("\b ");                   /* 正常显示完毕后删除多余的 "+" */
}

void main()                               /* 主控函数 */
{   link pa=NULL,pb=NULL;
    printf("请输入多项式 a: ");
    pa=CreatPoly();
    printf("请输入多项式 b: ");
    pb=CreatPoly();
    printf("\nPa=");
    Display(pa);
    printf("\nPb=");
```

```
        Display(pb);
        AddPoly(pa,pb);
        printf("\nPc=");
        Display(pa);
        getch();
}
```

输入:

1↙ 2↙ 3↙ 6↙ 0↙ 7↙ 6↙ 8↙ 8↙ 0↙

则输出:

Pa=1x^2+3x^6

Pb=7x^6+8x^8

Pc=1x^2+10x^6+8x^8

设两链表的表长分别为 m 和 n,则相加算法的时间复杂度为 $T(m,n)=O(m+n)$。

本 章 小 结

本章知识逻辑结构如下图:

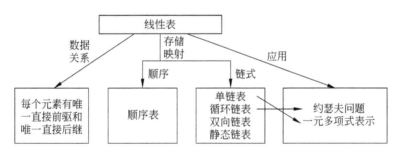

习 题 2

2-1 描述以下三个概念的区别:头指针、头节点、第一个节点。

2-2 已知线性表存放在数组 List[MAXSIZE]的前 $n(0 \leqslant n \leqslant MAXSIZE-1)$个分量中,且递增有序,编写一个算法将数据元素 e 插入到线性表中并使结果表依然有序。

2-3 已知线性表存放在数组 List[MAXSIZE]的前 $n(0 \leqslant n \leqslant MAXSIZE-1)$个分量中,编写一个算法删除该线性表中所有值为 e 的元素。

2-4 写出在无头节点的单链表 L 上实现线性表操作 ListInsert(&L,i,e)和 ListDel(&L,i)的算法。

2-5 编写算法实现包含 $n(0 \leqslant n \leqslant MAXSIZE-1)$个数据元素的顺序表建立。假设数据元素为字符,并由键盘输入。

2-6　编写一个算法,删除单链表 L 中值相同的多余节点。

2-7　编写一个算法,删除双向循环链表 L 中的第 i 个元素的直接前驱。

2-8　设指针 La 和 Lb 分别是两个带头节点的单链表的头指针,编写实现从单链表 La 中删除第 i 个元素起、共 len 个数据元素,并把它们以原有顺序插入到 Lb 中第 j 个元素之前的算法。

第 3 章 栈 与 队 列

仅从数据结构上看,栈和队列也是线性表。其不同之处在于对这种表的操作只是作用在表的某些元素上,因此也被称为操作受限制的线性表或称为限定性数据结构。栈和队列技术虽然简单,但在软件实现中有广泛的应用。本章讨论栈和队列的逻辑和存储表示、基本操作及相关算法的实现等问题,并例举一些栈和队列的典型应用。本章各小节之间关系如下:

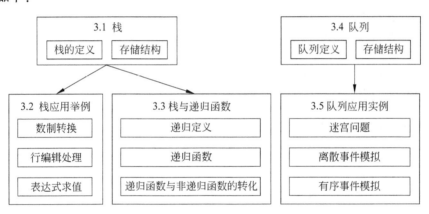

3.1 栈

3.1.1 栈的定义及其操作

1. 栈的定义及特征

栈(Stack)逻辑上是一种线性表,记为栈 $S=(a_0,a_1,\cdots,a_{n-1})$,如图 3.1 所示。对栈 S 的操作(插入、删除等)限定在表的一端进行,这一端称为栈顶(Top)。栈顶的位置是动态的,由一个称为栈顶指针的位置指示器(指针)来指示。表的另一端称为栈底(Bottom)。栈的插入操作称为进栈(Push),删除操作称为出栈(Pop)。

由于插入与删除都在栈顶进行,若元素进栈顺序为 $a_0,a_1,\cdots,a_{n-1}$,则出栈顺序是 $a_{n-1},a_{n-2},\cdots,a_0$,即

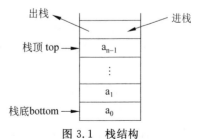

图 3.1 栈结构

后进栈的元素先出栈,故栈可称作"后进先出"(Last In First Out,LIFO)的线性表。当表中元素为空时,称"栈空"。若栈的存储空间已满,再作进栈操作时称"栈满溢出"。

2. 栈的抽象数据类型

根据上面对栈的描述,我们可以建立栈的抽象数据类型:

```
ADT Stack{
     数据元素集: D={aᵢ|aᵢ∈datatype,i=0,1,2,…,n-1,n≥0}
     数据关系集: R={<aᵢ,aᵢ₊₁>|aᵢ,aᵢ₊₁∈D,0≤i≤n-2}
               约定 a₀为栈底元素,aₙ₋₁为栈顶元素。
     基本操作集: P
StackInit(&S)
     操作结果: 创建一个空栈 S。
StackDestory(&S)
     初始条件: 栈 S 已经存在。
     操作结果: 撤销栈 S。
ClearStack(&S)
     初始条件: 栈 S 已经存在。
     操作结果: 将 S 清为空栈。
StackLength(S)
     初始条件: 栈 S 已经存在。
     操作结果: 返回栈 S 的元素个数。
EmptyStack(S)
     初始条件: 栈 S 已经存在。
     操作结果: 若 S 为空栈,则返回 TRUE(或返回 1),否则返回 FALSE(或返回 0)。
FullStack(S)
     初始条件: 栈 S 已经存在。
     操作结果: 若 S 为已满,则返回 TRUE,否则返回 FALSE。
Push(&S,e)
     初始条件: 栈 S 已经存在且未满。
     操作结果: 插入数据元素 e,使之成为新栈顶元素。
Pop(&S)
     初始条件: 栈 S 已经存在且非空。
     操作结果: 删除 S 的栈顶元素并返回其值。
GetTop(&S)
     初始条件: 栈 S 已经存在且非空。
     操作结果: 返回栈顶元素的值。
StackTraverse(S)
     初始条件: 栈 S 已经存在且非空。
     操作结果: 从栈顶到栈底依次调用 Visit()函数访问 S 中的每一个元素。
}ADT Stack;
```

对栈的操作关键是掌握后进先出(FIFO)的规则,为此举一个例子。

例 3-1 设元素为 1,2,3,4,进栈顺序约定:值小的元素先进栈,但在两次进栈之间,可作出栈操作。问对于进栈系列(1,2,3,4),可得到多少种出栈系列?

显然列$(1,2,3,4)$可为一个出栈序列：'1'进栈,'1'出栈；'2'进栈,'2'出栈；'3'进栈,'3'出栈；'4'进栈,'4'出栈。各种出栈序列如下：

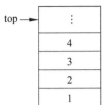

$(1,2,3,4),(1,2,4,3);(1,3,2,4),(1,3,4,2),(1,4,3,2);$

$(2,1,3,4),(2,1,4,3),(2,3,1,4),(2,3,4,1),(2,4,3,1);$

$(3,2,1,4),(3,2,4,1),(3,4,2,1);$

$(4,3,2,1)。$

图 3.2　栈操作示例

而根据约定条件,诸如$(4,2,3,1)$这样的出栈序列是不能得到的。因为要使出栈序列之首为'4',栈的状态如图 3.2 所示。将'4'弹出后根据 LIFO 规则,下一个出栈的应为'3',而不可能是'2'。

3.1.2　栈的顺序存储结构

1. 顺序栈的描述

栈是操作受限的线性表,因此,线性表的两种存储结构也同样适用于栈。栈的顺序存储结构简称顺序栈。同样可以使用一维数组来进行定义,并定义指针 top 指示栈顶位置。其结构描述如下：

```
#define maxsize 64              //栈最大容量
typedef struct
{   datatype data[maxsize];     //栈的存储空间
    int top;                    //栈顶指针(或游标)
}sqstack, *sqslink;             //顺序栈说明符
```

若说明 sqslink s；s＝(sqlink)malloc(sizeof(sqstack))；则指针 s 指向一个顺序栈,如图 3.3 所示。

栈顶元素 a_{n-1} 写作：$s->data[s->top]$。栈空时 $s->top＝-1$；栈满时 $s->top＞＝maxsize-1$。

例 3-2　元素进出栈示例,如图 3.4 所示。

有了具体的存储结构,我们就可以实现顺序栈上的一些基本操作了。

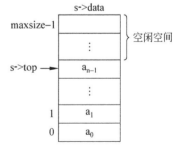

图 3.3　顺序栈

2. 顺序栈基本操作的算法实现

1) 置栈空的算法

```
void Clearstack(sqslink s)
{   s->top=-1;                  //用指针值为-1表示栈空
}
```

2) 判栈空的算法

```
int Emptystack(sqslink s)
{   if(s->top<0)return (1);     //栈空返回1
    else return(0);             //栈非空返回0
}
```

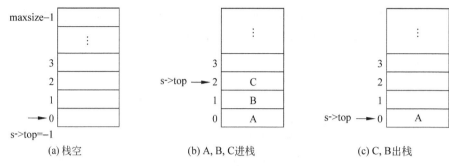

图 3.4　顺序栈操作示例

3）元素 x 进栈的算法

```
int Push(sqslink s,datatype x)
{   if(s->top>=maxsize-1) return(0);        //栈满溢出
    else
    {   s->top++;                           //移动栈顶指示器
        s->data[s->top]=x;                  //x 进栈
        return(1);
    }
}
```

4）出栈的算法

```
datatype Pop(sqslink s)
{   if(Emptystack(s)) return(NULL);         //栈空,返回 NULL
    else
    {   s->top--;
        return(s->data;s->top+1]);          //弹出栈顶元素
    }
}
```

5）取栈顶元素的算法

```
datatype Getstop(sqslink s)
{   if(Emptystack(s)) return(NULL);         //栈空,返回 NULL
    else return(s->data[s->top]);           //返回栈顶元素
}
```

　　需要说明的是,对顺序栈而言的出栈就是将栈顶指针下移一个位置,这样原来的栈顶元素就会被认为不包含在栈里了(实际上元素还存放在那个位置,当有新的元素进栈时才被覆盖掉)。

　　算法中常常要同时使用多个栈,为了不出现栈溢出错误,就要给每个栈分配一个较大的空间,但在实际中常常很难做到,如果每个栈都分配了很大的空间,有时会造成系统资源紧张。此时可以令多个栈共同使用一个空间,利用栈的动态特性使其存储空间互补,即栈的共享问题。最常见的是两个栈的共享。设栈的存储空间为 data[m],设置两个栈 S_1 和 S_2。因为栈有"栈底不变,栈顶动态移动"这个特性,可以将栈 S_1 及栈 S_2 的栈底分别固定在头尾两端,如图 3.5 所示。其中 $(a_0 \cdots a_{n-1})$ 为栈 S_1 中当前元素,S->top1 为栈 S_1 的栈顶指针;$(b_0 \cdots b_{n-1})$ 为栈 S_2 中当前元素,S->top2 为栈 S_2 的栈顶指针。

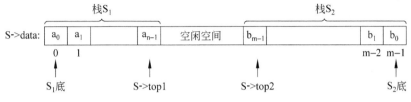

图 3.5 栈的共享

元素 x 进栈 S_1:

```
if(S->top2-S->top1>=2)
{   S->top1++;
    S->data[S->top1]=x;             //元素 x 进栈 S₁
    return(1);
}
else return(0);                     //栈满返回 0
```

栈 S_1 出栈:

```
if(S->top1==-1) return(NULL);       //栈 S₁ 空
else {S->top1--; return(S->data[S->top1+1])}
```

元素 x 进栈 S_2:

```
if(S->top2-S->top1>=2)
{   S->top2--;
    S->data[S->top2]=x;             //元素进栈 S₂
    return(1);
}
else return(0);                     //栈满返回 0
```

栈 S_2 出栈:

```
if(S->top2==m) return(NULL);        //栈空
else {S->top2++; return(S->data[S->top2-1]);}
```

关于两个以上栈共享存储空间问题,读者可查阅有关书籍,此处不再详述。

3.1.3 栈的链式存储结构

1. 链式栈描述

链式栈对应的结构是单链表,称为栈的链式存储结构。链式栈节点描述如下:

```
typedef struct node
{   datatype data;                  //存储一个栈元素
    struct node *next;              //后继指针
}snode, *slink;
```

设 top 为栈顶指针,链式栈结构如图 3.6 所示。即后进栈节点的指针 next 指向先进栈节点,而出栈时每次取 top 所指节点,以满足栈的 LIFO 原则。

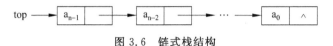

图 3.6　链式栈结构

2. 链式栈基本操作的实现

1）置栈空算法

```
Lclearstack(slink top)
{   top=NULL;}
```

2）判栈空否的算法

```
int Lemptystack(slink top)
{   if(top==NULL) return(1);
    else return(0);
}
```

3）进栈的算法

```
Lpush(slink top,datatype e)
{   slink p;
    p=(slink)malloc(sizeof(snode));     //生成进栈 p 节点
    p->data=e;                          //存入元素 e
    p->next=top;                        //p 节点作为新的栈顶链入
    top=p;
}
```

4）出栈的算法

```
datatype Lpop(slink top)
{   datatype e;
    slink p;
    if(Lemptystack(top)) return(NULL);  //栈空返回
    else
    {   e=top->data;                    //取栈顶元素
        p=top;top=top->next;            //重置栈顶指针
        free(p); return(e);
    }
}
```

3.2　栈应用举例

栈的应用十分广泛,只要是满足 LIFO 原则的问题,一般都可运用栈技术来解决。这里只讨论栈的几个典型应用。

3.2.1　数制转换

十进制正数 N 与 d 进制数的基数 d 之间满足关系：

$$N_{10} = \underbrace{(N/d)}_{整除} * d + \underbrace{N\%d}_{取模}$$

例 3-3　设 N=1234,d=8 时,有 $(1234)_{10}=(1234/8)*8+1234\%8$,根据此关系,将 N=1234,转换成八进制数的过程如下：

N	N/8	N%8	N	N/8	N%8
1234	154	2——进栈	2	0	2——进栈
154	19	2——进栈	0(停止)		
19	2	3——进栈			

栈中状态如图 3.7 所示。依次退栈后,得 2322,即 $(1234)_{10}=(2322)_8$。

求解这个问题主要是编写两进制数转化的算法,再加上必要的栈操作,其典型代码如下：

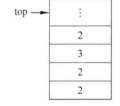

图 3.7　例 3-3 的栈操作状态

```
typedef struct node          /* 栈节点类型 */
{   int data;                /* 存储一个栈元素 */
    struct node *next;       /* 后继指针 */
}snode, *slink;
int Emptystack(slink top)    /* 检测栈空 */
{   if(top==NULL) return(1);
    else return(0);
}
int Pop(slink*top)           /* 出栈 */
{   int e;
    slink p;
    if(Emptystack(*top)) return(-1);        /* 栈空返回 */
    else
    {   e=(*top)->data;                     /* 取栈顶元素 */
        p=*top; *top=(*top)->next;          /* 重置栈顶指针 */
        free(p);return(e);
    }
}
void Push(slink*top,int e)                  /* 进栈 */
{   slink p;
    p=(slink)malloc(sizeof(snode));         /* 生成进栈 p 节点 */
    p->data=e;                              /* 存入元素 e */
    p->next=*top;                           /* p 节点作为新的栈顶链入 */
```

```
        *top=p;
}
/***************/
/*进制转化并输出*/
/***************/
void Conver10_d(int N,int d)          /*将十进制数 N 转换成 d 进制数并输出的算法*/
{   int x=N;
    slink S=NULL;                     /*置栈空*/
    if(N==0) printf("0");             /*输出 0*/
    if(d<2) return;                   /*进制无效*/
    if(N<0) x=-x;                     /*取正数*/
    while(x)
    {   Push(&S,x%d);                 /*当前 x%d 进栈*/
        x=x/d;
    }
    if(N<0) printf("-");              /*打印负号*/
    while(!Emptystack(S))
    {   x=Pop(&S);                    /*结果依次出栈*/
        printf("%d",x);              /*输出转换之数*/
    }
}
```

算法中的栈 S 是链式栈，一般不考虑栈满问题，若是顺序栈则进栈前要检测是否栈满。

3.2.2　行编辑处理

设终端输入字符送 c,约定:

♯——退格符,即"♯"前输入的字符退掉;

@——退行符,即"@"所在行无效;

*——结束符。

即若输入 abc@de♯fg*hij ↙,则输出 dfg。

其典型代码如下:

```
typedef struct node                  /*栈节点类型*/
{   char data;                       /*存储一个栈元素*/
    struct node *next;               /*后继指针*/
}snode, *slink;
int Emptystack(slink S)              /*检测栈空*/
{   if(S==NULL) return(1);
    else return(0);
}
char Pop(slink*top)                  /*出栈*/
{   char e;
```

```
    slink p;
    if(Emptystack(*top)) return(-1);              /*栈空返回*/
    else
    {   e=(*top)->data;                           /*取栈顶元素*/
        p=*top; *top=(*top)->next;                /*重置栈顶指针*/
        free(p);return(e);
    }
}
void Push(slink*top,char e)                        /*进栈*/
{   slink p;
    p=(slink)malloc(sizeof(snode));               /*生成进栈p节点*/
    p->data=e;                                    /*存入元素e*/
    p->next=*top;                                 /*p节点作为新的栈顶链入*/
    *top=p;
}
void Clearstack(slink*top)                         /*置空栈*/
{   slink p;
    while(*top!=NULL)
    {   p=(*top)->next;
        Pop(top);                                 /*依次弹出节点直到栈空*/
        *top=p;
    }
    *top=NULL;
}
int Stacklen(slink S)                             /*求栈深*/
{   int i=0;
    slink p=S;
    while(p!=NULL)
    {   i++;
        p=p->next;                                /*对每一个元素计数*/
    }
    return(i);
}
/*****************/
/*按规则处理字符串*/
/*****************/
void Lineedit(char d[],char s1[])                 /*处理s1串并输出到d串*/
{   int i=0;
    slink S=NULL;                                 /*置栈空*/
    while(s1[i]!='*'&&s1[i]!='\0')
    {   switch(s1[i])
        {   case '#': Pop(&S); break;             /*退格*/
            case '@': Clearstack(&S); break;      /*退行*/
            default : Push(&S,s1[i]);             /*字符进栈*/
```

```
        }
        i++;
    }
    Push(&S,'\0');                          /*屏幕输出结束符*/
    for(i=Stacklen(S);i>0;i--)              /*反向存入d串*/
        d[i-1]=Pop(&S);
}
```

实际中的文字处理软件(如 Word、WPS 等)属全屏幕编辑器,功能十分强大,可用其建立或编辑出很漂亮的文本,包括表格和插图等。

3.2.3 表达式求值

表达式求值是栈技术应用的典型例子,也是编译系统中较重要的问题。设某个表达式 E=A+(B−C/D)＊F,所谓表达式求值,就是要求设计一算法,通过算法的执行,求出相应表达式的值。

1. 表达式的组成成分

一个表达式一般由操作数、运算符和一些界限符组成。

(1) 操作数(operand):常数和变量。

(2) 运算符(operator)可分为如下三种。

算术运算符:＋、−、＊、/ 等。

关系运算符:＝＝、＜、＜＝、＞、＞＝、!＝等。

逻辑运算符:＆＆、||、!等。

(3) 界限符(delimiter):(,),♯(结束符)等。

此处只讨论包含算术运算符和界限符的算术表达式。另外,为讨论问题方便,设操作数为数字(0~9),至于一般的数据,如 32.5,可设计一个"拼数程序"加以解决。

2. 表达式的形式

(1) 中缀表达式,即人们思维习惯中的表达式,一般形式为:

<操作数$_1$> <运算符> < 操作数$_2$>

如:A+B,A+(B−C/D)＊F 等,都属于中缀表达式。

(2) 后缀表达式(或逆波兰式):一般形式为:

<操作数$_1$> <操作数$_2$> <运算符>

即将表达式中相应运算符置于两操作数之后,如:

$$A＋B \ \rightarrow \ AB＋$$
$$(中缀) \qquad (后缀)$$

(3) 前缀表达式(波兰式):即将运算符置于两操作数之前,如:

$$A＋B \ \rightarrow \ ＋AB$$
$$(中缀) \qquad (前缀)$$

中缀表达式虽符合人们的思维习惯,但存在一个算符优先和子表达式优先的问题,例如计算 $5+(4-2)*3$,运算步骤为:

(1) 求(4-2)——子表达式优先;

(2) 求(4-2)*3—— * 优先于+;

(3) 求 $5+(4-2)*3$。

若将中缀表达式先转换成后缀表达式,再计算,则"算符优先"和"子表达式优先"问题就可免去,使表达式求值相对简单得多。

3. 中缀表达式到后缀表达式的转换

手工转换方法:先将每个子表达式加括号,然后将各子表达式的运算符提到相应括号后,再去掉括号即可。

例 3-4 设中缀表达式 $A+(B-C/D)*F$,将其转化为后缀表达式的过程为:

$$A+(B-C/D)*F \xrightarrow{\text{加括号}} (A+((B-(C/D))*F))$$

$$\xrightarrow{\text{提出运算符}} (A((B(CD)/)-F)*)+$$

$$\xrightarrow{\text{去括号}} ABCD/-F*+ \text{(后缀表达式)}$$

比较中缀和后缀表达式,容易看出,两表达式的操作数次序一致,只是运算符次序不同而已。

设 Q_1 和 Q_2 是表达式中相邻的两运算符,分别可取+、-、*、/、(、)或结束符。如 $A+B*C$ 中,'+'为 Q_1,' * '为 Q_2。若 Q_1 优先 Q_2 运算,记 $Q_2>Q_2$,否则 $Q_2<Q_2$。而当 $Q_1='('$,$Q_2=')'$ 时,记 $Q_1=Q_2$。根据四则运算规则,有 Q_1 和 Q_2 的关系表如表 3.1 所示。

表 3.1 算符优先关系表

Q_1 \ Q_2	+	-	*	/	(	)	结束符
+	>	>	<	<	<	>	>
-	>	>	<	<	<	>	>
*	>	>	>	>	<	>	>
/	>	>	>	>	<	>	>
(	<	<	<	<	<	=	(不定)
)	>	>	>	>	>	>	>
结束符	<	<	<	<	<	(不定)	=

转换算法思路:由于后缀表达式中操作数的次序与中缀表达式一致,故扫描到中缀表达式操作数时直接输出即可。对于运算符,视其优先级别,优先级高的运算符先输出(或先运算)。设一个存放运算符的栈 S,先将 S 置空,存入结束符。另设中缀表达式已存入数组 E[n]。依次扫描 E[n] 中各分量 E[i]→x:

若 x='♯'(结束符),依次输出栈 S 中运算符,转换结束;

若 x=操作数,直接输出 x;

若 x=')',反复退栈输出栈 S 中子表达式运算符,直到栈顶符='(',并退掉栈顶的'(';

若 x=运算符,反复退栈输出栈 S 中运算符,直到栈顶符$(Q_1)<x(Q_2)$为止。

例 3-5   设中缀表达式：$5+(4-2)*3\#$(存入数组 E[n]中),相应后缀表达式：$542-3*+\#$(存入数组 B 中)。转换时栈 S 中状态如图 3.8 所示。

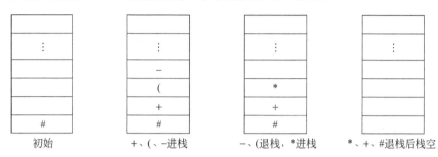

图 3.8   表达式转换时栈的状态

4. 后缀表达式求值

执行算法后,求出数组中存放的后缀表达式之值。下面设计对后缀表达式求值的算法。

算法思路：设一可存放操作数的栈 S,先将其置空,然后依次扫描后缀表达式中各分量送 x;

若 x=操作数,直接进栈;

若 x=运算符,出栈：$b=pop(S)$,$a=pop(S)$,作 a、b 关于 x 的运算,结果再进栈;

若 x='#',算法结束,输出栈顶,即表达式结果。

例 3-6   对后缀表达式"$542-3*+\#$"的求值过程中,栈 S 的变化状态如图 3.9 所示。

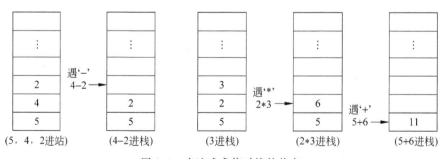

图 3.9   表达式求值时栈的状态

其数据结构定义和典型代码如下：

```
typedef struct node                      /*栈节点类型*/
{   char data;                           /*存储一个栈元素*/
    struct node *next;                   /*后继指针*/
}snode, *slink;
int Emptystack(slink S)                  /*检测栈空*/
```

```
{   if(S==NULL) return(1);
    else return(0);
}
char Pop(slink*top)                              /*出栈*/
{   char e;
    slink p;
    if(Emptystack(*top)) return(-1);             /*栈空返回*/
    else
    {   e=(*top)->data;                           /*取栈顶元素*/
        p=*top; *top=(*top)->next;               /*重置栈顶指针*/
        free(p);return(e);
    }
}
void Push(slink*top,char e)                       /*进栈*/
{   slink p;
    p=(slink)malloc(sizeof(snode));              /*生成进栈p节点*/
    p->data=e;                                    /*存入元素e*/
    p->next=*top;                                 /*p节点作为新的栈顶链入*/
    *top=p;
}
void Clearstack(slink*top)                        /*置空栈*/
{   slink p;
    while(*top!=NULL)
    {   p=(*top)->next;
        Pop(top);                                 /*依次弹出节点直到栈空*/
        *top=p;
    }
    *top=NULL;
}
char Getstop(slink S)                             /*取栈顶*/
{   if(S!=NULL) return(S->data);
    return(0);
}
/***************/
/*符号优先级比较*/
/***************/
int Precede(char x,char y)                        /*比较x是否"大于"y*/
{   switch(x)           /*由于符号比较有顺序之分,所以取权级别有两个函数*/
    {   case '(': x=0;break;
        case '+':
        case '-': x=1;break;
        case '*':
        case '/': x=2;break;
    }
```

```
    switch(y)
    {   case '+':
        case '-': y=1;break;
        case '*':
        case '/': y=2;break;
        case '(': y=3;break;
    }
    if(x>=y)return(1);
    else return(0);
}
/*****************/
/*中后序转换      */
/*****************/
void mid_post(char post[],char mid[])
                                    /*中缀表达式 mid 到后缀表达式 post 的转换的算法*/
{   int i=0,j=0;
    char x;
    slink S=NULL;                           /*置空栈*/
    Push(&S,'#');                           /*结束符入栈*/
    do
    {   x=mid[i++];                         /*扫描当前表达式分量 x*/
        switch(x)
        {   case '#':
            {   while(!Emptystack(S))
                post[j++]=Pop(&S);
            }break;
            case ')':
            {   while(Getstop(S)!='(')
                post[j++]=Pop(&S);          /*反复出栈直至遇到'('*/
                Pop(&S);                    /*退掉'('*/
            }break;
            case '+':
            case '-':
            case '*':
            case '/':
            case '(':
            {   while(Precede(Getstop(S),x))  /*栈顶运算符(Q1)与 x 比较*/
                    post[j++]=Pop(&S);        /*Q1>=x 时,输出栈顶符并退栈*/
                Push(&S,x);                   /*Q1<x 时 x 进栈*/
            }break;
            default : post[j++]=x;          /*操作数直接输出*/
        }
    }while(x!='#');
}
```

```
/******************/
/*后缀表达式求值 */
/******************/
int postcount(char post[])                      /*后缀表达式 post 求值的算法 */
{   int i=0;
    char x;
    float z,a,b;
    slink S=NULL;                               /*置栈空 */
    while(post[i]!='#')
    {   x=post[i];                              /*扫描每一个字符送 x */
        switch(x)
        {   case '+': b=Pop(&S);a=Pop(&S);z=a+b; Push(&S,z); break;
            case '-': b=Pop(&S);a=Pop(&S);z=a-b; Push(&S,z); break;
            case '*': b=Pop(&S);a=Pop(&S);z=a*b; Push(&S,z); break;
            case '/': b=Pop(&S);a=Pop(&S);z=a/b; Push(&S,z); break;
                                                /*执行相应运算结果进栈 */
            default : x=post[i]-'0'; Push(&S,x);  /*操作数直接进栈 */
        }
        i++;
    }
    if(!Emptystack(S)) return(Getstop(S));       /*返回结果 */
}
```

后缀表达式求值的优点：一是后缀表达式无括号，故不考虑子表达式问题；二是运算符无优先级别，遇到运算符就进行相应的处理即可。当然，上述两个算法（mid-post 和 postcount）实际应用中，还应考虑表达式语法检查、浮点数处理等细节问题，限于篇幅，此处不再赘述。

3.3　栈与递归函数

3.3.1　递归定义与递归函数

本小节讨论递归的定义、递归函数等问题。递归函数的实现也可看作是栈技术的一个应用。

1. 递归定义

对于一个定义：

<定义对象>＝<定义描述>

　（左部）　　　（右部）

即定义的右部又出现定义的左部形式，则称为一个递归定义。

例 3-7　n 的阶乘定义：

$$n! = \begin{cases} 1, & \text{当 } n = 0 \text{ 时} \\ n * (n-1)!, & \text{当 } n > 0 \text{ 时} \end{cases}$$

例 3-8 Fibonacci 数列定义：

$$\text{Fibnoacci}(n) = \begin{cases} 0, & \text{当 } n = 0 \text{ 时} \\ 1, & \text{当 } n = 1 \text{ 时} \\ \text{Fibonacci}(n-1) + \text{Fibonacci}(n-2), & \text{其他} \end{cases}$$

例 3-9 Ackermam 函数定义：

$$\text{Ack}(m,n) = \begin{cases} n+1, & \text{当 } m = 0 \text{ 时} \\ \text{Ack}(m-1,1), & \text{当 } n = 0 \text{ 时} \\ \text{Ack}(m-1,\text{Ack}(m,m-1)), & \text{其他} \end{cases}$$

2. 递归函数（或过程）

在函数体内直接或间接调用函数本身的函数，称为递归函数。

（1）直接递归函数形式：

（2）间接递归函数形式：

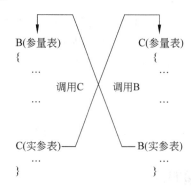

本书中涉及的递归函数都是直接递归的（间接递归的函数的设计与分析要复杂些）。

例 3-7、例 3-8、例 3-9 中递归函数的 C 语言描述如下：

```
int Fact(int n)                //求 n!的递归函数
{   if(n==0) return(1);
    else return(n*Fact(n-1));
}
void Fibonacci(int Fib[n])      //求 Fibonacci 数列
{   int i;
    for(i=0;i<n;i++)
    Fib[i]=Fib-i(i);
}
int Fib-i(int i)                //求数列第 i 项
```

```
{   if(i==0) return(0);
      else if(i==1) return(1);
      else return(Fib-i(i-1)+Fib-i(i-2));
}
int Ack(int m,int n)                    //求 Ackermam 的函数
{   if(m==0) return(n+1);
    else if(n==0) return(Ack(m-1,1));
    else return(Ack(m-1,Ack(m,n-1)));
}
```

例 3-10　hanoi 塔问题：设有 A、B、C 三个塔(或柱子)，n(n≥1)个直径不同的盘子依次从小到大编号为 1,2,…,n，存放于 A 塔中，如图 3.10 所示。

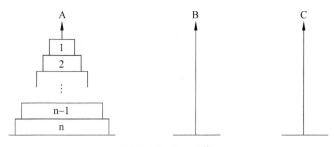

图 3.10　hanoi 塔

(1) 要求：将 A 塔上的 1 到 n 号盘移到 C 塔，B 塔作为辅助塔。

(2) 移动规则：每次只能移动一个盘从一塔到另一塔，且任何时候编号大的盘不能在编号小的盘之上。如 n=3 时，手工移动过程；1→C,2→B,1→B,3→C,1→A,2→C,1→C，约需移动 2^n 次。

(3) 分析：当 n=1 时，此号盘从 A 塔移到 C 塔即可；否则(n>1)

① 将 A 塔上的 1 到(n-1)号盘移向 B 塔，C 为辅助塔；

② 将 A 塔中第 n 号盘移至 C 塔；

③ 将 B 塔中 1 到(n-1)号盘移向 C 塔，A 为辅助塔。

可以看出：①、③子问题与原问题的性质一致，只是参量不同而已，故解决①、③可套用原算法，即递归。另设函数 move(x,i,y)可将 X 塔上的第 i 号盘移向 y 塔，则 hanoi 塔问题的求解算法如下：

```
void hanoi(int n,char A,char B,char C)      //hanoi 的塔问题求解算法
{   if(n==1) move(A,1,C);                    //相应 A 上的一个盘→C
    else {   hanoi(n-1,A,C,B);               //解决子问题①
             move(A,n,C);                    //相应 A 塔上的 n 号盘→C
             hanoi(n-1,B,A,C);}              //解决子问题③
}
```

hanoi 的塔问题求解利用了递归方法，算法虽然简单明了但很耗时，其时间复杂度为 $T(n)=O(2^n)$。

编译系统在处理递归函数时,最重要的是要设置一个栈 S。在递归调用时,记住调用语句的返回地址和当前调用层的一些参数信息,然后程序控制转向调用语句对应函数;而当调用返回时,退栈,使程序控制能返回到相应调用点的下一语句处往下执行。故有了LIFO 这个特点的栈,递归函数调用与返回实现起来就很方便了。

3.3.2 递归函数到非递归函数的转化

递归函数有算法简洁、清晰、可读性好等优点,但是有些情况下却需要将递归函数转化为非递归函数来使用,主要是因为以下两个原因:

(1) 有些算法语言(如 Fortran)无递归功能。

(2) 递归函数的时间和空间复杂度一般较差,因为处理递归过程系统内部需要反复的进栈和出栈。

所以对于一些常驻内存或对资源紧张的程序,需要把用递归描述的问题转换成非递归算法来实现。当然,这样的转化是一项较复杂的工作,尤其是间接递归的情况。转换过程一般都要用到栈技术,下面讨论两个简单的例子。

例 3-11 设函数:

$$f(n) = \begin{cases} n+1, & \text{当 } n = 0 \text{ 时} \\ n \times f\left(\dfrac{n}{2}\right), & \text{当 } n > 0 \text{ 时} \end{cases}$$

其中,$n \geqslant 0$ 且为整数,$n/2$ 为整除。

(1) 递归算法:

```
int F1(int n)
{   if(n==0) return (n+1);
    else return (n*F1(n/2));
}
```

如:$f(4) = 4 * f(4/2) = 4 * f(2)$
$\qquad = 4 * (2 * f(2/2)) = 4 * (2 * f(1))$
$\qquad = 4 * (2 * (1 * f(0))) = 4 * 2 * 1 * 1 = 8$

(2) 非递归算法思路:设一整型数栈 S,用于存放当前参数 n。先将栈 S 置空,当 $n > 0$ 时当前 n 进栈,之后 $n/2 \rightarrow n$,…,直到 $n = 0$;$n = 0$ 时令结果 $f = 1$,然后依次退栈顶元素,与当前结果 f 相乘直到栈空为止,最后 f 的值为所求。

(3) 非递归算法描述:

```
int FF1(int n)
{   int f;
    Clearstack(S);              //置栈空
    while(n>0)
    {   Push(S,n);              //当前 n 进栈
        n=n/2;                  //n 除以 2 取整
    }
```

```
    f=1;
    while(!Emptystack(S))
        f=f*Pop(S);              //依次退栈并与 f 相乘
    return(f);
}
```

例如执行 FF1(4),则栈中状态如图 3.11 所示。

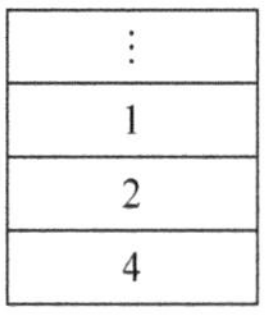

例 3-12　设 m、n 为正整数,递归函数:

$$f(m,n) = \begin{cases} m+n+1, & mn = 0 \text{ 时} \\ f(m-1,f(m,n-1)), & mn \neq 0 \text{ 时} \end{cases}$$

(1) 递归算法:

:
1
2
4

图 3.11　执行 FF1(4)
栈中状态

```
int F2(int m,int n)
{   if(m*n==0) return(m+n+1);
    else return(F2(m-1,F2(m,n-1)));
}
```

如 m=2,n=1 时,求值过程如下:

$$f(2,1) \xrightarrow{2 \times 1 \neq 0} f(1,f(2,0)) \xrightarrow{2 \times 0 = 0} f(1,3) \xrightarrow{1 \times 3 \neq 0} f(0,f(1,2)) \xrightarrow{1 \times 2 \neq 0} f(0,f(0,f(1,1)))$$

$$\xrightarrow{1 \times 1 \neq 0} f(0,f(0,f(0,\underbrace{\underbrace{\underbrace{\underbrace{f(1,0)}}_{2}}_{3}}_{4})))$$
$$\underbrace{}_{5}$$

即 f(2,1)=5。

(2) 非递归算法思路:设一整型数栈 S,初始为空;反复以下过程,直到栈为空,则最后 f 为所求:

若 m * n≠0,则{m−1 进栈,n=n−1}

否则{算出当前 f,退栈顶→m,f→n}

(3) 算法描述:

```
int FF2(int m,int n)
{   int f;
    Clearstack(S);
    Push(S,-1);
    do{   if(m*n!=0)
          {   Push(S,m-1);
              n=n-1;
          }
          else
          {   f=m+n+1;
              if(!Emptystack(S)) m=Pop(S);
              n=f;
          }
```

```
    }while(!Emptystack(S));
    return(f);
}
```

设初始 m＝2,n＝1,执行函数 FF2(2,1)过程中,栈 S 的状态及 m、n 和 f 值的变化如图 3.12 所示。

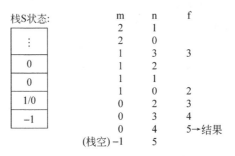

图 3.12 执行 FF2(2,1)栈中状态

3.4 队 列

3.4.1 队列的定义及其操作

1. 队列的定义

队列(Queue)逻辑上也是一个线性表,记为 $Q＝(a_0,a_1,\cdots,a_{n-1})$,如图 3.13 所示。队列只允许在表的两个端点进行插入和删除。允许插入的一端称为队尾(Rear),允许删除的另一端称为队头(Front)。队列的插入操作称为进队,删除操作称为出队。

图 3.13 队列结构

队列与日常生活中排队购物是一个概念,新来的顾客排在队尾,排在队头的顾客购物完毕后,下一位顾客成为队头。设元素进队顺序为 $a_0,a_1,\cdots,a_{n-1}$,则出队顺序为亦是 a_0,$a_1,\cdots,a_{n-1}$,即先进队的元素先出队,故队列 Q 可称为“先进先出”(First In First Out,FIFO)的线性表,当表中元素为空时,称“队空”。若队列 Q 中存储空间已满,再作进队操作时,称“队满溢出”。

队列技术在计算机中典型的应用是操作系统中的作业管理。在多道作业的操作系统中,同时会有若干作业请求运行,这时诸作业就有一个“排队”的问题。这些作业按请求顺序依次进队,之后每当系统空闲时,队头作业出队并运行,下一道作业成为队头。

2. 队列的抽象数据类型

根据上面对队列的描述,我们可以建立队列的抽象数据类型:

```
ADT queue {
    数据元素集：D={a_i|a_i∈datatype,i=0,1,…,n-1,n≥0}
    数据关系集：R={<a_i,a_{i+1}>|a_i,a_{i+1}∈D,0≤i≤n-2}
        约定 a_0 为队头元素，a_{n-1} 为队尾元素。
    基本操作集：P
QueueInit(&Q)
    操作结果：创建一个空队列 Q。
QueueDestory(&Q)
    初始条件：队列 Q 已经存在。
    操作结果：撤销队列 Q。
ClearQueue(&Q)
    初始条件：队列 Q 已经存在。
    操作结果：将 Q 清为空队列。
QueueLength(Q)
    初始条件：队列 Q 已经存在。
    操作结果：返回队列 Q 的元素个数。
EmptyQueue(Q)
    初始条件：队列 Q 已经存在。
    操作结果：若 Q 为空队列，则返回 TRUE,否则返回 FALSE。
QueueFull(Q)
    初始条件：队列 Q 已经存在。
    操作结果：若 Q 为已满，则返回 TRUE,否则返回 FALSE。
EnQueue(&Q,e)
    初始条件：队列 Q 已经存在且未满。
    操作结果：插入数据元素 e,使之成为新队尾元素。
DeQueue(&Q)
    初始条件：队列 Q 已经存在且非空。
    操作结果：删除 Q 的队头元素，并返回其值。
GetHead(&Q)
    初始条件：队列 Q 已经存在且非空。
    操作结果：返回队头元素的值。
QueueTraverse(Q)
    初始条件：队列 Q 已经存在且非空。
    操作结果：从队头到队尾依次调用 Visit()函数访问 Q 中的每一个元素。
}ADT Queue;
```

3.4.2 队列的顺序存储结构

1. 顺序队列的描述

线性表的两种结构也同样适用于队列。队列的顺序存储结构简称顺序队列,同样可以使用一维数组来进行定义,并定义指示器 front 指示对头位置,rear 指示队尾位置。其结构描述如下：

```
typedef struct
```

```
{   datatype data[maxsize];          //队列的存储空间
    int front,rear;                  //队头,队尾指针
}squeue, *squlink;
```

若说明: "squlink Q;Q=(squlink)malloc(sizeof(squeue));", 则指针变量 Q 指向一个顺序队列, 如图 3.14 所示。

当要反复作进队、出队操作时, Q->rear 会达到 maxsize−1, 再想进队就进不去了。但队的存储空间并不一定满, 称这种现象为"假溢出"。为了克服假溢出(即只要队中有空余空间, 就可以进队), 将数组 data 首尾相连, 构成所谓的循环队列, 同时, 为使队列的操作方便, 设指针 Q->front 所指单元为引导节点, 其下一位才是当前的队头元素 a_0, 而 Q->rear 仍指向当前队列的队尾元素, 其结构如图 3.15 所示。

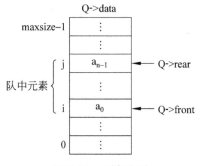

图 3.14 顺序队列

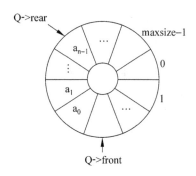

图 3.15 循环队列

下面讨论在循环队列上实现队列的基本操作。

2. 循环队列基本操作的算法实现

循环队列的关键是要把队列头尾相接, 进队操作无非是在队尾插入一元素, 所以应先将尾指针 Q->rear 加 1, 然后进队元素 x 进入 Q->rear 所指单元, 但当 Q->rear 已为 maxsize−1 时, 加 1 后应回到 0 单元。这里我们需要用到模运算, 设 m、n 为正整数, 根据余数定理, 模运算 $m\%n = m - \lfloor m/n \rfloor * n$, 其中符号 $\lfloor x \rfloor$ 表示取不大于 x 的最大整数(相应有 $\lceil x \rceil$, 表示取不小于 x 的最小整数)。如 $3\%5=3, 7\%5=2, (x+1)\%x=1$ 等。故进队基本操作为:

```
Q->rear=(Q->rear+1)%maxsize;
Q->data[Q->rear]=x;
```

同样, 出队操作是要返回当前队头元素, 所以应先将队头指针 Q->front 加 1, 然后取队头元素; 但当 Q->front 已为 maxsize−1 时, 加 1 后也应指向 0 号单元, 故出队操作为:

```
Q->front=(Q->front+1)%maxsize;
x=Q->data[Q->front];
```

还有一点要说明的是队空队满的判定。

队空判定: 初始使队列为空, 只要置 Q->front=Q->rear=0 即可, 即使两指针值相等。随着队列反复的出队, 也会出现队空。如队中只剩一个元素 a_0 时, 如图 3.16(a)所示,

再出队时,队 Q 状态如图 3.16(b)所示。同样出现队头、队尾指针值相等,故队空的判定
条件为:

```
Q->front==Q->rear;
```

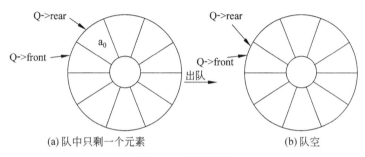

(a)队中只剩一个元素　　　　　　　(b)队空

图 3.16　队空判定

队满判定:若队列中状态如图 3.17(a)所示,再作进队操作时,如图 3.17(b)所示。
这时也出现两指针值相等的情况。为区别于队空判定,要以"牺牲"一个单元空间为代价
来判定循环队列的队满。即出现图 3.17(a)情况时,表示队满,若再进队就溢出了,故队
满判定条件为:

```
(Q->rear+1)%maxsize==Q->front;
```

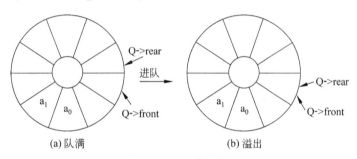

(a)队满　　　　　　　　　　　(b)溢出

图 3.17　队满判定

其中,取％运算是考虑 Q->front＝0、Q->rear＝maxsize－1 时的特别情况下的队满判
定,如图 3.18 所示。

至此,能描述出循环队列操作的几个基本操作。

(1) 置队空的算法。

```
void ClearQueue(squlink Q)
{   Q->front=Q->rear=0;   }
```

(2) 判队空的算法。

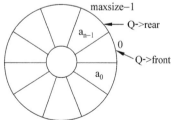

图 3.18　特殊情况的队满判定

```
int EmptyQueue(squlink Q)
{   if(Q->front==Q->rear) return(1);      //队空返回 1
    else return(0);                        //队非空返回 0
}
```

（3）元素 e 进队的算法。

```
int EnQueue(squlink Q,datatype e)
{   if((Q->rear+1)%maxsize==Q->front)
    {   ERROR(Q);
        return(0);                      //队满溢出
    }
    else
    {   Q->rear=(Q->rear+1)%maxsize;
        Q->data[Q->rear]=e;             //e 进队
        return(1);
    }
}
```

（4）出队的算法。

```
datatype DeQueue(squlink Q)
{   if(EmptyQueue(Q)) return(NULL);     //队空
    else
    {   Q->front=(Q->front+1)%maxsize;
        return(Q->data[Q->front]);
    }
}
```

（5）求队 Q 中当前元素个数的算法。

```
int Lenqueue(squlink Q)
{   int i;
    i=(Q->rear-Q->front+maxsize)%maxsize;
    return(i);
}
```

3.4.3　队列的链式存储结构

1. 链队列描述

链队列对应单链表,称为队列的链式存储结构,如图 3.19 所示。其中 q 节点存放的是队头指针 front 和队尾指针 rear。从链式队列的结构看出,让先入队节点指针域(next)指向后入队的节点,以满足 FIFO 原则。另设一头节点,其指针域指向节点 a_0;队尾节点的指针域为空(NULL)。

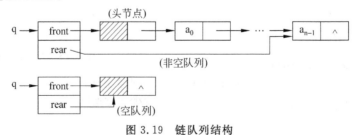

图 3.19　链队列结构

队中节点及 q 节点描述如下：

```
typedef struct node              //节点类型
{   datatype data;
    struct node *next;
}Qnode, *Qlink;
typedef struct                   //q节点结构
{   Qnode *front, *rear;
}linkqueue;
```

下面写出链式队列几个基本操作的算法实现：

（1）创建队列的算法。

```
void Lcreatqueue(linkqueue *q)
{   q->front= (Qlink)malloc(sizeof(Qnode));    //申请头节点
    q->front->next=NULL;                        //置队空
    q->rear=q->front;
}
```

（2）判队空的算法。

```
int Lemptyqueue(linkqueue *q)
{   if(q->front==q->rear)  return(1);
    else return(0);
}
```

（3）元素 e 进队的算法。

```
void Lenqueue(linkqueue *q,datatype e)
{   Qlink p;
    p= (Qlink)malloc((sizeof(Qnode));          //申请进队节点
    p->data=e;                                  //存入元素 e
    p->next=NULL;
    q->rear->next=p; q->rear=p;
}
```

元素 e 进队如图 3.20 所示。

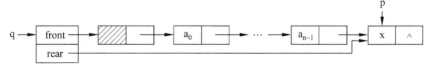

图 3.20　进队操作

（4）出队的算法。

```
datatype Ldequeue(linkqueue *q)
{   Qlink p;
```

```
if(Lemptyqueue(q))  return(NULL);              //队空处理
else
{   p=q->front;
    q->front=p->next;                          //将队头元素提前至头节点
    free(p);
    return(q->front->data);                    //返回被提前至头节点的原队头元素值
}
}
```

队非空时出队如图 3.21 所示。

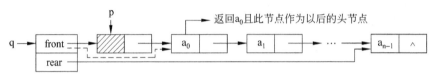

图 3.21　出队操作

3.5　队列应用实例

3.5.1　迷宫问题

设用二维数组 maze[m+2][n+2] 表示一个迷宫,如 m=6、n=9 时的迷宫如图 3.22 所示。

	0	1	2	3	4	5	6	7	8	9	10
0	1	1	1	1	1	1	1	1	1	1	1
1	1	0	1	0	1	0	1	1	1	0	1
2	1	1	0	1	0	1	1	0	1	1	1
3	1	0	1	1	1	0	0	0	1	1	1
4	1	1	1	0	1	1	1	1	0	1	1
5	1	1	1	1	1	0	0	1	0	0	1
6	1	0	0	1	1	1	0	1	1	0	1
7	1	1	1	1	1	1	1	1	1	1	1

图 3.22　迷宫

约定:maze[1][1]=0 为迷宫入口,maze[m][n]=0 为迷宫出口;i,j($1{\leqslant}i{\leqslant}m$,$1{\leqslant}$ $j{\leqslant}n$)表示迷宫中任一点,maze[i][j]取值为 0 时表示路通,取 1 时表示路不通。迷宫外所围的一层相当于一层围墙,为处理问题方便所加,其相应点全为 1。

现要设计一个算法,求从迷宫入口到出口的一条最短路径(如图 3.22 中箭头所示)。

1. 算法思路

从迷宫入口点[1,1]出发,向四周八个方向搜索,运用队列记下所有可能通达点的坐标,然后依次再从相应能通达的坐标点出发,记下又能通达点的坐标,以此类推。若某个时刻坐标点到达[m,n]，则从入口到出口的路径存在，打印相应路径，否则迷宫不存在通路。

设[x,y](1≤x≤m,1≤y≤n)为迷宫中某一点的坐标(即 x 为行号，y 为列号)。从点[x,y] 向四周搜索是否存在通路的方向如图 3.23 所示。

图 3.23　迷宫坐标

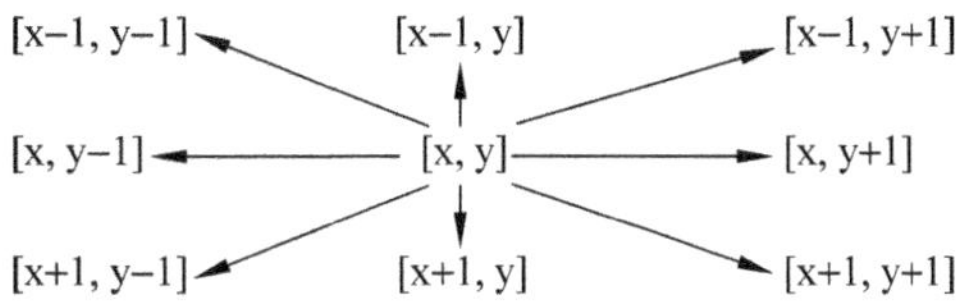

为此设有一个名为 madd 的向量，存入 8 个方向坐标走向的增量(设从[x,y+1]起，沿顺时针方向)，如图 3.24 所示。于是，从点[x,y]到下一搜索点的下标[i,j]为：

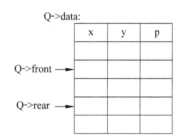

```
i=x+madd[k].u;
j=y+madd[k].v;
```

其中 k 为 0～7。

设队列 Q 中元素为：(x,y,p)，队 Q 如图 3.25 所示。其中 x,y 分别记录搜索过程中能通达点的行、列坐标，而 p 记录到达该(x,y)的出发点坐标在队 Q 中的下标，相当于一个链域。

madd	u	v
0	0	1
1	1	1
2	1	0
3	1	−1
4	0	−1
5	−1	−1
6	−1	0
7	−1	1

图 3.24　坐标增量表

图 3.25　队列结构

算法中另设数组 ma[M2][N2]存放当前迷宫，而使原迷宫状态不动。另外，为防止某点 ma[i][j]被多次搜索，一旦该点可以通达，则将其置为−1。

2. 算法描述

下面给出迷宫求解与最短路径输出部分(由于迷宫的数据输入部分较为繁杂，有兴趣的读者可以尝试，在此限于篇幅，此处不再赘述)。

```
#define maxsize 64                    /* 队空间容量 */
#define M2 8
#define N2 11
typedef struct
{   int x,y,p;                        /* 行、列、链域坐标 */
}qtype;                               /* 队中元素类型 */

typedef struct
```

```
{   qtype data[maxsize];                    /* 队列存储空间 */
    int front,rear;                         /* 队头尾指针 */
}sqtype; *sqlink;                           /* 队列说明符 */
struct
{   int u,v;
}madd[8];                                   /* 下标增量数组 */
int m=M2-2,n=N2-2;
int maze[M2][N2];                           /* 迷宫矩阵,而实际迷宫为 m*n 的矩阵 */
int mazespath(int maze[M2][N2])             /* 求迷宫 maze 最短路径的算法 */
/*这里假设迷宫数组 maze 已经建立,迷宫增量 madd 也已经赋值*/
{   int i,j,k,x,y,ma[M2][N2];
    sqlink Q=(sqlink)malloc(sizeof(sqtype));         /* 建立队列 Q */
    for(i=0;i<M2;i++)
        for(j=0;j<N2;j++)
            ma[i][j]=maze[i][j];            /* 取迷宫 */
    Q->front=Q->rear=1;
    Q->data[Q->rear].x=Q->data[Q->rear].y=1;         /* 入口点坐标先进队 */
    Q->data[Q->rear].p=0;
    ma[1][1]=-1;                            /* 入口点已通达 */
    while(Q->front<=Q->rear)                /* 队非空时(此队列头指针指向的即是队头) */
    {                                       /* 所以相等时也非空 */
        x=Q->data[Q->front].x;              /* 从当前队头取出发点 (x,y) */
        y=Q->data[Q->front].y;
        for(k=0;k<=7;k++)
        {   i=x+madd[k].u;                  /* 依次取 8 方向搜索点坐标 */
            j=y+madd[k].v;
            if(ma[i][j]==0)                 /* 点 [i,j]可通达时 */
            {   Q->rear++                    /* 坐标(i,j)与其迁到节点指示器 Q->front 入队 */
                Q->data[Q->rear].x=i;
                Q->data[Q->rear].y=j;
                Q->data[Q->rear].p=Q->front;
                ma[i][j]=-1;
            }
            if((i==m)&&(j==n))              /* 求路径成功 */
            {   path(Q);                    /* 显示所求路径 */
                return(1);
            }
        }
        Q->front++;                         /* 出队使 Q.front 指向下一个的出发点 */
    }       /* 注意这个问题中出队后的数据只是不在队列中,并没有真正删除 */
    return(0);                              /* 迷宫路径不存在,返回 0 */
}
void path(sqlink Q)                         /* 显示队 Q 中所求路径 */
{   int i=Q->rear;
```

```
do{  printf("\n(%d,%d)",Q->data[i].x,Q->data[i].y);
    i=Q->data[i].p;              /* 找当前点的前导 */
  }while(i);                    /* 找到前导为 0 的点说明输出完毕 */
}
```

对如图 3.22 所示的迷宫,执行算法 mazespath(maze[8][10])的过程中,队 Q 中状态及打印的结果路径如图 3.26 所示。

结果路径(反向):(6,9),(5,9),(4,8),(3,7),(3,6),(3,5),(2,4),(1,3),(2,2),(1,1)。

本例中使用了非循环顺序队列,为的是保存已出队的节点,以便于输出,但用这样的方法,事先必须分配给队列足够多的空间。

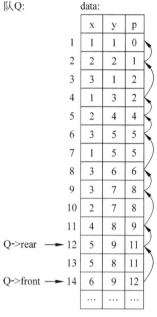

图 3.26　队中状态及结果路径

3.5.2　离散事件模拟

停车场进出车事件模拟:设停车场可停放若干辆汽车,且只有一个大门可供汽车出入。顾客的汽车随时停放,也可随时开走。汽车在车场内按到达的先后顺序,依次由里向外排列。若停车场车辆已满,后来的汽车只能在车场外的便道上排队等候。一旦停车场内有汽车开走,则便道上的第一辆车可入。另设当停车场内某车要开走时,在它之后的车必须先退到临时车场为其让路,以便汽车开出,如图 3.27 所示。

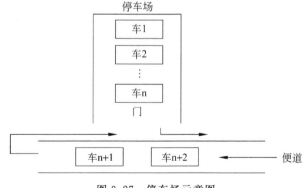

图 3.27　停车场示意图

1. 算法思路

将停车场设置成一个栈 S_1,另设一个临时栈 S_2,便道上的车设置成队列 Q(设置成链队列为好)。算法执行前,先将栈 S_1,栈 S_2 及队 Q 置空,然后开始接收入车(A),出车(D)和汽车牌号的信息:

(1)信号为'A':判停车栈 S_1 是否满,若满,汽车入便道队列 Q,否则,汽车入栈 S_1;

(2)若信号为'D':根据输入的车号,将此车号后的车辆先依次送入临时栈 S_2(为该车让路),于是该车便可以从栈 S_1 中开走(出栈)。再将栈 S_2 中汽车出栈,回原到栈 S_1。这时,若便道上队列为非空,则取队头车辆进入栈 S_1。

(3) 重复输入信号进行(1)、(2)的处理,在收到'@'时,算法终止运行。

例如输入:

信号　车号
'A',123
'A',321
'A',012
…   …
'A',315
'A',511
'A',612
'A',713

栈 S_1 状态如图 3.28 所示。

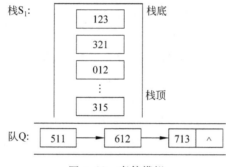

图 3.28　事件模拟

又输入'D',车号 321,即'321'号车要出停车场,操作步骤如图 3.29 所示。

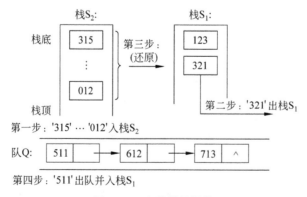

图 3.29　事件模拟操作

2. 算法描述

由于这个问题的状态输出比较烦琐,这里只给出基本功能的实现。

```
#include<stdio.h>
#include<malloc.h>
#include<tcconio.h>
#define maxsize 10                              /*栈最大存储空间*/
typedef struct
{   int data[maxsize];                          /*栈的存储空间*/
    int top;                                    /*栈顶指针(或游标)*/
}sqstack, *sqslink;
typedef struct node                             /*队列节点类型*/
{   int data;
    struct node *next;
}Qnode, *Qlink;
typedef struct                                  /*队列q节点结构*/
{   Qlink front;
    Qlink rear;
}linkqueue;
void Clearstack(sqslink S)
{   S->top=-1;                                  /*用指示器-1表示栈空*/
}
int Emptystack(sqslink s)
{   if(s->top<0) return(1);                     /*栈空返回1*/
    else return(0);                             /*栈非空返回0*/
}
int Push(sqslink S,int x)
{   if(S->top>=maxsize-1) return(0);            /*栈满溢出*/
    else
    {   S->top++;
        S->data;S->top]=x;                      /*x进栈*/
        return(1);
    }
}
int Pop(sqslink s)
{   if(Emptystack(s)) return(-1);               /*栈空返回*/
    else
    {   s->top--;
        return(s->data;s->top+1]);              /*弹出栈顶元素*/
    }
}
int Getstop(sqslink s)
{   if(Emptystack(s)) return(-1);               /*栈空返回*/
    else return(s->data[s->top]);               /*返回栈顶元素*/
}
void Lcreatqueue(linkqueue *q)
{   q->front=(Qlink)malloc(sizeof(Qnode));      /*申请头节点*/
```

```
        q->front->next=NULL;                    /* 置队空 */
        q->rear=q->front;
    }
    int Lemptyqueue(linkqueue *q)
    {   if(q->front==q->rear) return(1);
        else  return(0);
    }
    void Lenqueue(linkqueue *q,int e)
    {   Qlink p;
        p= (Qlink)malloc(sizeof(Qnode));        /* 申请进队节点 */
        p->data=e;                              /* 存入元素 e */
        p->next=NULL;
        q->rear->next=p;
        q->rear=p;
    }
    int Ldequeue(linkqueue *q)
    {   Qlink p;
        if(Lemptyqueue(q))   return;            /* 队空处理 */
        else
        {   p=q->front;
            q->front=p->next;                   /* 将队头元素提前至头节点 */
            free(p);                            /* 返回被提前至头节点的原队头元素值 */
            return(q->front->data);
        }
    }
    void main()                                 /* 车辆停车场管理 */
    {   char x;
        int no,temp,out=0;
        sqslink S1,S2;
        linkqueue Q;
        S1= (sqslink)malloc(sizeof(sqstack));
        S2= (sqslink)malloc(sizeof(sqstack));
        Clearstack(S1);                         /* 栈 S1,栈 S2 及队 Q 初始化 */
        Clearstack(S2);
        Lcreatqueue(&Q);
        printf("\n 进还是出 (A=进,D=出):");
        x=putchar(getch());                     /* 输入下一信号 */
        printf("\n 汽车编号:");
        scanf("%d",&no);                        /* 输入车号 */
        while(x!='@')
        {   switch (x)
            {   case'a':
                case'A' :
                {   if(S1->top>=maxsize-1)
```

```
          {  Lenqueue(&Q,no);            /*栈 S1 满,车入队 Q */
             printf("停车场满,%d 号车开始在路边等待",no);
          }
          else
          {  Push(S1,no);                /*车入栈 S1 */
             printf("%d 号车进入停车场",no);
          }
      }break;
      case'd':
      case'D':
      {  while(!Emptystack(S1)&&Getstop(S1)!=no)
                                    /*当栈 S1≠∧且栈 1 顶≠no 时 */
          {  temp=Pop(S1);             /*让路车出栈 S1 */
             Push(S2,temp);            /*进临时栈 S2 */
          }
          if(Emptystack(S1))
              printf("这里没有这辆车");      /*停车场无此车号 */
          else
          {  out=1;                    /*有车出停车场 */
             printf("%d 号车已开出 ",Getstop(S1));
             temp=Pop(S1);             /*出场车出栈 S1 */
          }
          while(!Emptystack(S2))
          {  temp=Pop(S2);             /*栈 S2 复原到栈 S1 */
             Push(S1,temp);
          }
          if(out&&!Lemptyqueue(&Q))
          {  temp=Ldequeue(&Q);        /*取队头车并出队 */
             out=0;
             Push(S1,temp);            /*队头车入栈 S1 */
             printf("\n%d 号车已从路边进入",Getstop(S1));
          }
      }break;
      default:  printf("input error");break;        /*输入信号错 */
   }
   printf("\n\n 进还是出(A=进,D=出):");
   x=putchar(getch());              /*输入下一信号 */
   printf("\n 汽车编号:");
   scanf("%d",&no);                 /*输入车号 */
   }
}
```

输入：

a222↙

则输出：

222 号车进入停车场

其余情况也会按照功能显示。

3.5.3 有序事件模拟

无论是在现实生活中,还是计算机对问题的处理中,经常都会有对有序事件的处理问题,例如医院对来院病人的诊断。计算机中对请求使用同一资源的多个事件的处理,经常使用的概念就是队列,也就是按"先来先用"的原则来处理,即在系统(医生)正忙时把要处理的事件排入一个队列,等到空闲时再取出队头来操作(诊断)。

下面的问题就是制作一个简单的有序事件模拟,事件由字符串来表示,而事件的执行就是输出该串。程序分为事件输入、事件查看和事件执行模块。

程序主要功能有:从键盘获取字符串(最长 255)并加入队列;出队一个元素并显示;查看当前排队状况。由于队列的长度动态浮动范围很大,所以在这里我们使用链式队列。只要修改相应的基本操作来匹配目前的数据类型,再配上相应的输入输出即可。

程序如下:

```c
#include<stdio.h>
#include<malloc.h>
#include<tcconio.h>
typedef struct node                        /*节点类型*/
{   char data[256];
    struct node *next;
}Qnode, *Qlink;
typedef struct                             /*q节点结构*/
{   Qlink front;
    Qlink rear;
}linkqueue;
void Lcreatqueue(linkqueue *q)             /*队 q 初始化*/
{   q->front= (Qlink)malloc(sizeof(Qnode));   /*申请头节点*/
    q->front->next=NULL;                      /*置队空*/
    q->rear=q->front;
}
int Lemptyqueue(linkqueue *q)              /*测试队 q 是否空*/
{   if(q->front==q->rear) return(1);
    else   return(0);
}
void Lenqueue(linkqueue *q,char *e)        /*字符串 e 进队*/
{   Qlink p;
    p= (Qlink)malloc(sizeof(Qnode));          /*申请进队节点*/
    strcpy(p->data,e);                        /*存入元素 e*/
    p->next=NULL;
```

```
        q->rear->next=p;
        q->rear=p;
}
void Ldequeue(linkqueue *q)              /* 从 q 中出队一个元素并显示 */
{   Qlink p;
    if(Lemptyqueue(q))   return;         /* 队空处理 */
    else
    {   p=q->front;
        q->front=p->next;                /* 将队头元素提前至头节点 */
        printf("\n%s",q->front->data);
        free(p);                         /* 返回被提前至头节点的原队头元素值 */
        getch();
    }
}
void Addtoqueue(linkqueue *q)            /* 批量入队 q 一些元素 */
{   char s[256];
    printf("\n 输入要加入的事件,以回车分割,\"?\"表示结束\n");
    while(1)
    {   gets(s);
        if(*s=='?') return;              /* 输入结束符时退出 */
        Lenqueue(q,s);
    }
}
void Viewqueue(linkqueue *q)             /* 依次显示队 q 中的元素 */
{   Qlink p;
    printf("\n==========当前事件排队情况如下==========");
    p=q->front;                          /* 取队头 */
    while(p->next!=NULL)                  /* 依次显示队列元素 */
    {   p=p->next;
        printf("\n%s",p->data);
    }
    printf("\n=======================================");
    getch();
}
void main()                              /* 主控函数 */
{   char buf;
    linkqueue q;
    Lcreatqueue(&q);                     /* 初始化队列 */
    while(1)
    {   printf("\n======主菜单======");
        printf("\n 1.事件加入队列");
        printf("\n 2.查看队列");
        printf("\n 3.运行事件");
        printf("\n 4.退出");
```

```
            printf("\n==================\n");
            switch(buf=getch())              /*根据用户选择进行操作*/
            {   case '1' : putchar(buf);Addtoqueue(&q);break;
                case '2' : putchar(buf);Viewqueue(&q);break;
                case '3' : putchar(buf);Ldequeue(&q);break;
                case '4' : return;
            }
        }
    }
```

输入：

1↙ who↙ are↙ you↙ ?↙
2↙

则输出：

==========当前事件排队情况如下==========
who
are
you
=====================================

再输入：

3↙

则输出：

who

本 章 小 结

本章知识逻辑结构如下图：

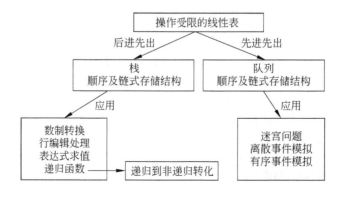

习 题 3

3-1 仿照 3.2 节例 3-4 的格式写出下面表达式转化为后缀表达式的过程：

$$A * (B - D) + E/F$$

3-2 试写出一个检测表达式中括号是否配对的算法。

3-3 设以一个一维数组 sq[m]存储循环队列元素，若要使这 m 个空间都得到利用，另需一个标志位 Tag 来区分队满与队空。试写出这个存储结构的相关基本操作算法。

3-4 设两个栈共享一位数组空间 s[m]，栈底在数组两端，试写出以下两个算法初始化 Init(s)和取栈顶 Get(S,i)，i 为栈编号。

3-5 依次读入{a,b,c,d,e,f,g}进栈，在出栈与进栈可以间隔执行的情况下，则可以得到以下哪些出栈序列？

(1) {d,e,c,f,b,g,a}   (2) {f,e,g,d,a,c,b}

(3) {e,f,d,g,b,c,a}   (4) {c,d,b,e,f,a,g}

3-6 阅读下面的算法，写出该递归算法实现的功能；再写出一个使用循环而不使用递归的功能相同的算法。

```
int Func(int n)
{   if(n==0) return(0);
    return(n+Func(n-1));
}
```

3-7 试推导求解 n 阶 hanoi 塔问题至少要执行的 move 操作的次数。

第4章 串

字符串(简称串)属于非数值型数据。由于语言加工、事务处理等系统的需要与发展,串处理已成为数据处理的一个很重要的方面。例如,在文字编辑、文件检索和自然语言翻译等系统中,其处理对象主要是英文及汉字等字符型数据;在编译和汇编系统中,是将一行行的串视为源程序,然后转换成目标程序来执行;在数据库应用系统中记录的数据,如"姓名、单位、地址"等都是作为字符串类型处理的。

同栈与队列一样,串也是一种特殊的线性表。本章讨论字符串的逻辑和存储表示、操作以及相关算法的实现等基本问题。本章各小节之间关系如下:

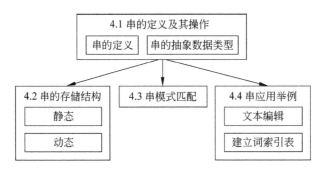

4.1 串的定义及其操作

4.1.1 串的定义

串(String)是若干个字符(包括 0 个)的有限序列,记为:

$$S = \text{“}a_0 a_1 \cdots a_{n-1}\text{”}$$

其中 S 为字符串名;$a_0 a_1 \cdots a_{n-1}$为串值,$a_i(0 \leqslant i \leqslant n-1)$可以是字母和其他符号(如$>$、$=$、$*$ 等);n 为串长,即串值中字符的个数。串长 n=0 时,对应的串 S 是称为空串。这里强调一下," "(空格串)$\neq$""(空串)因为空格也是一个字符。

下面介绍几个字符串的常用术语。

(1)串长度:串中字符的个数。长度为零的串为空串。

(2)子串:串中若干个连续的字符组成的子序列,而包含子串的串为主串。

（3）子串的位置：子串的第一个字符在主串中的序号。

（4）串相等：当且仅当两串的长度和对应的串值均相等时，视两串相等。如'12'＝'12'，但'12'≠'1 2'（注意：空格也是一个字符）。

例 4-1 设串 a＝'bei'，b＝'jing'，c＝'beijing'，d＝'bei jing'，则有串 a、b、c、d 的长度分别为 3、4、7、8；串 a、b 分别为 c 和 d 的子串；串 a 在 c 中的序号（或位置）为 0（序号定为从 0 起），而串 b 在 d 中的位置为 4；串 c 和 d 是不相等的，因为 d 中多了一个空格。

4.1.2 串的抽象数据类型

串的逻辑结构和线性表基本一致，只是每个数据元素被限定为字符。但是串操作通常以整体形式来进行，例如搜索子串、串连接等。

串的抽象数据类型可以定义如下：

```
ADT String{
    数据元素集：D={a_i | a_i ∈ character,  0≤i≤n-1,n≥0}
    数据关系集：R={<a_i,a_{i+1}> | a_i,a_{i+1} ∈ D,0≤i≤n-2}
    基本操作集：P
Sassign(&s,chars)
    初始条件：chars 是字符型序列。
    操作结果：生成一个其值为 chars 的串。
Sdestroy(&s)
    初始条件：串 s 存在。
    操作结果：撤销串 s。
Sclear(&s)
    初始条件：串 s 存在。
    操作结果：将 s 清空。
Sempty(s)
    初始条件：串 s 存在。
    操作结果：若 s 为空则返回 TRUE,否则返回 FALSE。
Scopy(&s,t)
    初始条件：串 s、t 存在。
    操作结果：该操作将串 t 的值赋给串 s,而串 s 中原来的值被覆盖掉(与 Sassign 的不同在于
Sassign 是由字符组生成串结构,在某些程序语言,如 Java 中串作为独立于数组之外的一种类型
而存在。C 中也可以定义数组以外的串结构)。
Scompare(s,t)
    初始条件：串 s、t 存在。
    操作结果：搜索两串,找到第一个不相同的字符,返回它们的比较结果。若大于返回正数,小
于返回负数。全相等的情况下返回 0。
Slength(&s)
    初始条件：串 s 存在。
    操作结果：返回串中字符的个数。
Concat(&s,s1,s2)
    初始条件：串 s1、s2 存在。
```

操作结果:该操作将串 s2 中值连接到串 s1 之后,且结果存入串 s 中。

Substring(&s,t,i,len)

　　初始条件:串 t 存在,0≤i≤Slength(t)-1 且 0≤len≤Slength(t)-i。

　　操作结果:用 s 返回串 t 中从 i 开始、长度为 len 的子串,操作如下:

Index(s,t)

　　初始条件:串 s、t 存在,且 t 非空。

　　操作结果:若串 s 中存在与 t 相等的子串,则返回串 s 中第一个 t 的起始字符在 s 中的位置(序号);否则返回-1,故该操作又称定位操作或模式匹配。

Replace(&s,t,v)

　　初始条件:串 s、t、v 存在,且 t 非空。

　　操作结果:以串 v 替换串 s 中的所有不重叠的等于 t 的子串(显然,利用此操作可以对串进行修改,如 s='beijing',t='bei',v='nan',则执行 Replace(s,t,v)后,s='nanjing')。

Sinsert(&s,i,t)

　　初始条件:串 s、t 存在且 0≤i≤Slength(t)

　　操作结果:该操作在串 s 的第 i 位置插入串 t。(如 s='zhongguo',执行 Sinsert(s,5,'-')后,s='zhong-guo'。)i=Slength(s)时是将串 t 加在串 s 的尾部。

Sdelete(&s,i,len)

　　初始条件:串 s 存在,len≤Slength(t)-1 且 0≤i≤Slength(t)-len。

　　操作结果:删除串 s 中从第 i 个字符起长度为 len 的子串,操作如下:

$$s='a_0a_1 \cdots a_{i-1}a_ia_{i+1} \cdots a_{i-len-1} \cdots a_{n-1}'$$

删除的子串

}ADT String;

对于串的基本操作可以有多种定义方式。例如其中 Sassign、Scompare、Slength、Concat、SubString 就构成了一个最小操作集,可借助这些基本操作来实现其他的操作。如利用 Substring()和 Concat()操作可实现串的插入和删除。

例 4-2　设串 s='zhongguo',在'zhong'与'guo'之间插入空格的操作为:

Concat(s,Substr(s,0,5),' ',Substr(s,5,3));

删除原串 s 中的'ongg'的操作为:

Concat(s,Substr(s,0,2),Substr(s,6,2))

又如,用 Scompare()的操作可实现 Index(s,t)操作:设 Slength(s)=n,Slength(t)=m,且 m≠0。首先,取串 s 的第 0 到第 m-1 个字符与 t 比较,若相等,则串 t 在 S 中的位置为 0,否则,取串 s 的第 1 到第 m 个字符与 t 比较,若相等,则串 t 的位置为 1,……,以此类推。若 t 不属于 s,则返回-1。

令:

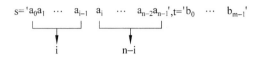

当 $n-i \geqslant m$ 时(或 $i \leqslant n-m$ 时),可从串 s 的第 i 个字符起与串 t 的 m 个字符作比较,算法描述如下(暂且以 string 为字符串变量说明符):

```
int Index(string s,string t)    //利用串的基本操作求子串在主串中位置的算法
{   int n,m,i;
    n=Slength(s); m=Slength(t);
    i=0;
    while((i<=n-m)&&!Scompare(Substr(s,i,m),t))
    i++;                        //'aᵢ…aᵢ₊ₘ₋₁'≠t时,取下一个子串比较
    if(i<=n-m) return(i);       //匹配成功,返回i
    else return(-1);            //t不属于s
}
```

4.2　串的存储结构

早期的计算机语言中,串只作为输入输出常量出现,因此只需作为一个字符序列来存储。但是在如今的许多高级程序设计语言中,串是作为一种操作对象,和其他变量一样,可以允许有串变量类型,操作时可以通过串名访问。对应于线性表,串的存储也可以有两种方式处理。一种是将串定义为字符数组,在编译时分配存储空间,之后不再更改,这称为串的静态存储结构;另一种是在运行时分配存储空间,称为动态存储结构。

4.2.1　串的静态存储结构

1. 串的存储格式

串的静态存储即为串的顺序存储。由于大多数计算机的存储器采用字编址,一个字占用多个字节,而一个字符只占用一个字节,所以为了节省空间,允许采用紧缩格式存储。即一个字节一个字符,使得一个存储单元存放多个字符。C 语言的字符数组就是如此处理的。

按此格式,设串 s 长度为 n,每个存储单元存放 k 个字符,则串 s 的串值要占用 $\lceil n/k \rceil$ 个单元。

例 4-3　设串 s='DATA STRUCTURE',其长度为 14,若 k=4,则串 s 的存储格式如表 4.1 所示。此串占用了 $\lceil 14/4 \rceil = 4$ 个单元。此格式的优点是节省存储空间,但提取和分离字符较烦琐。

为了操作的方便快捷,也采用一个单元一个字符的非紧缩方式存储。按此格式,对于例 4-3 中的串 s,其存储格式如表 4.2 所示。显然,这种格式是对存储空间的浪费,但提取和分离字符容易。

<table>
<tr><td colspan="4">表 4.1 紧缩格式</td></tr>
</table>

D	A	T	A
空格	S	T	R
U	C	T	U
R	E	空	空

<table>
<tr><td colspan="4">表 4.2 非紧缩格式</td></tr>
</table>

D	//	//	//
A	//	//	//
⋮	⋮	⋮	⋮
R	//	//	//
E	//	//	//

2. 串名的存储映像

串名的存储映像是串名与串值的对照表,表的形式有多种多样。设串 s ='DATASTRUCTURE',串 t='ABC'。

(1) 格式 1 如图 4.1 所示。

串名	访问类型	串值/起址
S	0	SP → DATASTRUCTURE
T	1	ABC
…	…	…

图 4.1 格式 1

其中,访问类型 $= \begin{cases} 0, & \text{表示第三项存放的是指向相应串值的指针} \\ 1, & \text{表示第三项存放的是串值} \end{cases}$

(2) 格式 2 如图 4.2 所示。

串名	起址	末址
s	sf	sr
t	tf	tr
⋮	⋮	⋮

图 4.2 格式 2

其中"起址"和"末址"分别为某串的第一个字符和最后一个字符在串值表中的位置。

(3) 格式 3 如图 4.3 所示。

其中"起址"为某串第一字符在串值表中的位置,而"长度"为某串的字符个数。

3. 串的静态存储结构的描述

串类型描述:

```
#define maxsize 1024;        //串最大长度
typedef struct               //串的顺序结构类型
{  char data[maxsize];       //串的存储空间
```

```
    int len;                    //当前串长
}stype;
```

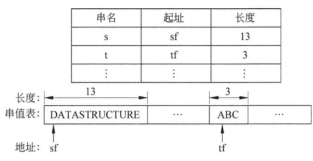

串名	起址	长度
s	sf	13
t	tf	3
⋮	⋮	⋮

图 4.3 格式 3

若说明："stype s;",则结构变量 s 表示一个串,如图 4.4 所示。

4. 静态串基本操作的实现

这里我们主要讨论顺序存储结构上的串联接、求子串和定位操作的算法实现。而顺序结构上的串插入和删除等操作基本上同线性表的操作,此处不再赘述。

由于串操作中串值的移动频繁出现,所以我们首先设计一个串值移动的操作: Smove(s,t,i,j,n),完成将串 t 中从第 i 个字符起、长度为 n 的串值送到串 s 的第 j 个位置的操作,如图 4.5 所示。

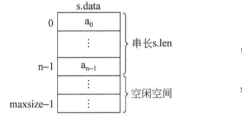

图 4.4 串的顺序结构

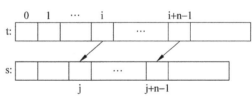

图 4.5 串值的移动

但当 s,t 是同一个串时,Smove() 操作是在串内移动一个子串,此时"左移"(即 i≥j) 不成问题,如图 4.6(a) 所示。但"右移"(i<j)会引起覆盖,如图 4.6(b) 所示,其中阴影部分本应是要移动的部分,但被覆盖掉了。

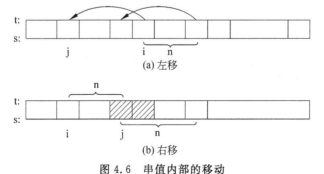

图 4.6 串值内部的移动

因此,移动方向应调整。即当 i＜j 时,将 t 中从第 i＋n－1 个字符起、每次顺序减 1 的 n 个字符移向串 s,算法描述如下:

```
void  Smove(stype s,stype t,int i,int j,int n)
//将串 t 中从第 i 字符起、长度为 n 的子串,送串 s 的第 j 位置的算法
{   int k;
    if(i<0||j<0||n<0||i+n-1>t.len-1||j+n-1>maxsize-1)
        ERROR(i,j,n);                    //非法参数处理
    else
    {   if(i>=j)
            for(k=0,k<=n-1;k++)      //左移
              s.data[j+k]=t.data;[+k];
        else
            for(k=n-1;k>=0;k--)      //右移
              s.data[j+k]=t.data;[+k];
        if((j+n)>s.len)  s.len=j+n;
    }
}
```

1) 连接操作的算法

即实现 Concat($\&$ s,s1,s2),其功能为 s1＋s2→s。

(1)算法思路:如图 4.7 所示,进行如下 3 点的讨论。

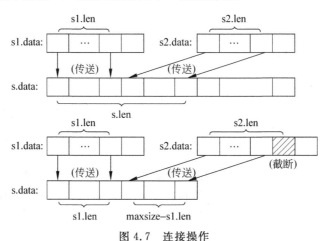

图 4.7 连接操作

① 当 s1.len＋s2.len≤maxsize 时,将串 s1、s2 分别传送到 s。

② 当 s1.len＋s2.len＞maxsize 时,将串 s1 和 s2 中的一部分传送到 s,考虑到 s 可能为串 s2 的情况,所以应先并上串 s2(送至串 s 的适当位置),然后再并上串 s1。

③ 当 s1.len≥maxsize 时,将 s1→s,而 s2 则整个截断。

(2)算法描述。

```
int Concat(stype s,stype s1,stype s2)    //求 s1+s2→s,有截断时,返回 1,否则返回 0
{   int flag=0;                          //flag 为有无截断的标志
```

```
    if(s1.len+s2.len<=maxsize)          //此时对应①
    {   s.len=s1.len+s2.len;
        Smove(s,s2,0,s1.len,s2.len);
    /*s2.data[0]--s2.data[s2.len-1]→s.data[s1.len]--s.data[s1.len+s2.len
    -1]*/
        Smove(s,s1,0,0,s1.len);
    /*s1.data[1]~s1.data[s1.len-1]→s.data[0]--s.data[s1.len-1]*/
    }
    else if(s1.len+s2.len>maxsize)       //此时对应②
    {   flag=1;                          //有截断
        Smove(s,s2,0,s1.len,maxsize-s1.len);
    /*s2.data[0]--s2.data[maxsize-s1.len-1]→s.data[s1.len]--s.data[mazsize-
    1]*/
        Smove(s,s1,0,0,s1.len);
        s.len=maxsize;
    }
    else if(s1.len>=maxsize)             //此时对应③
    {   flag=1;
        Smove(s,s1,0,0,maxsize);
    //s1.data[0]--s1.data[maxsize-1]→s.data[0]--s.data[maxsize-1]
        s.len=maxsize;
    }
    return(flag);
}
```

2) 求子串操作的算法

即实现 Substring(&s,t,i,len)的操作。此时可在参数表中增加一项 s,用以存放串 t 中从第 i 个字符起、长度为 len 的子串。

(1)算法思路:如图 4.8 所示,将串 t 中的子串送 s。

(2)算法描述。

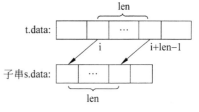

图 4.8 求子串操作

```
void Substr(stype s,t,int i,len)    //求串 t 中子串的算法
{   if(i+len-1>t.len-1||i<0||len<0)
        ERROR(i,len);                //非法参数处理
    else {  Smove(s,t,i,0,len);
    //t.data[i]--t.data[i+len-1]→s.data[0]--s.data[len-1]
            s.len=len;
        }
}
```

3) 定位操作的算法

定位操作是求一个子串在主串中第一次出现的位置,或称模式匹配,即:

$$Index(s,t) = \begin{cases} 串\ s\ 中第一个\ t\ 的位置, & t \in s \\ -1, & t\ 不属于\ s \end{cases}$$

对该操作,我们已写过利用基本操作对其实现的算法,下面讨论一种匹配方法。

(1)算法思路:设串 s、t 的串长分别为 n 和 m,如图 4.9 所示。

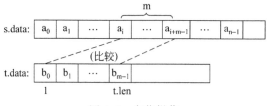

图 4.9　定位操作

若从 $a_i(0 \leqslant i \leqslant n-1)$ 起,串 s 中有一个子串'$a_i\ a_{i+1} \cdots a_{i+m-1}$',使得 $a_i = b_0$,$a_{i+1} = b_1$,$\cdots$,$a_{i+m-1} = b_{m-1}$,则匹配成功,返回 i,否则返回 -1。

(2)算法描述。

```
int Index(stype s,t)                    //模式匹配算法
{   int i=0,j=0;
    if(s.len<=0||t.len<=0)
        return(-1);                     //空串不处理
    do
    {   if(s.data[i]==t.data[j])        //顺序比较两串
            {i++; j++;}
        else {i=i-j+1; j=0;}            //回溯
    }while(i<s.len &&j<t.len);
    if(j==t.len) return(i-t.len);       //匹配成功
    else   return(-1);                  //匹配失败
}
```

例 4-4　设串 s='a b a b b a a b a a',t='aab'(n=10,m=3)

　　　　序号:　0 1 2 3 4 5 6 7 8 9

匹配过程,第一趟:a　a($\neq$)

　　　　　第二趟:　　a($\neq$)

　　　　　第三趟:　　　　a　a($\neq$)

　　　　　第四趟:　　　　　　a($\neq$)

　　　　　第五趟:　　　　　　　a($\neq$)

　　　　　第六趟:　　　　　　　　a　a　b(匹配成功返回 5)

本算法的时间消耗在字符的比较上。从例 4-4 可以看出,最多的比较次数为 3 * 10 - (1+2)。一般最多比较次数为 m * n - (1+2+$\cdots$+(m-1)) = m * n - 1/2(m * (m-1))。当 m≪n 时,时间复杂度 T(m,n)=O(m * n),故此算法有待改进,以提高匹配速度。串匹配是穿操作的一个重要部分,对它的详细讨论留到 4.3 节再来进行。

4.2.2 串的动态存储结构

串的动态存储结构有两种方式：一种是链式存储结构；另一种是称为堆结构的存储方式。

1. 串的链式存储结构

串的链式结构是用单链表的方式来存储串值，可是若每个节点只存一个字符的话，指针域将会耗去大量空间。于是，我们在每一个节点存储若干个字符，形成字符块，再把这些块链接在一起。这样的链式结构也称为块链结构，节点形式为：

如每个节点的 data 域存放 4 个字符，则串 s＝'DATA STRUCTURE'对应的链表如图 4.10 所示。

H → | D | A | T | A | → | | S | T | R | → | U | C | T | U | → | R | E | ∧ | ∧ | ∧ |

图 4.10 串对应的链表

设节点串值存储空间量为 d_1，附加空间（指针域）量为 d_2，则存储密度 $d＝d_1/(d_1＋d_2)$。从节省存储空间上考虑，当然希望 d 趋近于 1，但要会遇到操作方面的困难。若令 $d=1/2$（即一个节点存放一个字符），则操作是最为方便的。所以使用链式结构时，要取适合问题的块大小。

另外，以链式结构存储的字符串，便于字符的插入和删除等操作。下面讨论链式结构上串的插入、删除和串比较等操作的算法实现。

链式存储结构的描述：（以块大小＝1 为例）

```
typedef struct node          //节点类型
{   char data;               //存储一个字符
    struct node *next;
}snode, *stlink;
```

串的链式存储结构上的基本操作：

1）前插操作

前插操作是指实现 $Sinsert(\&s,i,t),0{\leqslant}i{\leqslant}Slength(s)$。

例 4-5 如图 4.11 所示，将子串 t 插入到串 s 中第 3(i＝3)节点之前。

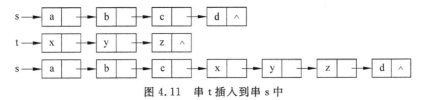

图 4.11 串 t 插入到串 s 中

（1）算法思路：先查找到串 s 中的第 i 节点的前驱地址,然后将串 t 插入其后即可。但当 i＝0 时,是将串 t 插入在 s 之前,当 i＝slength(s)时,是将串 t 插在 s 之尾。

（2）算法描述。

```
stlink sinsert(stlink s,int i,stlink t)
//将串 t 插入到串 s 中的第 i 节点之前,并返回串 s 的地址的算法
{   stlink p,q;
    int j;
    if(i<0){ERROR(i);return(s);}              //参数错误
    if(t==null) return(s);
    if(s==null){ s=t; return(s);}
    p=s;j=1;
    while(j<i)                                //搜索第 i 节点的前驱地址 p
    {   p=p->next;
        if(p==null){ ERROR(i); return(s);}    //i>表长
        j++;
    }
    if(i==0) { q=s; p=t; s=t;}                //串 t 插在 s 之前
    else{ q=p->next; p->next=t;}              //t 头插在第 i 节点之前
    while(p->next)                            //找串 t 的尾节点
        p=p->next;
    p->next=q;                                //t 尾接向第 i 个节点
    return(s);
}
```

2）删除操作

设串 s 的链表结构如图 4.12 所示。

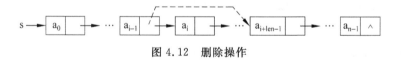

图 4.12　删除操作

下面要删除链表中从第 i 节点起、长度为 len 的子串,即实现 Sdelete(&s,i,len),$0 \leqslant i \leqslant Slength(s)-1, 0 \leqslant len \leqslant Slength(s)-i$。

（1）算法思路：先查找到串 s 的第 i－1 号节点的地址,然后连续删除 len 个节点即可。但当 i＝0 时,是删除串 s 中头 len 个节点。

（2）算法描述。

```
stlink Sdelete(stlink s,int i,int len)       //删除链表从第 i 节点起长度为 len 的子串
{   stlink p,q,r;
    int i,j,u;
    if(i<0||s==NULL)
    { ERROR(i,s); return(s);}                //非法参数或空串处理
    p=s;
    for(j=1;j<=i-1;j++)                       //查找第 i-1 个节点的地址 p
```

```
{   p=p->next;
        if(p==NULL){ ERROR(i); return(s);}    //非法参数处理
    }
    q=p;
    if(i==0) u=len-1;                          //u 为当前要删除的长度
    else u=len;
    for(j=1;j<=u;j++)                          //搜索最后一个被删节点的指针 q
    {   q=q->next;
        if(q==NULL){ERROR(len); return(s);}    //len 太大,不够删除
    }
    if(i==0){r=p; s=q->next;}                  //r 为删除的起始节点指针;删除串 t
    else{ r=p->next;p->next=q->next;}
    p=q->next;
    while(r!=p)                                //释放被删除的节点
    {   q=r; r=r->next;
        free(q);
    }
    return(s);
}
```

3）判断串大小的操作

判断串大小的操作即实现 Scompare(s,t)。

（1）算法思路：设置 p 和 q 两个指针,分别指向要比较的串 s 和串 t 中的节点。只要两串都还有字符,两串中的节点 data 值一一做减法。若有一个串先结束,则还有字符的串大。若中途出现不同字符,或扫描完毕返回字符差值即可。

（2）算法描述。

```
int Scompare(stlink s,stlink t)               //判断两串大小的算法
{   int d=0;
    stlink p,q;
    p=s; q=t;
    while(p&&q)                                //两比较节点均存在时
    {   d=p->data-q->data;
        if(d!=0)break;                         //两串不等
            p=p->next;   q=p->next;
    }
    if(p!=null&&q==null) return(1);            //t 为 s 前缀
    if(p==null&&q!=null) return(-1);           //s 为 t 前缀
    else return(d);                            //由最后一次比较值决定大小
}
```

2. 串的堆存储结构

串的堆存储是指系统将一个空间足够大,地址连续的存储空间作为串值的可利用空间,每当建立一个新串时,系统就从这个可利用空间中划出一个大小和串长度相等的空间

存储新串的值,每个串各自存储在一组连续单元中。由于每个串的存储空间是运行时生成的,所以这也是一种动态存储方式。

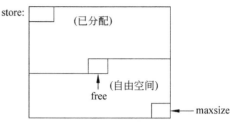

串的堆存储结构的描述:

设可存放若干个字符的存储空间为 char store[maxsize+1],将字符型数组 store 视为一个堆结构,如图 4.13 所示。

堆 store 可存放若干个串,free 为自由空间的起始序号。每向 store 中存放一串时,要指明该串在 store 中的起始位置和串长度,即每个串存在一个存储映像,定义为:

图 4.13　串的堆结构示意

```
typedef struct
{   int st,len;
}splen;
```

若说明:splen s;则 s.st 为串 s 的起始地址(或下标),s.len 为串 s 的长度,如图 4.14 所示。

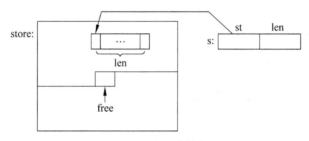

图 4.14　串的堆结构

串的堆存储结构上的基本操作:

1) 串常量赋值

串常量赋值即实现 Sassign(&s,chars)。

(1) 算法思路:这里变形为 Sassign(s,t,len)该操作将一个字符型数组 t 中长 len 的字符串常量送入堆中。

(2) 算法描述。

```
void Sassign(splen s,char t[],int len)          //将t[0]--t[len-1]存入堆store,
                                                //并形成其存储映像s
{   int i;
    if(len<0‖free+len-1>maxsize) ERROR(len); //非法参数处理
    else
    {   for(i=0;i<len;i++)
        store[free+i]=t[i];                     //赋值
        s.len=len; s.st=free; free=free+len;
    }
}
```

2）复制一个串

复制一个串即实现 Scopy($\&$s,t)。

(1) 算法思路：该操作将堆 store 中的一个串 t 复制到串 s 中，如图 4.15 所示。

(2) 算法描述。

```
void Scopy(splen s,splen t)              //串 t 复制到串 s 的算法
{   int i;
    if(free+t.len>maxsize) ERROR(t.len);  //参数错误处理
    else {   s.st=free;                   //s 指向新空闲空间
            s.len=t.len;
            for(i=0;i<=t.len-1;i++)
                store[free+i]=store[t.st+i]; //复制
            free=free+t.len;
        }                                 //重置 free
}
```

3）串连接

串连接即实现 Concat(s,s1,s2)。

(1) 算法思路：该操作实现 s1＋s2→s，如图 4.16 所示。

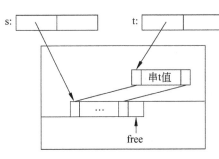

图 4.15　复制一个串

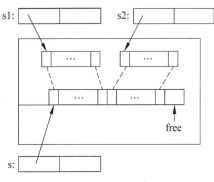

图 4.16　串连接

(2) 算法描述。

```
void Concat(splen s,splen s1,splen s2)   //连接操作 (s+t→u) 的算法
{   splen v;
    Scopy(s,s1);                         //复制串 s
    Scopy(v,s2);                         //复制串 t,在堆操作中自动接在 s 后
    s.len=s1.len+s2.len;                 //置串长度使 v 包括进来
}
```

4）求子串

求子串即实现 Substr(sub,s,i,len)。

(1) 算法思路：该操作求串 s 中从第 i 个字符起长度为 len 的子串，如图 4.17 所示。

(2) 算法描述。

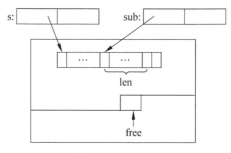

图 4.17　求子串

```
void Substr(splen sub,s,int i,len)      //求串 s 中的一个子串,送子串 sub 的算法
{   if(i<0||len<0||len>s.len-i)
    ERROR(i,len);                       //非法参数处理
    else{   sub.st=s.st+i;
            sub.len=len;
        }
}
```

4.3　串模式匹配

串模式匹配也就是对子串在主串中进行的定位操作,是一个比较复杂的串操作。对此,有许多人提出了各样的算法。前面介绍串静态存储结构时提到的定位算法就是其中之一,被称为 Brute-Force 算法。它的具体思路是:

由 s_i 开始(i 最初为 0)顺序依次与 t_j(j 最初也为 0)比较,若完全相符,返回该子串开始序号。

若有一次 $s_i \neq t_j$,则将 s_i 回溯到本次初始位置的下一个元素,即使 i=i−j+1 重新与 t 开始比较,直到搜索完 s 串。

这个算法比较容易理解,但效率不高。主要在于每一次有不等的比较结果出现时主串都要回溯,而这种回溯有时并非必要。对于回溯情况的讨论,就引出了下面的 KMP 算法。

KMP 算法相对 Brute-Force 算法,改进就是消除了主指针的回溯,使算法效率得以提高。分析 Brute-Force 算法可以发现,有时候主指针并不需要回溯,例如当某次比较有 $s_0=t_0,s_1=t_1,s_2 \neq t_2$ 时如果 $t_0 \neq t_1$,那么就有 $s_1 \neq t_0$。也就是说下一次直接比较 s_2 和 t_0 即可。这是比较过的字串前面不存在真子串的情况。

对于另外一种情况,我们设 s="abacabab",t="abab",那么第一次匹配如下所示。

s="a　b　a　c　a　b　a　b"
　　‖　‖　‖　‖
t="a　b　a　b"

此时,有 $t_0 \neq t_1$,$s_1=t_1$ 则 $s_1 \neq t_0$ 又 $t_0=t_2$,$s_2=t_2$ 所以有 $s_2=t_0$。因此第二次匹配可从

i=3,j=1 开始。这是比较过的字串前面存在真子串的情况。

可以发现,不论那种情况,主指针都不必回溯,主串 s_i 可以直接与模式串 t_k 开始比较而且 k 是一个与 s 无关的数。

现在一般情况讨论。设 $s="s_0 s_1 \cdots s_{n-1}"$,$t="t_0 t_1 \cdots t_{m-1}"$ 某一次出现 $s_i \neq t_j$ 时有:
$$"t_0 t_1 \cdots t_{j-1}"="s_{i-j} s_{i-j+1} \cdots s_{i-1}"$$

若模式串存在真子串,且满足:
$$"t_0 t_1 \cdots t_{k-1}"="t_{j-k} t_{j-k+1} \cdots t_{j-1}" \quad (0<k<j)$$

这说明模式串中子串 $"t_0 t_1 \cdots t_{k-1}"$ 与 $"s_{i-k} s_{i-k+1} \cdots s_{i-1}"$ 已经匹配,那么下一次可以从 s_i 和 t_k 开始比较,若不存在和条件的真子串,则说明 t 中不存在任何以 t_0 开始的子串与 s 中任何以 s_{i-1} 结尾的子串相匹配,于是就可从 s_i 和 t_0 开始比较。

先构造 next[j] 函数
$$next[j]=\begin{cases} \max\{k|0<k<j \text{ 且} "t_0 t_1 \cdots t_{k-1}"="t_{j-k} t_{j-k+1} \cdots t_{j-1}"\}, & \text{集合非空时} \\ -1, & j=0 \text{ 时} \\ 0, & \text{其他情况} \end{cases}$$

若 t 存在真子串 $"t_0 t_1 \cdots t_{k-1}"="t_{j-k} t_{j-k+1} \cdots t_{j-1}"(0<k<j)$ 则 next[j] 表示当 $s_i \neq t_j$ 时模式串中与 s_i 比较的下一个字符的位置。若不存在,那么 next[j]=0 也可以视为下一次要与 s_i 比较的 t 中字符的序号。j=0 时 next[j] 设置一标记,表示下一次比较 s_{i+1} 和 t_0,这里设置为-1,以便重用 $s_i=t_j$ 时的代码(i,j 均自增),这种情况下正好成为 "i=i+1;j=0"。

这样 KMP 算法可如下描述:设目标串 s 与模式串 t、i 和 j 分别指向待比较字符,且初值为 0。若 $s_i=t_j$ 则 i,j 指针分别后移继续比较。如果不相等,则 i 不变 j 退回 next[j] 处,然后继续比较。直到某次 j=-1 则 i,j 指针后移继续比较。这个过程如图 4.18 所示。我们形象地称每次取 next[j] 为模式串的右滑,若右滑后仍然不相等,则继续右滑。直到 next[j]=-1 时,不再右滑(也可以认为是彻底右滑出了本次比较范围),而开始比较 s_{i+1} 和 t_0。总而言之,KMP 算法的改进之处就在于利用已经得到的匹配结果来使模式串右滑适当距离,而无须回溯主指针。

$$s="s_0 \quad s_1 \cdots s_{i-j} \cdots s_{i-j+k} \cdots s_{i-1} \quad s_i \quad s_{i+1} \cdots s_{n-1}"$$

$$t=t_0 \quad t_k \cdots t_{j-1} \quad t_j$$

右滑 $\quad t=t_0 \cdots t_{k-1} \quad t_k$

图 4.18 串模式匹配

```
int next[MAXSIZE];
int KMPindex(stype s,stype t)        //主串 s 中查找子串 t 的 KMP 算法,这里
                                     //设 next 数组以按前面规则赋值
{   int i,j,v;
    i=0;j=0;                          //i、j 初值
    while(i<s.len&&j<t.len)
    {   if(j==-1||s.data[i]==s.data[j])  //指针均增 1 的情况
        {   i++;j++;}
        else j=next[j];              //i 不动,j 挪到 next 所指示的位置
```

```
        }
        if(j>=t.len) v=i-t.len;                    //匹配成功
        else v=-1;                                 //匹配失败
        return (v);
    }
```

可见,KMP 算法的中心就在于求出 next 数组。下面举几个求该数组的例子。

例 4-6 计算 t＝"aba"的 next 数组。

j＝0 时,next[j]＝－1;

j＝1 时,next[j]＝0;

j＝2 时,next[j]＝0;

即:

模式	a	b	a
J	0	1	2
next[j]	－1	0	0

例 4-7 计算 t＝"abab"的 next 数组。

j＝0、1、2 时同例 4-6。

j＝3 时,$t_0 = t_2 = $'a',所以 next[3]＝1;

即:

模式	a	b	a	b
j	0	1	2	3
next[j]	－1	0	0	1

例 4-8 计算 t＝"aaab"的 next 数组。

j＝0 时,next[j]＝－1;

j＝1 时,next[j]＝0;

j＝2 时,$t_0 = t_1 = $'a',所以 next[2]＝1;

j＝3 时,$t_0 t_1 = t_1 t_2 = $"aa",所以 next[2]＝2;

即:

模式	a	a	a	b
j	0	1	2	3
next[j]	－1	0	1	2

由 next 的定义以及上面的例子,我们知道 next 数组值只与模式串本身有关,下面就用递推方式求出串的 next 数组。

当 j=0 时,有 next[j]=-1;设 next[j]=k,即存在"$t_0 t_1 \cdots t_{k-1}$"="$t_{j-k} t_{j-k+1} \cdots t_{j-1}$"且 k 为满足该式的最大值。则对于 next[j+1]有两种情况:

(1) 若 $t_k=t_j$,那么"$t_0 t_1 \cdots t_k$"="$t_{j-k} t_{j-k+1} \cdots t_j$"且 k 必为最大。所以 next[j+1]=k+1。

(2) 若 $t_k \neq t_j$,那么可以将求 next[j+1]的问题转化为一个如图 4.19 所示的模式匹配问题。即把串 t' 滑动到 k'=next[k](0<k'<k<j),若 $t_{k'}=t_j$ 则存在

$$"t_0 t_1 \cdots t_{k'}"="t_{j-k'} t_{j-k'+1} \cdots t_{j-1}"$$

也就是 next[j+1]=k'+1。若再不相等则继续右滑到 k''=next[k'],以此类推。若匹配失败,也就是滑至 k=-1,那么应有 next[j+1]=0,也可以表示为 next[j+1]=k+1=0。

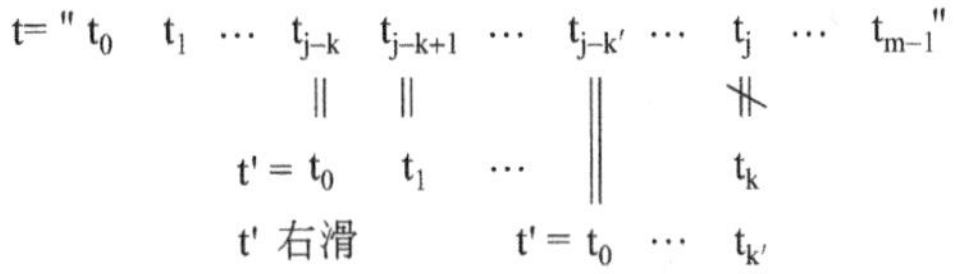

图 4.19 模式匹配

由此可以写出求 next 数组的算法。类似 KMPindex。

```
int next[MAXSIZE];
void Getnext(stype t)
{   int j,k;
    k=-1;j=0;next[0]=-1;                    //初始值
    while(j<t.len-1)
    {   if(k==-1||t.data[j]==t.data[k])     //某次比较相等或失败
        {   j++;k++;
            next[j]=k;    //相等时表示 next[j]=next[j-1]+1,失败时表示 next[j]=0
        }
        else k=next[k];                     //右滑到 k'重复循环
    }
}
```

4.4 串应用举例

4.4.1 文本编辑

文本编辑程序是一个面向用户的系统服务程序,广泛地用于源程序的输入和修改,以及报刊书籍的编辑排版等领域,其中大量地使用了串操作,例如串的查找、插入和删除等。为了编辑的方便,用户可以利用换行符和换页符把文本划分成若干页,每页又都有若干行。我们可以把一个文本看作串,称为文本串。页则是其子串,行又是页的子串。

为了管理文本穿的行和页,进入文本编辑的时候,程序首先建立相应的页表和行表。即建立子串的存储映像,如表 4.3 所示。

表 4.3　行表

行号	起始地址	长度	行号	起始地址	长度
100	201	8	103	250	17
101	209	17	104	267	15
102	226	24	105	282	2

　　文本编辑程序中还设立了页指针,行指针和字符指针,指示了当前操作的位置。如果要插入或删除字符,则要修改表中该行的长度,若超出了分配的空间,则要重新分配空间或换行处理。在删除行的时候,有时会删除到首行,这时就要修改相应的页的起始地址。这样由于访问是以行表和页表为索引的,所以在进行行和页的删除时不必涉及所操作的字符。

　　下面给出一个简化的文本编辑程序作为例子。假设输入时行号和列号由用户自己输入。整行删除后行号不变动。程序如下:

```c
#include<stdio.h>
#include<malloc.h>
#include<tcconio.h>
#define  MAX  100                /*最大行号*/
typedef struct node              /*块链节点类型*/
{   char data[80];
    struct node *next;
}nodetype, *link;
typedef struct                   /*行表结构*/
{   int num;
    int len;
    link next;
}headtype;
void Init(headtype head[])        /*行表初始化*/
{   int i;
    for(i=0;i<MAX;i++) head[i].len=0;
}
int Menuselect()                  /*菜单选择*/
{   char buf;
    int i=0;
    printf("\n1.输入");
    printf("\n2.删除");
    printf("\n3.显示");
    printf("\n4.退出");
    printf("\n\n请输入菜单序号：");
    while(buf=getch())
        if(buf<='4'&&buf>='1')
            return (buf);         /*返回用户选择*/
```

```
}
void Enterdata(headtype *head)              /*输入一行*/
{   link p;
    int i,j,k,m,line;
    char buff[100];
    while(1)
    {   printf("\n请输入行号: ");
        scanf("%d",&line);
        if(line<0||line>=MAX) return;       /*非法行号*/
        i=line;
        head[i].num=line;
        head[i].next=(link)malloc(sizeof(nodetype));        /*分配行空间*/
        p=head[i].next;
        m=1;
        j=-1;
        buff[0]='\0';
        k=0;
        do
        {   j++;
            if(!buff[k])            /*串未终止时持续读入,终止后等大用户输入*/
            {   scanf("%s",buff);
                k=0;
            }
            if(j>=80*m)                      /*字符多于一块容量后新申请空间*/
            {   m++;
                p->next=(link)malloc(sizeof(nodetype));
                p=p->next;
            }
            p->data[j%80]=buff[k++];    /*存入数据*/
        }while(p->data[j%80]!='@');     /*读到结束符时终止*/
        p->next=NULL;
        head[i].len=j;                  /*收尾*/
    }
}
void Deleteline(headtype *head)             /*删除一行*/
{   link p,q;
    int i,line;
    while(1)
    {   printf("\n请输入要删除的行号: ");
        scanf("%d",&line);
        if(line<0||line>MAX) return;    /*非法行号*/
        i=line;
        p=head[i].next;                 /*指向行首*/
        while(p!=NULL)                  /*没有结束时持续向后搜索*/
```

```
        {   q=p->next;
            free(p);                        /*删除所有链上的块*/
            p=q;
        }
        head[i].len=0;                      /*长度清0*/
    }
}
void List(headtype *head)                   /*显示整个文本*/
{   link p,q;
    int i,j,m,n;
    for(i=0;i<MAX;i++)                      /*逐行扫描*/
    {   if(head[i].len>0)                   /*输出所有非空行*/
        {   printf("\n第%d行：\n",head[i].num);
            n=head[i].len;
            m=1;
            p=head[i].next;
            for(j=0;j<n;j++)                /*每次输出一个字符*/
                if(j>=80*m)                 /*一块读完开始下一块*/
                {   p=p->next;
                    m++;
                }
                else printf("%c",p->data[j%80]);    /*逐个输出字符*/
        }
    }
    getch();
}
void main()                                 /*主控函数*/
{   headtype head[MAX];
    char choice;
    Init(head);
    while(1)
    {   choice=Menuselect();
        switch(choice)
        {   case '1' : Enterdata(head);break;
            case '2' : Deleteline(head);break;
            case '3' : List(head);break;
            case '4' : return;
        }
    }
}
```

4.4.2 建立词索引表

信息检索是计算机应用的重要领域之一。由于信息检索的主要操作是在大量存放在磁盘上的信息中查找一个特定的信息,为了提高查询效率,一个重要的问题是建立一个好的索引系统。例如对于图书检索系统来说,就可以分别将相同书名、作者名或类别的书放在一起,分别建立索引,这样就可以方便读者进行查找。在实际的系统中,书名检索并不方便,因为很多内容相似的书籍名字并不一定相同。因此较好的方法是建立"书名关键词索引"。

例如,如表 4.4 书目文件相对应的词索引表如表 4.5 所示,这样,读者很容易从关键词索引表查询到感兴趣的书目。为了便于查询,可以设定索引表为按词典序排列的线性表。下面主要讨论如何从书目中生成这个有序词表。

表 4.4 书目文件

书号	书 名
005	Computer Data Structures
010	Introduction to Data Structure
023	Fundamentals of Data Structure
034	The Design and Analysis of Computer Algorithms
050	Introduction to Numerical Analysis
067	Numerical Analysis

表 4.5 关键词索引表

关 键 词	书 号 索 引	关 键 词	书 号 索 引
Algorithms	034	Fundamentals	023
Analysis	034,050,067	Introduction	010,050
Computer	005,034	Numerical	050,067
Data	005,010,023	Structure	050,010,023
Design	034		

重复下列操作直到文件结束:

(1) 从书目文件中读取一个书目信息串;

(2) 从书目串中提取所有关键词插入词表;

(3) 对于每一个关键词,在索引表中查找并作相应的插入操作。

实际中为了识别单词是否为关键词,还需要一张常用词表(例如英文的"a"和"the"等)过滤读到的非关键词。在处理关键词时,会有两种情况:

(1) 索引表上已有这个词,那么只要插入相应书号索引即可;

(2) 索引表上没有这个词,就需要找到这个关键词合适的插入位置,之后插入这个关键词和书号。

索引表为有序表,虽然要动态生成,在生成过程中需要频繁进行插入操作,但考虑索引表主要为查找用,为了提高查找效率(第8章将重将详细讨论查找问题),还是应采用顺序存储结构；表中每个索引项包含两个内容：其一是关键词，因为索引表常驻内存，应该考虑节省存储空间，采用堆分配表示串类型；其二是书号索引，由于书号索引在索引表生成过程中逐个插入，且不同关键词的书号索引可能相差很多，所以采用链表结构存储的线性表。

　　索引是信息查找的重点，这里我们对索引问题只是进行一个介绍，在后面的章节谈到文件和查找时我们再详细地对索引进行讨论。

本 章 小 结

本章知识逻辑结构如下图：

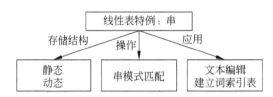

习　题　4

4-1　设两个串 s1＝"bc cad cabcadf"，s2＝"abc"。说明两个串的长度，并判断 s2 串是否是 s1 串的子串，如果是那么指出 s2 在 s1 中的起始位置。

4-2　在高级程序设计语言中，常把串的连接操作 Concat() 表示成"＋"。设有 s＝"good_"，t＝"student" 写出 s＋t 的结果并揭示系统是如何处理的。

4-3　试分别以静态存储结构、链式存储结构、堆存储结构实现以下操作：

（1）Sassign　　（2）Compare　　（3）Replace

4-4　设计操作 Change(s1,1,s2) 的算法。其功能是把 s1 中第 i 个字符开始长 Slenget (s2) 的子串替换成 s2。

4-5　设 s＝"abt"，t＝"abcd"，u＝"efghijk"画出堆存储结构下的映像图。

4-6　令 s＝"aaab"，t＝"abcabaa"，u＝"abcaabbabcabaacba"分别求出它们的 next 数组。

4-7　令主串 s＝"aabaabaaab"，子串 t＝"aaab"，分别用 Bruce-Force 算法和 KMP 算法讨论模式的匹配和匹配效率。

第 5 章　数组和广义表

在线性表 $L=(a_0,a_1,\cdots,a_{n-1})$ 中,数据元素 a_i 是无结构的(称为原子或单元素),即 a_i 本身不再是一个数据结构。本章的数组和广义表是线性结构的推广。在这种结构中,元素本身可以又是一个数据结构。本章讨论多维数组的表示、矩阵压缩存储、广义表的表示和相关算法等问题。本章各小节之间关系如下图:

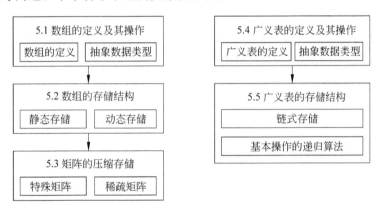

5.1　数组的定义及其操作

5.1.1　数组的定义

数组(Array)是 $n(n \geqslant 1)$ 维相同类型数据元素构成的有限序列,而且是存储在一块地址连续的空间中。

在众多的算法语言中,如 Fortran、Basic、Pascal 和 C 语言,都有数组类型。前面第 2 至第 4 章中线性结构的顺序存储表示,接触到的都是一维数组。对于一个一维数组,我们已经知道是可以进行随机存取的结构,后面谈到数组地址计算时我们将知道,对于二维乃至多维数组也是如此。本节将以 C 语言为例讨论数组的描述、存储映像、地址计算等问题。

对于一维数组已经很熟悉了,下面来看看二维数组。设二维数组:

$$A = A[d_1][d_2] = \begin{bmatrix} a_{00} & \cdots & a_{0j} & \cdots & a_{0,d_2-1} \\ \vdots & & \vdots & & \vdots \\ a_{i0} & \cdots & a_{ij} & \cdots & a_{i,d_2-1} \\ \vdots & & \vdots & & \vdots \\ a_{d_1-1,0} & \cdots & a_{d_1-1,j} & \cdots & a_{d_1-1,d_2-1} \end{bmatrix}$$

其中：d_1 为数组的行数，d_2 为数组的列数；a_{ij} 为数组中第 i 行、第 j 列的数据元素，$0 \leqslant i \leqslant d_1-1, 0 \leqslant j \leqslant d_2-1$；元素个数为 $d_1 * d_2$。

二维数组的逻辑结构可以表示为：

$$A^{(2)} = (D, R)$$

其中 D 和 R 分别为数组中数据元素集和关系集：

$D = \{a_{ij} \mid a_{ij} \in \text{datatype}, 0 \leqslant i \leqslant d_1-1, 0 \leqslant j \leqslant d_2-1\}$

$R = \{\text{Row}, \text{Col}\}$

行关系 $\text{Row} = \{<a_{ij}, a_{ij+1}> \mid a_{ij}, a_{ij+1} \in D, 0 \leqslant i \leqslant d_1-1, 0 \leqslant j \leqslant d_2-2\}$

列关系 $\text{Col} = \{<a_{ij}, a_{i+1j}> \mid a_{ij}, a_{i+1j} \in D, 0 \leqslant i \leqslant d_1-2, 0 \leqslant j \leqslant d_2-1\}$

关系集 Row 和 Col 表明：除数组 $A^{(2)}$ 周边元素外的其他任一个元素 a_{ij}，有两个直接前驱 a_{i-1j}, a_{ij-1}，和两个直接后继 a_{i+1j}, a_{ij+1}（周边元素的前驱或后继可不足两个）。n 维数组也可按上述方法类似定义。

还可以用如下形式描述二维数组（设 $d_1 = m, d_2 = n$）：

$$\text{二维数组 } A^{(2)} = \begin{matrix} \begin{bmatrix} a_{00} & a_{01} & \cdots & a_{0n-1} \\ a_{10} & a_{11} & \cdots & a_{1n-1} \\ \vdots & \vdots & & \vdots \\ a_{m-10} & a_{m-11} & \cdots & a_{m-1n-1} \end{bmatrix} & \begin{matrix} -A_0^{(1)} \\ -A_1^{(1)} \\ \\ -A_{m-1}^{(1)} \end{matrix} \\ \begin{matrix} | & | & & | \\ A_0^{(1)} & A_1^{(1)} & \cdots & A_{n-1}^{(1)} \end{matrix} \end{matrix}$$

故 $A^{(2)} = (A_0^{(1)}, A_1^{(1)}, \cdots, A_{m-1}^{(1)})$（或 $A^{(2)} = (A_0^{(1)}, A_1^{(1)}, \cdots, A_{n-1}^{(1)})$），它形式上变为一个线性表，只不过是其中每个元素 $A_i^{(1)}(0 \leqslant i < m-1) = (a_{i0} \cdots a_{in-1})$ 又是一个线性表而已。三维或者多维数组可以以此类推。

所以说，多维数组是线性表的推广，而线性表是多维数组的特例。

5.1.2　数组的抽象数据类型

数组的基本操作比较简单，因为大多的程序设计语言中数组一旦生成，其元素的存储空间一般就固定下来，故数组的操作不包括插入和删除这样的操作。于是可以定义如下的数组抽象数据类型：

```
ADT Array{
    数据元素集：D={a_{j1j2…jn}|a_{j1j2…jn}∈datatype,j_i=0,…,b_i-1其中i=1,2,…,n}
        n(n>0)称为数组维数，b_i是数组第i维长度,j_i是数组元素第i维下标。
    数据关系集：R={R_1,R_2,…,R_n}
```

$R_i = \{ < a_{j1\cdots ji\cdots jn}, a_{j1\cdots ji+1\cdots jn} > \mid 0 \leqslant j_k \leqslant b_k - 1, 1 \leqslant k \leqslant n$ 且 $k \neq i, 0 \leqslant j_i \leqslant b_i - 2, a_{j1\cdots ji\cdots jn},$

$a_{j1\cdots ji+1\cdots jn} \in D, i = 1, 2, \cdots, n \}$

基本操作集：P

`ArrayInit(&A,n,d₁,d₂,…,dₙ)`

操作结果：若维数 n 和各维长度合法，则生成一个 n 维数组 $A[d_1][d_2]\cdots[d_n]$（C 语言中，$1 \leqslant n \leqslant 8$）。

`ArrayDestroy(&A)`

初始条件：数组 A 存在。

操作结果：撤销数组 A。

`ArrayGet(A,i₁,…,iₙ,&e)`

初始条件：数组 A 存在，e ∈ datatype。

操作结果：若各下标合法，则将数组元素 $A[i_1][i_2], \cdots, [i_n]$ 的值传给变量 e。

`ArrayAssign(&A,i₁,…,iₙ,e)`

初始条件：数组 A 存在，e ∈ datatype。

操作结果：若各下标合法，则将变量 e 的值传给数组元素 $A[i_1][i_2], \cdots, [i_n]$。

`}ADT Array;`

其中后面两条是对数组元素随机存取的操作。

5.2　数组的存储结构

5.2.1　数组的静态存储方式

1. 数组的静态存储映像

依据数组的定义，数组的存储方式只能是顺序的。而由于计算机的存储空间是一维的（或线性的），所以存储数组时，要将多维数组中的元素按某种次序映像到一维存储空间，即解决"降维"问题。

在 Basic、Pascal 和 C 等语言中，是按低维下标优先变化（或按行优先）的方式存储数组中的元素。如在 C 语言中，二维数组的映像如图 5.1 所示。但在 Fortran 语言中，数组元素是按高维下标优先变化（或按列优先）的方式存储数组中的元素。

2. 静态数组元素的地址计算

为了实现数组的随机存取，也就是通过下标直接找到相应地址，就需要建立一个数组的存储位置与下标之间的函数关系。以 C 语言为例。设数组元素的起始地址为 b，每个元素占用 L 个单元（元素所占单元量由元素的类型而定），元素 a 的地址用 Loc(a) 表示。

1）一维数组

设有如图 5.2 所示的一维数组。

由图 5.2 可知：

$Loc(a_0) = b;$

$Loc(a_1) = b + L;$

⋮

$Loc(a_i) = b + i * L;$

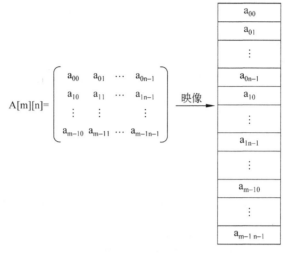

图 5.1　数组映像

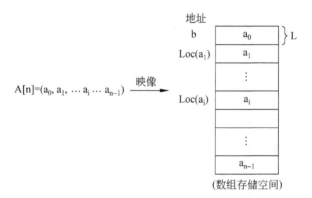

图 5.2　一维数组

即 A[n]中任一元素 a_i 的地址＝(起始地址 b)＋(a_i 前的元素个数 i) * L。

2）二维数组

设有如图 5.3 所示的二维数组。

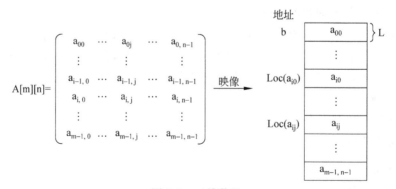

图 5.3　二维数组

由图 5.3 知：

Loc(a₀₀)=b;
Loc(a_{i0})=b+(a_{i0}前的元素个数)＊L
　　　　=b+(i＊n)＊L;
Loc(a_{ij})=b+(a_{ij}前的元素个数)＊L
　　　　=b+(i＊n+j)＊L;

例 5-1　设二维数组 A[7][8]，起始地址 b=1000，每个元素所占单元量 L=3，则：
$$\text{Loc}(a_{5,6})=1000+(5*8+6)*3=1138$$

3）三维数组

设有如图 5.4 所示的三维数组。

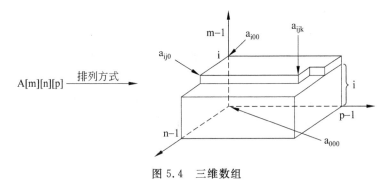

图 5.4　三维数组

由图 5.4 可知：

Loc(a₀₀₀)=b;
Loc(a_{i00})=b+(i＊n＊p)＊L;
Loc(a_{ij0})=b+(i＊n＊p+j＊p)＊L;
Loc(a_{ijk})=b+(i＊n＊p+j＊p+k)＊L;

可以看出，i＊n＊p、i＊n＊p+j＊p、i＊n＊p+j＊p+k 分别为 a_{i00}、a_{ij0}、a_{ijk} 前的元素个数。

4）n 维数组

从以上的地址公式推导中得出这样一条规律：任意维数组中任一元素的地址为起始地址加上该元素前的元素个数乘以元素单元量。

设 n 维数组 A[u₁][u₂]…[u_n]，其中任一元素 a_{i1i2…in}，其地址为：
$$\text{Loc}(a_{i1i2\cdots in})=b+(i_1*u_2*u_3*\cdots*u_n+i_2*u_3*u_4*\cdots$$
$$*u_n+\cdots+i_{n-1}*u_n+i_n)*L$$
$$=b+\left(\sum_{j=1}^{n-1}i_j\prod_{k=j+1}^{n}u_k+i_n\right)*L$$

元素按"列优先"方式存储时，地址计算方法类似，此处不再赘述。

有了数组元素的地址计算公式，给出相应参数后，能够直接求出任一元素的地址，然后按地址存取相应元素，故对任意维数组的存取都是随机存取。

5.2.2 数组的动态存储方式

前面讲的数组,其存储空间是在算法执行前就分配的,属于静态分配。这种存储方式对于一些运行之前还不能确定长度的数组,必须要定义足够大的空间以避免溢出。但在某些资源紧张的系统中,这样做就很不实际,于是就用到了数组的动态存储方式。

下面以生成 A[3][4][5][6]为例讨论以下下几点:

(1) 目标是要得到一个以 base 为基址的数组存储空间,本例中总共元素个数是 etotal=$3 \times 4 \times 5 \times 6 = 360$。

(2) 各维数下标存入辅助向量 bound,将 bound[i]记为 k_i,在本例中 $k_0 = 3, k_1 = 4, k_2 = 5, k_3 = 6$。

(3) 令函数映像 $C_i = k_{i+1} \times C_{i+1}, C_{n-1} = 1, 0 \leqslant i \leqslant n-2$,并将各值存入 const。对本例 $C_3 = 1, C_2 = k_3 \times C_3 = 6, C_1 = k_2 \times C_2 = 30, C_0 = k_1 \times C_1 = 120$。

(4) 取数组某元素的相对地址。如本例中 a_{1234} 的相对地址 $i = C_0 \times 1 + C_1 \times 2 + C_2 \times 3 + C_3 \times 4 = 202$。

(5) 取元素的绝对地址(实际地址),绝对地址＝A. base＋相对地址(本例的绝对地址＝A. base＋202)。明确了思路之后,我们就可以写出动态数组的生成及操作算法。

定义数组类型:

```
#difine MAX_DIM 8                           //最大维数
typedef struct
{   datatype *base;                         //数组基址
    int dim;                                //数组维数
    int *bound;                             //辅助向量 bound
    int *const;                             //辅助向量 const
}array;
```

1. 数组生成算法

```
int Setarray(array*A,int n,int dim[])       //生成 n 维数组 A 的算法,其中
                                            //dim[]存放各维数的长度
{   int i,etotal;
    if(n<1||n>MAX_DIM) return (0);          //非法维数
    (*A).dim=n;                             //存入维数
    (*A).bound= (int*)malloc(n*sizeof(int));  //生成 bound 的空间
    if(!(*A).bound) return(0);              //内存分配失败
    etotal=1;
    for(i=0;i<n;i++)
    {   if(dim[i]<0) return(0);             //非法维长度
        (*A).bound[i]=dim[i];               //各维下标
        etotal*=dim[i];                     //统计元素个数
    }
    (*A).base= (datatype*)malloc(etotal*sizeof(datatype));  //生成数组空间
    if(!(*A).base) return(0);
```

```
    (*A).const=(int*)malloc(n*sizeof(int));    //生成 const 空间
    if(!(*A).const) return(0);
    (*A).const[n-1]=1;
    for(i=n-2;i>=0;i--)
        (*A).const[i]=(*A).bound[i+1]*(*A).const[i+1];                     //给 const 赋值
    return(1);
}
```

2. 求元素相对地址的算法

```
int Index(array A,int d[],int *i)                      //求元素相对地址的 i,d[]存放元素下标
{   int j;
    *i=0;
    for(j=0;j<A.dim;j++)
    {   if(d[j]<0||d[j]>A.bound[j]) return(0);//下标越界
        i+=A.const[j]*d[j];                    //求相对地址
    }
    return(1);
}
```

3. 取数组元素地址的算法

```
int Aget(array A,int d[],datatype*e)                     //求数组元素地址送 e,d[]中存放下标
{   int k,i;
    k=Index(A,d,&i);                        //取相对地址
    if(k==0) return(0);                     //地址获取失败(非法下标)
    e=A.base+i;                             //取元素地址
    return(1);
}
```

5.3 矩阵的压缩存储

多维数组中最常用的就是二维数组,因为它可以表示一种数学和工程上常用的数学对象——矩阵。有的程序语言甚至还专门提供了矩阵运算的函数。然而对于数学上的一些高阶矩阵来说,如果用常规的方法存储会占用过多的空间。

本节介绍一些矩阵的压缩存储算法,对于一些特定的矩阵,可以有效地压缩存储空间。压缩存储的主要原则就是:对多个值相同的元素只存储其中之一,对 0 元素甚至不分配存储空间。

5.3.1 特殊矩阵的压缩存储

这里的特殊矩阵,指的是值相同的元素或 0 元素在矩阵中的分布遵循一定规律的矩阵。

1. 对称矩阵

设 n 阶方阵(矩阵中元素序号约定从 1 起,以下同):

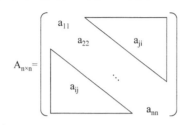

若满足 $a_{ij}=a_{ji},(1\leqslant i,j\leqslant n)$,则称 $A_{n\times n}$ 为对称矩阵。

显然,因 a_{ij} 与 a_{ji} 对称相等,二者只需分配一个存储单元,即只存储矩阵中包括主对角线的下三角(或上三角)元素。于是 $A_{n\times n}$ 所需的存储单元数为 $n(n+1)/2$,而不压缩存储需要 n^2 个存储单元。当 n 很大时,几乎能压缩原存储空间的一半。

具体做法是:设置一个一维数组 $S[n(n+1)/2+1]$ 作为 $A_{n\times n}$ 的存储空间,且按行的次序存放 $A_{n\times n}$ 中包括主对角线的下三角元素,如图 5.5 所示。其中 a_{ij} 存入 $S[k]$ 单元,下标 (i,j) 与 k 的关系为:

$$k=\begin{cases}i(i-1)/2+j, & \text{当 } i\geqslant j \text{ 时}\\ j(j-1)/2+i, & \text{当 } i<j \text{ 时}\end{cases}$$

当 $i\geqslant j$ 时,k 实际上是矩阵下三角元素 a_{ij} 按行排列的序号。即 a_{11} 的序号为 1,a_{21} 的序号为 2,… a_{ij} 的序号为 k。所以 a_{ij} 的序号 k 为 $a_{11}\sim a_{ij}$ 的元素个数,即 $i(i-1)/2+j$。另当 $i<j$ 时,即对上三角元素 a_{ij},因 $a_{ij}=a_{ji}$,所以 a_{ij} 的序号 $=a_{ji}$ 的序号 $=j(j-1)/2+i$。于是:

$$a_{ij}=\begin{cases}S[i(i-1)/2+j], & \text{当 } i\geqslant j \text{ 时}\\ S[j(j-1)/2+i], & \text{当 } i<j \text{ 时}\end{cases}$$

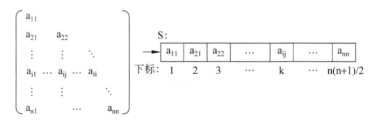

图 5.5　对称矩阵压缩

2. 三角矩阵

设有矩阵:

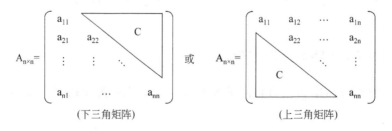

（下三角矩阵）　　　　　　　　　　　（上三角矩阵）

称其为下三角矩阵或上三角矩阵,其中 C 为一个常数。

显然,对于下三角矩阵,类似于对称矩阵的压缩存储,即只存储包括主对角线的下三角元素。而当 i<j 时,a_{ij} 取 C 即可。对于上三角矩阵,压缩方法如图 5.6 所示。

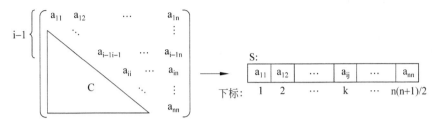

图 5.6 上三角压缩矩阵

同理,当 i≤j 时,数组下标 k 实际上是矩阵的上三角元素 a_{ij} 按行排列的序号,即从 $a_{11} \sim a_{ij}$ 的元素个数。故:

$$k = (i-1) * n - (i-1)(i-2)/2 + (j-i+1) = (i-1)(2n-i)/2 + j \quad (i \leqslant j)$$

于是

$$a_{ij} = \begin{cases} S[(i-1)(2n-i)/2 + j], & \text{当 } i \leqslant j \text{ 时} \\ C, & \text{当 } i > j \text{ 时} \end{cases}$$

3. 对角线矩阵

设包括主对角线的三对角线矩阵:

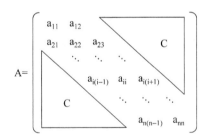

按行顺序压缩于 S 中,如图 5.7 所示。

a_{11}	a_{12}	a_{21}	...	a_{ij}	...	a_{nn}

下标: 1　　2　　3　　…　　k　　…　　3n-2

图 5.7 对角线矩阵压缩

元素 a_{ij} 的下标(i,j)与数组 S 中下标 k 之间的关系为:

$$k = \begin{cases} 3(i-1), & \text{当 } i = j+1 \text{ 时} \\ 3i-2, & \text{当 } i = j \text{ 时} \\ 3i-1, & \text{当 } i+1 = j \text{ 时} \end{cases}$$

归纳为:k = 2i+j-2(当 i=j+1,i=j,i+1=j)时。

于是

$$a_{ij} = \begin{cases} S[2i+j-2], & \text{当 } i=j+1, i=j, i+1=j \text{ 时} \\ C, & \text{其他} \end{cases}$$

5.3.2 稀疏矩阵的压缩存储

特殊矩阵中同值元素的分布有一定的规律可循,而有的矩阵,0 元素很多(如同一个画面上有几个亮点,其余全是空白),但分布无规律,称这类矩阵为稀疏矩阵。

例 5-2 设一个 6×7 的矩阵如下:

$$A_{6 \times 7} = \begin{pmatrix} 0 & 1 & 0 & 2 & 0 & 0 & 0 \\ 0 & 0 & 0 & 0 & 0 & 0 & 0 \\ 3 & 0 & 0 & 0 & 0 & 4 & 0 \\ 0 & 0 & 5 & 0 & 0 & 0 & 0 \\ 0 & 6 & 0 & 0 & 0 & 0 & 0 \\ 7 & 0 & 0 & 8 & 0 & 0 & 0 \end{pmatrix}$$

则 $A_{6 \times 7}$ 可以视为一个稀疏矩阵。对于矩阵 $A_{m \times n}$,设非 0 元素个数为 t,若 $\delta = t/(m*n) \leqslant 0.2$,则可以将其视为稀疏矩阵。显然,为节省存储空间,须对这类矩阵压缩存储空间,原则是只存储非 0 元素。一般有"三元组表"和"十字链表"的压缩存储方法。

1. 三元组表

三元组为 (i,j,v),其中 i,j 分别为非 0 元素所在的行号和列号,v 存放该非 0 元素的数值。以行优先的顺序将稀疏矩阵中非 0 元素以三元组存入一数组,即所谓的三元组表。对例 5-2 中 $A_{6 \times 7}$ 的三元组表如图 5.8 所示。设每个元素占 16 个字节,若不压缩存储,需要 $6 \times 7 \times 16 = 672$(字节),而压缩存储时,$i,j$ 为整型,故共需 $2 \times 16 + 8 \times 16 = 160$(字节)。

三元组表存储结构的描述:

	i	j	v
1	1	2	1
2	1	4	2
3	3	1	3
4	3	6	4
5	4	3	5
6	5	2	6
7	6	1	7
8	6	4	8

图 5.8 三元组表

```
#define maxsize 64            //最大非 0 元个数
typedef Struct               //三元组类型
{   int i,j;
    datatype v;
}tritype;                    //三元组说明符
typedef Struct
{   tritype data[maxsize+1];  //三元组表存储空间
    int mu,nu,tu;             //原稀疏矩阵的行、列号和非 0 元素个数
}Tsmtype, *Tsmlink;          //三元组表说明符
```

若说明:"Tsmlink A;A=(Tsmlink)malloc(sizeof(Tsmtype));",则指针变量 A 指向一个如图 5.9 所示的三元组表。稀疏矩阵的行、列号和非 0 元素个数分别为 A->mu、A->nu 和 A->tu。

然而,稀疏矩阵的压缩存储会给矩阵运算带来一些不便,算法要复杂些。这里的运算指求矩阵的转置、两矩阵相加和相乘等。我们只讨论矩阵的转置的算法。

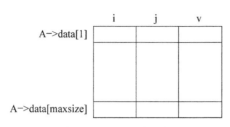

图 5.9　三元组表空间

未压缩前,求矩阵 A 的转置矩阵 B,算法很简单:

```
for(col=1;col<=nu;col++)
    for(row=1;row<=mu;row++)
        B[col][row]=A[row][col];
```

现在,要通过矩阵 A 的三元组表求其转置矩阵 B 的三元组表。

例 5-3　设稀疏矩阵 $A_{4\times5}$,转置时情况如图 5.10 所示。

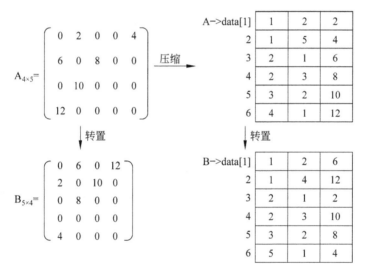

图 5.10　稀疏矩阵转置

(1) 算法思路。

① 矩阵 A 的所有列转化成矩阵 B 的所有行;

② 对 A 中的每一列 col(1~nu),扫描所有非 0 元素(1~tu),若有一非 0 元素的列号 j 为当前列 col,则将该非 0 元行列互换,送到目标三元组表。

如例 5-3 中的矩阵 A,当前列 col=1 时,因 A->data[3].j=1,所以将 A->data[3]的转置(1,2,6)赋给 B->data[1],又 A->data[6].j=1,所以 A->data[6]的转置(1,4,12)赋给 B->data[2],完成第一列的转换,以此类推。

(2) 算法描述。

```
void Transm(Tsmtype A,Tsmtype B)        //求三元组表 A 的转置=>三元组表 B
{   int p,q,col;
```

```
B->mu=A->nu;
B->nu=A->mu;
B->tu=A->tu;
if(A->tu !=0)
{   q=1;                          //目标表的序号
    for(col=1;col<=A->nu;col++)   //扫描 A 的所有列
        for(p=1;p<=A->tu;p++)     //扫描所有非 0 元
            if(A->data[p].j==col)  //行列互换
            {   B->data[q].i=A->data[p].j;
                B->data[q].j=A->data[p].i;
                B->data[q].v=A->data[p].v;
                q++;
            }
}
}
```

此算法的时间复杂度为 $O(t*n)$，其中 n 为原矩阵的列数，t 为非 0 元的个数。可以对该算法性能进行改进，使其时间复杂度达到 $O(t+n)$。

2. 十字链表

十字链表是以链表结构形式存储一个稀疏矩阵。将矩阵中每一个非 0 节点设置成如下形式的节点：

i	j	head/data
down		right

其中 i、j 分别存放非 0 元的行列号，head/data 或作为一非 0 元的值域（data）或作为头节点的链指针（head）；down 为指向相同列下一个非 0 元节点的指针，right 为指向相同行下一非 0 元节点的指针。

节点类型的描述：

```
typedef struct node                 //表节点类型
{   int i,j;
    union
    {   struct node *head;
        datatype data;
    }vdata;
    struct node *down, *right;
} nodetype, *tlink;
```

将稀疏矩阵的每一行的非 0 元构成一个单一链表（称为行链表），每一列也构成一单链表（称为列链表），即所谓的十字链表。

例 5-4　设稀疏矩阵：

$$A_{4\times4}=\begin{pmatrix}1&0&0&4\\0&2&0&0\\3&0&0&0\\0&0&0&5\end{pmatrix}$$

A 的十字链表结构如图 5.11 所示。其中 H[0]～H[4]为头指针向量(行链表和列链表共用头节点,只是为表示方便分开画出),分别指向相应单链表的头节点。

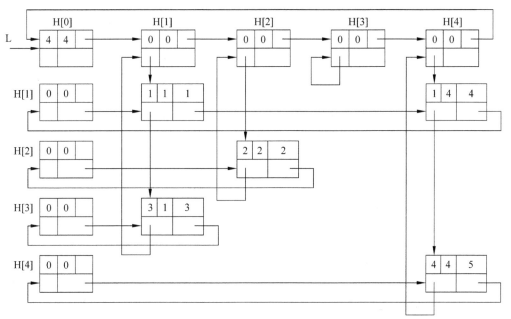

图 5.11　十字链表

(1)建立十字链表的算法思路。

① 先构造如图 5.12 所示的空表:其中 s 取矩阵行列数的最大值,即 s＝max(m,n)。

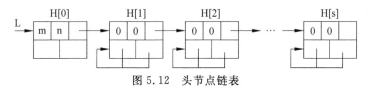

图 5.12　头节点链表

② 依次读入每个非 0 元(i,j,v),生成一个非 0 元的节点,对该节点赋读入的值后,将其插入第 i 行链表和第 j 列链表的正确位置。

(2)算法描述。

```
void Creattenlink(nodetype *L,int m,int n,int t)
//建立稀疏矩阵的十字链表的算法,L为头指针,m,n,t分别为矩阵的行列号和非0元的个数
{   nodetype *p,*q,*H[maxsize];
    int i,j,k,s;
    datatype v;                          //设 datatype 为整型说明符
```

```
    if(m>n) s=m;else s=n;                          //确定头节点的个数
    L= (nodetype *)malloc(sizeof(nodetype));       //申请总的头节点
    L->i=m;L->j=n;                                 //置行列数
    H[0]=L;
    for(i=1;i<=s;i++)                              //建立头节点链表
    {   p=(nodetype *)malloc(sizeof(nodetype));
        p->i=p->j=0;
        p->down=p->right=p;
        H[i]=p;
        H[i-1]->vdata.head=p;
    }
    H[s]->vdata.head=L;                            //构成循环链表
    for(k=1;k<=t;k++)                              //处理 t 个非 0 元
    {   scanf("%d%d%d",&i,&j,&v);                  //读入一个非 0 元(i,j,v)
        p=(nodetype*)malloc(sizeof(nodetype));     //申请节点存放非 0 元
        p->i=i;p->j=j;p->vdata.data=v;             //赋值
        q=H[i];                                    //取第 i 行链表头节点指针
        while((q->right!=H[i])&&(q->right->j<j))
            q=q->right;                            //找当前非 0 元节点在行链表中的位置
        p->right=q->right;                         //当前非 0 元节点插入 q 节点之后
        q->right=p;
        q=H[j];                                    //取第 j 列链表头节点指针
        while((q->down!=H[j])&&(q->down->i<i))
            q=q->down;                             //找当前非 0 元节点在列链表中的位置
        p->down=q->down;                           //非 0 元节点插入 q 节点之后
        q->down=p;
    }
}
```

此算法中,建立头节点链的循环次数为 s,而每处理一个非 0 元,最多扫描 2s 个相应行、列链表节点,故此算法的时间复杂度为 $O(t*s)$。

5.4 广义表的定义及其操作

5.4.1 广义表的定义

广义表又称列表(list),是线型表的推广。在线型表 $L=(a_0 a_1 \cdots a_i \cdots a_{n-1})$ 中,a_i 是单元素或称原子,即 a_i 本身不再是一个数据结构,而广义表记为:

$$LS=(d_0 d_1 \cdots d_i \cdots d_{n-1})$$

其中 $d_i(0 \leqslant i \leqslant n-1)$ 既可以是一个原子,又可以是另一个表(称为子表),即表中还可以套表。n 为表长(n=0 时为空表),若 d_i 为原子,则称 d_i 为 LS 的单元素,否则 d_i 称为 LS 的子表(满足递归定义)。d_0 称为表头,其余元素的集合 $(d_1 \cdots d_i \cdots d_{n-1})$ 称为表尾。

5.4.2 广义表的抽象数据类型

```
ADT Lists{
```
　　　数据元素集：D={d_i|d_i∈datatype or d_i∈Lists(递归定义),i=0,1,…,n-1,n≥0}

　　　数据关系集：R={<d_i,d_{i+1}>|d_i,d_{i+1}∈D,0≤i≤n-2}

　　　基本操作集：P

```
ListsInit(&L)
```
　　　操作结果：创建空的广义表 L。

```
ListsCreat(&L,S)
```
　　　初始条件：S 是某结构广义表的串书写形式。

　　　操作结果：创建 S 所表示的广义表 L。

```
ListsCopy(&L,T)
```
　　　初始条件：广义表 T 存在。

　　　操作结果：由广义表 T 复制得到广义表 L。

```
ListsLength(L)
```
　　　初始条件：广义表 L 存在。

　　　操作结果：返回广义表 L 的长度(即 L 中的元素个数 n)。

```
ListsDepth(L)
```
　　　初始条件：广义表 L 存在。

　　　操作结果：返回广义表 L 的深度(即广义表的最大层数)。

```
ListsEmpty(L)
```
　　　初始条件：广义表 L 存在。

　　　操作结果：广义表 L 为空则返回 TRUE,否则返回 FALSE。

```
Gethead(L)
```
　　　初始条件：广义表 L 存在。

　　　操作结果：取广义表 L 的头元素 d_0。

```
Gettail(L)
```
　　　初始条件：广义表 L 存在。

　　　操作结果：取广义表 L 的表尾(d_1…d_{n-1})。

```
ListsInsertf(&L,e)
```
　　　初始条件：广义表 L 存在且 e∈datatype ∪Lists。

　　　操作结果：将 e 作为头元素插入广义表 L。

```
ListsDeletef(&L)
```
　　　初始条件：广义表 L 存在。

　　　操作结果：删除广义表头元素。

```
ListsTraverse(L)
```
　　　初始条件：广义表 L 存在。

　　　操作结果：依次对广义表 L 中的元素利用 visit()函数进行访问。

　　　　　(visit()是根据具体 datatype 和实际对数据的应用方式编写的访问函数)

```
}ADT Lists;
```

下面列举广义表的几个例子,为讨论问题方便,约定：大写字母 A～Z 为表名,小写字母 a～z 为单元素。

例 5-5 广义表的例子：

A=()或 A()——空表,表长=0,无表头,表尾;

B＝(a,b)或B(a,b)——线性表(广义表的特例),表长＝2,head(B)＝a,tail(B)＝(b);

C＝(e,B)或C(e,B)——表长＝2,head(C)＝e,tail(C)＝(B)＝((a,b)),表C可以表示为:C(e,(a,b));

D＝(A,B,C)或D(A,B,C)——表长＝3,head(D)＝A＝(),tail(D)＝(B,C)＝((a,b),(e,(a,b)));

E＝(a,E)——表长＝2,head(E)＝a,tail(E)＝(E),整个表E为(a,(a,(a,…))),它为一个特殊的广义表,称为递归表,或无限表。

从例5-5可以看出,广义表有如下特点:

(1)表可以嵌套——表中元素可以是一个表,称为子表,而子表还可以有子表。广义表可由层次结构来表示,如例5-5中表B和表C的层次结构如图5.13所示。

(2)表可以共享——一个表可以是其他表的子表,或表中的元素可取自其他的表。如例5-5中表D包含表A、B、C,或A、B、C为D的子表,如图5.14(a)所示。

(3)表可以递归——表中元素可以是表本身。如例5-5中的表E,其结构如图5.14(b)所示。

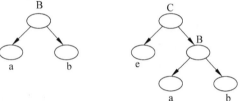

图5.13 广义表层次结构

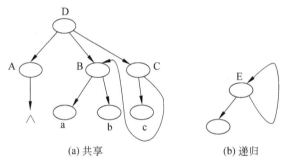

(a)共享 (b)递归

图5.14 共享、递归结构

另外,表中任一单元素可由Gethead()和Gettail()函数导出,如取表A＝(a,(b,d,e))中单元素d的操作为:Gethead(Gettail(Gethead(Gettail(A))))。

5.5 广义表的存储结构

对于广义表LS＝(d_0 d_1…d_i…d_{n-1}),由于元素d_i可以是单元素或子表,故用顺序存储结构表示一个广义表较为困难,一般采用链表存储结构,称为广义链表。

5.5.1 广义表的链式存储

1. 单链表示法

元素d_i的节点形式:

atom	data/link	next

其中：

$$atom = \begin{cases} 0, & 当\ d_i\ 为单元素时 \\ 1, & 当\ d_i\ 为子表时 \end{cases}$$

$$data/link = \begin{cases} data, & 当\ atom = 0\ 时 \\ link, & 当\ atom = 1\ 时 \end{cases}$$

即 d_i 为原子时，atom＝0，data/link 域取 data，存放相应单元素值；而 d_i 为子表时，atom＝1，data/link 域取 link，用以指向相应的子表。next 意义同线性链表，指向 d_{i+1} 所在节点。

节点描述：

```
typedef struct node
{   int atom;
    union
    {   datatype data;
        struct node *link;
    }dtype;
    struct node *next;
}Lsnode, *Lslink;
```

为了广义表的操作方便，对每一广义表引入头节点，其形式同一般的表节点：

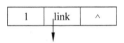

其中 atom 域取 1，data/link 域取 link，用以指向广义表的第一节点，而 next＝NULL。

例 5-5 中广义表 A、B、C、D、E 的单链表如图 5.15 所示。

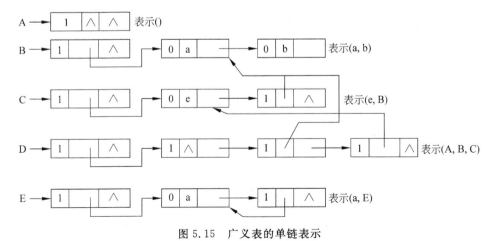

图 5.15　广义表的单链表示

2. 双链表示法

元素 d_i 的节点形式：

link1	data	link2

其中，

$$link1 = \begin{cases} \text{指向相应的子表的指针，} & \text{当 } d_i \text{ 为子表时} \\ \wedge, & \text{当 } d_i \text{ 为原子时} \end{cases}$$

$$data = \begin{cases} \text{表名，} & \text{当 } d_i \text{ 为子表时} \\ \text{原子值，} & \text{当 } d_i \text{ 为原子时} \end{cases}$$

link2：指向 d_{i+1} 所在的节点。

例 5-5 中几个广义表的双链表结构如图 5.16 所示。

A=∧

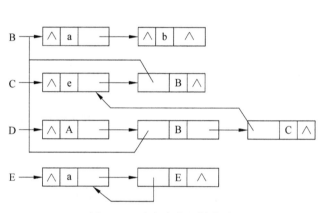

图 5.16　广义表的双链表示

例 5-6　设职工工资的表头 H 如图 5.17 所示。

H:

工资收入A			扣除B			实发X
基本工资 a_1	岗位津贴 a_2	福利 a_3	房租 b_1	水电 b_2	其他 b_3	

图 5.17　工资表头

即 $H=(A,B,x),A=(a_1,a_2,a_3),B=(b_1,b_2,b_3)$。H 的双链结构如图 5.18 所示。

5.5.2　广义表基本操作的递归算法

第 3 章曾经提到递归算法有结构清晰、易读和容易验证正确性等优点。有的问题在求解过程中会得到与原问题性质相同的子问题（如 hanoi 塔问题），由此自然的得到递归算法，而且比利用栈实现的非递归算法更符合人们的思维逻辑，更容易理解。

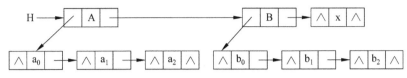

图 5.18　工资表头的双链表示

由于递归函数设计用的是归纳思想的方法,在设计递归函数时,应注意:

(1) 应书写函数的首部和规格说明,严格定义函数的功能和接口(传入传出参数),对函数中所得的子问题,只要接口一致,就可递归调用。

(2) 对函数中的每一个递归调用都看作一个已实现的简单操作,只要接口参数正确,必能实现规格说明中的功能。正如由归纳假设进行数学归纳法证明时,不考虑归纳假设的正确性。

下面讨论广义表的两个基本操作,建表与求深度(这里将 datatype 简化为字符)。

1. 广义表的建立

这里先说明广义表的书写形式串:

(1) S="()"表示对应的 LS 为空表;

(2) S="(a₁,a₂,…,aₙ)"这里 aᵢ 是 S 的子串且由逗号分隔。对于 aᵢ 又分为 3 种情况:

① "()";

② 长度为 1 的串;

③ "(b₁,b₂,…,bₙ)"。

最后一个情况可以视为一个子问题,而前面两种就是这个递归的终止条件。

不考虑非法输入的情况,则算法如下:

```
Lslink ListsCreat(stype s)
//广义表采用单链结构,串采用静态结构,由串 s 创建广义表并返回头指针,emp 表示"()"
{   stype sub,hsub;
    Lslink LS,p;                        //LS 为本层递归的表头指针,p 用于节点连接
    LS=(Lslink)malloc(sizeof(Lsnode));  //为当前表头分配空间
    if(!Scompare(s,emp))                //空表的处理
        { LS->atom=1; LS->dtype.link=NULL; LS->next=NULL; }
    else {   if(s.len==1) {LS->atom=0; LS->data=s.data[0]; LS->next=NULL; }
        //单元素的处理,单元素指"x"类型的串,而不是"(x)",带括号的表示表
            else                        //表的处理
            {   LS->atom=1;LS->next=NULL;
                Substr(&sub,s,2,s.len-2);   //脱外层括号
                sever(&hsub,&sub);          //分离第一元素
                LS->dtype.link=ListsCreat(hsub);
        //递归调用,对表中第一元素,是表建表,是元素建节点,接在本层表的 link 下
```

```
                            p=LS->dtype.link;          //p 指向刚建好的表头 (元素节点)
                            while(!Sempty(sub))        //后面还有元素时
                            {   sever(&hsub,&sub);     //分离第一元素
                                p->next=ListsCreat(hsub);     //一次将节点接到前一个的后面
                                p=p->next;
                            }
                        p->next=NULL;                  //全部建好后尾指针置 NULL
                }
        }
        return(LS);                                    //返回头节点 (或数据节点) 指针
}
void sever(stype*hstr,stype*str)
//将非空串 str 分成两部分,hstr 返回第一个",","前的部分,之后由 str 返回
{   int i,k=0;
    for(i=0;i<str->len||k!=0;i++)
    {   if(str->data[i]=='(') k++;
        if(str->data[i]==')') k--;
    }
    if(i=str->n) {Scopy(hstr,*str); Sclear(str)}
    else {Substring(hstr,*str,0,i-2); Substring(str,*str,i,str->len-i);}
}
```

2. 求广义表深度

广义表的深度为广义表的最大层数。例如$(a,((b,c),d))$的深度为 3。

设非空广义表:$LS=(d_0 d_1 \cdots d_{n-1})$,求 LS 深度的问题,可以转化为 n 个子问题,每个子问题求 $d_i(i=0,2,\cdots,n-1)$的深度。若 d_i 为原子,则定义深度为 0;若 d_i 也是广义表,则如上处理。而 LS 的深度就是 d_i 深度中的最大值加 1。另定义空表深度也为 1。

由此可见,这个递归有两个终止条件:空表和原子。于是可写出如下算法:

```
int ListsDepth(Lslink LS)              //广义表采用单链结构,返回 LS 指向的广义表深度
{   int max=0;                         //默认情况下,认为表中元素深度为 0
    if(LS->atom==0) return (0);        //对于原子项返回深度 0
    p=LS->dtype.link;                  //为广义表时,p 取表头
    while(p!=NULL)                     //依次计算每个元素深度,空表直接跳过
    {   dep=ListsDepth(p);             //递归求 p 指向元素的深度
        if(dep>max)max=dep;            //大于已有最大深度时,更新最大深度
        p=p->next;                     //p 指向下一元素
    }
    return(max+1);                     //返回最大深度加 1
}
```

本 章 小 结

本章知识逻辑结构如下图：

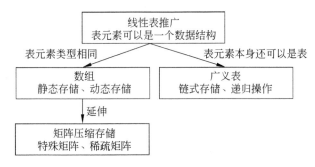

习 题 5

5-1　以按行优先的存储顺序，列出四维数组 a[2][3][2][4] 中所有元素在内存中的顺序。

5-2　给定整型数组 b[3][5]，以至每个元素占两个字节，b[0][0] 的存储地址为 1200，试求在按行优先的存储方式下：

(1) b[2][4] 的存储地址。

(2) 该数组占用的字节个数。

5-3　设下三角矩阵：

$$A_{4\times 4} = \begin{pmatrix} 32 & 0 & 0 & 0 \\ 23 & 0 & 0 & 0 \\ 52 & 37 & 25 & 0 \\ 71 & 0 & 11 & 81 \end{pmatrix}$$

采用压缩存储方法已将 $A_{4\times 4}$ 存储于一维数组 sa 中，试求：

(1) 一维数组 sa 的元素个数；

(2) 矩阵元素 a_{32} 在一维数组 sa 中的下标。

5-4　设对角矩阵 $A_{m\times n}$，其三条对角线上的元素逐行的存储于一维数组 sa 中，试求：

(1) 一维数组 sa 的元素个数；

(2) $A_{m\times n}$ 中任意元素 a_{ij} 和一维数组 sa[k] 之间的对应关系。

5-5　为节省内存，对 n 阶对称矩阵采用压缩存储，设计一个求两个按压缩方式存储的 n 阶对称矩阵的乘积的算法（结果矩阵不采用压缩方式存储）。

5-6　画出下列稀疏矩阵 $A_{4\times 4}$ 的三元组顺序表和十字链表。

$$A = \begin{pmatrix} 0 & 2 & 0 & 0 \\ 1 & 0 & 0 & 4 \\ 0 & 0 & 0 & 5 \\ 0 & 0 & 7 & 0 \end{pmatrix}$$

5-7 已知 $A_{n \times n}$ 为稀疏矩阵，试从空间和时间角度比较采用二维数组和三元组表两种不同存储结构实现 $\sum\limits_{k=0}^{n-1} a_{ik}$ 操作的优缺点。

5-8 已知稀疏矩阵用十字链表表示，编写两个 n 阶稀疏矩阵相加（A＝A＋B）的算法。

5-9 已知稀疏矩阵用三元组表表示，编写两个 n 阶稀疏矩阵相加（C＝A＋B）的算法。

第6章 树

前面几章讨论了线性结构,例如线性表、栈、队列、字符串以及线性结构的扩充,如多维数组和广义表。在这种结构中,每个元素至多有一个直接前驱或后继。但在系统软件和应用软件的设计中,很多情况下,需要描述一个数据元素可能出现多个直接前驱或后继的结构。有这样特征的数据结构称作非线性结构。本章讨论一种层次模型的数据结构——树和二叉树,它能较好地描述数据间的层次关系,能对数据结构随机再组织,故树一般称为动态数据结构。

本章涉及内容为:树和二叉树的定义、相关操作、性质、存储结构和树与二叉树之间的转换等问题,最后给出二叉树的一个典型应用——Huffman(哈夫曼)编码及译码。

本章各节之间的关系概图如下所示:

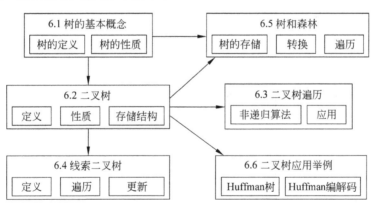

6.1 树的基本概念

什么是树?先看几个例子。

例 6-1 IBM PC DOS 中文件结构是一棵树,如图 6.1 所示。其中 MFD 为根目录(或主目录),是最上层的唯一节点,在树中称为根节点;子目录 A、子目录 B 等称为分支节点;而各个文件称为叶节点。关系<MFD,文件>,<子目录 A,子目录 A1>等称为有向弧,表示一种层次关系。所以树可看作是一个有向无环图,只是在这种图中,元素之间的层次关系比较清晰,故关系的方向(箭头)可以省去。

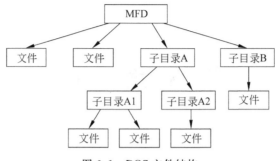

图 6.1   DOS 文件结构

例 6-2   编译系统中将表达式组织成一棵树,如 a+b＊(c−b)−e/f 的树结构如图 6.2 所示。其中,运算符作为根节点或分支节点,而运算量为叶节点。这样对表达式的句法分析及运算就显得十分方便。

例 6-3   在层次模型的数据库系统中,数据(或记录)之间的联系是层次关系的,如图 6.3 所示。

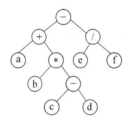

图 6.2   表达式树结构

图 6.3   数据库的层次模型

6.1.1   树的定义及基本操作

1. 树的定义

树(Tree)是 $n(n \geqslant 0)$ 个节点满足层次关系的有限集,当 $n=0$ 时,称为空树,记为 Φ;当 $n>0$ 时,称为非空树。对非空树 T 满足下列条件:

(1) T 有且仅有一个称为根(root)的节点;

(2) T 的其余节点可分为 $m(m \geqslant 0)$ 个互不相交的有限集 $T1, T2, Tm, Ti(1 \leqslant i \leqslant m, m=0$ 时为空集)为根的子树(subtree)。

显然,这是一个递归定义,即当子树 Ti 非空时,又要满足定义中的(1)和(2)。

例 6-4   设树 T1、T2 和 T3 如图 6.4 所示。其中,T1 为空树;T2 只有一个根节点;T3 的根为 A,它有三棵子树 T31,T32,T33,而这三棵子树的又分别有自己的根 B,C,D 和相应的更小的子树,以此类推。

2. 树的逻辑结构表示法

1) 层次表示法

前面介绍关于树的一些例子,都属于层次表示

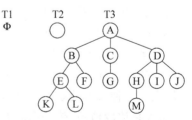

图 6.4   空树与非空树

法,它比较直观地表示了树中各节点的层次关系。下面对树的讨论,都采用这种表示法。

2)嵌套表示法

用集合形式表示树的逻辑结构,比如例 6-4 中树 T3 的嵌套表示如图 6.5 所示。

3)广义表表示法

如例 6-4 中的树 T3 可表示为:(A(B(E(K,L),F),C(G),D(H(M),I,J)))。

3. 关于树的基本术语

1)节点

节点由数据元素(data)及若干连接子树的分支(指针)组成一个节点,即节点=data+pointers,其逻辑形式和存储形式如图 6.6 所示。

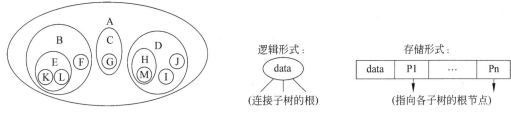

图 6.5 嵌套表示法   图 6.6 节点形式

2)节点的出度(OD)

节点拥有的非空子树数目。如对例 6-4 中的树 T3,OD(A)=3,OD(B)=2 等等。显然,出度为 0 的节点都是叶节点。

3)节点的入度(ID)

节点的入度是指向节点的分支(或有向弧、指针)的数目。根据树的特点,根节点的入度为 0,而其他各节点的入度为 1。

4)树的度(TD)

树中节点出度的最大值。如例 6-4 中树 T3 的度为 3。树的度决定了给节点分配存储空间时的指针数目。度为 K 的树又称为 K 叉树。

5)节点之间的关系

节点的孩子(或子女):节点的子树之根为该节点的孩子。如例 6-4 的 T3 中,A 的孩子分别为 B,C,D;反之,B,C,D 的双亲(父节点)为 A。

节点的兄弟:同一双亲下的孩子为兄弟。如例 6-4 的 T3 中,B、C、D 为兄弟,且 B 是 C 的左兄弟,D 是 C 的右兄弟。而 F 和 G 之间为堂兄关系。

6)节点的层次

对非空树,根为第一层,根下的孩子节点为第二层,以此类推。层次数的最大值为该树的深度(或高度)。

7)有序树和无序树

若树中任一节点的各子树从左到右有序,则该树为有序树(强调子树的次序),否则为无序树。

例 6-5 设树 T1、T2 如图 6.7 所示。若 T1,T2 为有序树,它们是两棵不同的树;若 T1,T2 为无序树,它们是两棵相同的树,若不特别指出,以后讨论的树均为有序树。

8) 森林(或树林)

m(m≥0) 棵互不相交的有序树的有序集合。

例 6-6 设树 T1、T2、T3 如图 6.8 所示,则 F={T1,T2,T3} 构成一个森林。

图 6.7　有序及无序树　　　　　　　　图 6.8　森林

4. 树的抽象数据类型

根据上面的定义,可以定义如下的抽象数据类型:

```
ADT Tree{
    数据元素集:D={e|e∈datatype}
    数据关系集:R是满足如下条件的二元关系:
```

(1) D=φ 时 R=φ,否则在 D 中存在唯一的元素 root,它在 R 下无直接前驱,它被称为根节点;

(2) 若 D-{root}=φ,则 R=φ。否则存在 D-{root} 的一个划分 $D_1,D_2,\cdots,D_m$ (m>0)对任意的 j≠k(1≤j,k≤m)有 $D_j \bigcap D_k=\phi$,且对任意的 i(1≤i≤m),存在唯一的数据元素 $x_i \in D_i$,有 <root,x_i>∈R;

(3) 对应于(2)中 D-{root} 的划分,R-{<root,x_1>,$\cdots$,<root,x_m>}有唯一的一个划分 $R_1,\cdots,R_m$ (m>0),对任意的 j≠k(1≤j,k≤m)有 $R_j \bigcap R_k=\phi$,且对任意的 i(1≤i≤m),R_i 是 D_i 上的二元关系。

(4) (D_i,R_i) (1≤i≤m)也是一棵符合本定义的树。

　　基本操作集:P

```
TreeInit(&T)
    操作结果:构造空树 T。
TreeDestroy(&T)
    初始条件:树 T 存在。
    操作结果:撤销树 T。
TreeCreat(&T)
    操作结果:依照建树规则构造一棵树 T(根据树在不同场合的应用,建树规则是不同的,故该
操作有多种实现方法)。
TreeClear(&T)
    初始条件:树 T 存在。
    操作结果:将树 T 清为空树。
TreeEmpty(T)
    初始条件:树 T 存在。
    操作结果:若 T 为空树,返回 TRUE,否则返回 FALSE。
TreeDepth(T)
    初始条件:树 T 存在。
```

操作结果:返回 T 的深度。T=Φ 时,返回 0。

Root(x)

初始条件:x 是树或 x 是树中的节点。

操作结果:返回树 x 或 x 所在树的根节点。空树返回"空值"。

Parent(T,x)

初始条件:树 T 存在,x 是 T 中的节点。

操作结果:返回树 T 中节点 x 的父节点。若 x 为根则返回"空值"。

Leftchild(T,x)

初始条件:树 T 存在,x 是 T 中的节点。

操作结果:返回树 T 中节点 x 的最左孩子,若 x 为叶节点则返回"空值"。

Rightbro(T,x)

初始条件:树 T 存在,x 是 T 中节点。

操作结果:返回树 T 中节点 x 的右兄弟,若 x 为双亲的最右子则返回"空值"。

InsertChild(&T,p,i,q)

初始条件:p 是树 T 中的节点,0≤i≤OD(p),q 是另一棵树的根节点。

操作结果:将以 q 节点为根的树,作为 p 的第 i 棵子树插入 T 中。

DeleteChild(&T,p,i)

初始条件:p 是树 T 中的节点,0≤i≤OD(p)-1。

操作结果:删除树 T 中某 p 节点的第 i 棵子树。

TraverseTree(T)

初始条件:树 T 存在。

操作结果:依照某种次序(或规则)对树中的节点利用 visit() 函数进行访问,称为遍历(visit() 是根据具体 datatype 和实际对数据的应用方式编写的访问函数)。

}ADT Tree;

例 6-7 设树 T 如图 6.9 所示。对此树:$D=\{A\}\bigcup DF, DF=D_1\bigcup D_2, D_1=\{B\}\bigcup DF_1, DF_1=D_{11}\bigcup D_{12}, D_{11}=\{E\}, D_{12}=\{F\}, D_2=\{C\}$,故 $D=\{A, B,C,E,F\}$,而 $R=\{<A,B>,<B,E>,<B,F>,<A,C>\}$。

从对树 T 的定义,可以看出其特点是:根无上层节点(或称为父节点、直接前驱),叶节点无下层节点(或称孩子节点、直接后继),其他节点(分支节点)有唯一的一个直接前驱节点和若干个直接后继节点。

图 6.9 树的例子

6.1.2 树的性质

树的性质是对树的一些本质的认识。我们讨论非空树的以下几个性质(或定理)。

性质 1:树 T 中节点总数 n(n≥0)等于树中各节点的出度之和加 1。即:

$$n = \sum_{i=1}^{n} OD(i) + 1 \quad (OD(i) \text{ 为第 i 节点的出度})$$

证:因为除根外,每节点的入度为 1,即每节点获得且仅获得一条分支(或指针),所以树中总的分支数 B=n-1 或 n=B+1。

又:一个节点发出的分支数=该节点的出度,所以各节点的分支数和 B= 树中各节点的出度之和,代入 n=B+1,性质得证。

性质 2：度＝K 的树(K 叉树)第 i(i≥1)层至多有 K^{i-1} 个节点。

证：采用数学归纳法。当 i＝1 时，因第一层最多有一个节点，故命题 $K^{1-1}=1$ 成立。

设对树的 i－1 层命题成立，即 K 叉树第 i－1 层至多有 $K^{(i-1)-1}=K^{i-2}$ 个节点。

又：因为是 K 叉树，所以 i－1 层上每个节点最多有 K 个孩子节点，故第 i 层节点数至多是 i－1 层的 K 倍，即第 i 层至多有 $K^{i-2} \cdot K = K^{i-1}$ 个节点，证毕。

性质 3：深度＝h(h≥1)的 K(K>1)叉树至多有 $\dfrac{K^h-1}{K-1}$ 个节点。

证：性质 3 是性质 2 的推广。设深度＝h 的 K 叉树最大节点数为 S，显然 $S = \sum\limits_{i=1}^{h}$（第 i 层最大节点数）$= \sum\limits_{i=1}^{h} K^{i-1} = \dfrac{K^h-1}{K-1}$，证毕。

若一棵深度＝h 的 K 叉树的节点数＝$\dfrac{K^h-1}{K-1}$，则称此 K 叉树满 K 叉树。例如，h＝3，K＝3 的 3 层满 3 叉树如图 6.10 所示。

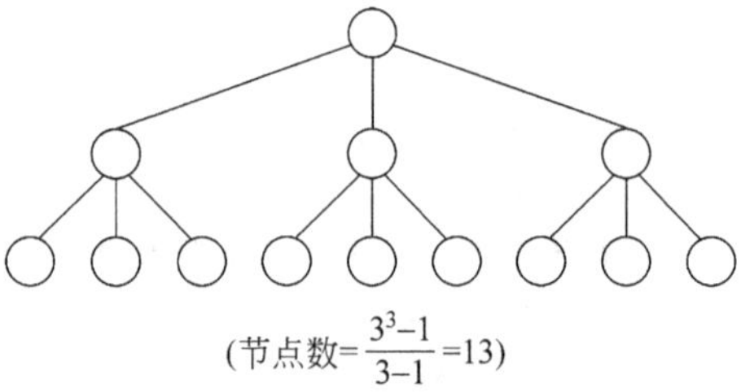

性质 4：包含 n(n≥0)个节点的 K(K>1)叉树的最小深度为 $\lceil \log_K(n(K-1)+1) \rceil$。

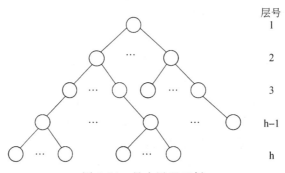

(节点数＝$\dfrac{3^3-1}{3-1}=13$)

图 6.10　满 3 叉树

证：设具有 n 个节点的 K 叉树的深度为 h，若该树 h－1 层都是满的，即每层有最大节点数 $K^{i-1}(1≤i≤h-1)$，且其余节点都落在第 h 层，则该树的深度达最小，如图 6.11 所示。

图 6.11　最小层 K 叉树

根据性质 3 有：

$$\frac{K^{h-1}-1}{K-1} < n \leq \frac{K^h-1}{K-1}$$

或：

$$(K^{h-1}-1) < n(K-1) \leq (K^h-1)$$
$$K^{h-1} < n(K-1)+1 \leq K^h$$

取对数：

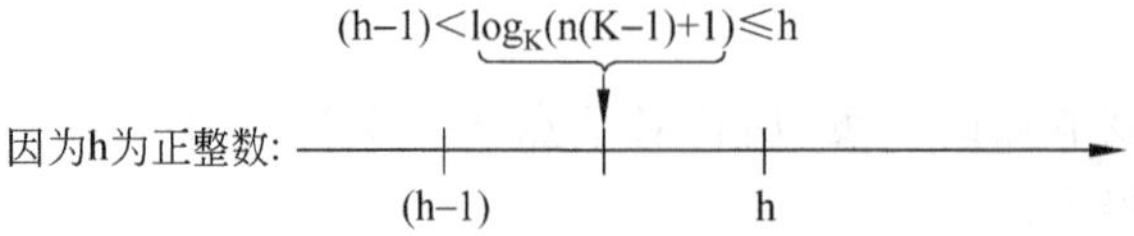

$$(h-1) < \log_K(n(K-1)+1) \leq h$$

因为h为正整数：

所以「$\log_K(n(K-1)+1)$」,证毕。

例如,20 个节点的 3 叉树最小深度「$\log_3(20(3-1)+1)$」$=4$。

$$6.2 \quad 二 \quad 叉 \quad 树$$

二叉树,顾名思义,树的度$=2$(或每节点的 $OD\leqslant 2$),且当某节点的出度为 1 时,该节点的子树要么是它的左子树,要么是其右子树。这一点与一般的有序树有所差别。

6.2.1　二叉树的定义及基本操作

1. 二叉对的定义

二叉树(Binary Tree)是一棵有序树,它或者是一棵空树,或者由一个称为根的节点和它的两棵子树构成,分别称为它的左子树和右子树。左子树和右子树也分别是一棵二叉树。

例 6-8　设二叉树 BT 如图 6.12 所示。可递归推出:

$$D = \{A,B,C,D,E,F\}$$
$$R = \{<A,B>,<B,C>,<B,D>,<A,E>,<E,F>\}$$

设 L,R 分别为二叉树根节点的左、右子树,则二叉树的五种基本形态如图 6.13 所示。

图 6.12　二叉树　　　　　　　　　　　　　　　　图 6.13　二叉树的形态

（空树）　（单节点树）　（右子树$=\phi$）　（左子树$=\phi$）　（左、右子树$\neq\phi$）

从二叉树的形态看出,二叉树的优点是节点规范(每节点至多两个孩子)、便于存储和操作的实现。

2. 二叉树的抽象数据类型

类似于树,我们可以用如下的递归方式定义二叉树的抽象数据类型:

```
ADT BinaryTree{
    数据元素集:D={e|e∈datatype}
    数据关系集:R是满足如下条件的二元关系:
```
        (1) 若 $D=\phi$ 则 $R=\phi$。否则 D 中存在唯一的元素 root 在 R 下无直接前驱,它被称为根节点;

        (2) 若 $D-\{root\}=\phi$,则 $R=\phi$。否则存在 $D-\{root\}$ 的一个划分 D_l,D_r,且 $D_l\cap D_r=\phi$;

        (3) 若 $D_l\neq\phi$(或 $D_r\neq\phi$)则 $D_l(D_r)$ 中存在唯一的数据元素 $x_l(x_r)$,使$<root,x_l>\in R(<root,x_r>\in R)$,且存在 $D_l(D_r)$ 上的二元关系 $R_l\subset R$(或 $R_r\subset R$)。否则 $R_l=\phi$(或 $R_r=\phi$)。而且有 $R=\{<root,x_l>(D_r\neq\phi$ 时)$,<root,x_r>(D_l\neq\phi$ 时)$,R_l,R_r\}$;

        (4) $\{D_l,R_l\},\{D_r,R_r\}$ 是符合本定义的二叉树。

```
    基本操作集:P
BinaryTreeInit(&BT)
```

操作结果：构造空二叉树 BT。

BinaryTreeDestroy(&BT)

初始条件：二叉树 BT 存在。

操作结果：撤销二叉树 BT。

BinaryTreeCreat(&BT)

操作结果：依照建树规则构造一棵二叉树 BT。

BinaryTreeClear(&BT)

初始条件：二叉树 BT 存在。

操作结果：二叉树 BT 清为空树。

BinaryTreeEmpty(BT)

初始条件：二叉树 BT 存在。

操作结果：若 BT 为空二叉树,返回 TRUE,否则返回 FALSE。

BinaryTreeDepth(BT)

初始条件：二叉树 BT 存在。

操作结果：返回二叉树 BT 的深度。BT=Φ 时,返回 0。

Root(x)

初始条件：x 是二叉树或二叉树中的节点。

操作结果：返回二叉树 x 或 x 所在二叉树的根节点。空二叉树返回"空值"。

Parent(BT,x)

初始条件：二叉树 BT 存在,x 是 BT 中节点。

操作结果：返回二叉树 BT 中节点 x 的父节点。若 x 为根则返回"空值"。

Child(BT,x,i)

初始条件：二叉树 BT 存在,x 是 BT 中节点,i=0 或 1。

操作结果：若 i=0,则返回二叉树 BT 中节点 x 的左子;若 i=1,则返回二叉树 BT 中节点 x 的右子。无相应的孩子时返回"空值"。

Brother(BT,x,i)

初始条件：二叉树 BT 存在,x 是 BT 中节点,i=0 或 1。

操作结果：若 i=0,则返回二叉树 BT 中节点 x 的左兄弟;若 i=1,则返回二叉树 BT 中节点 x 的右兄弟。无相应的兄弟时返回"空值"。

InsertChild(&BT,p,i,q)

初始条件：p 是二叉树 BT 中的节点,i=0 或 1,q 是一个二叉树节点。

操作结果：i=0 时,将 q 节点作为 p 的左子插入,i=1 时作为 p 的右子插入,原 p 的左(右)子树改为 q 的左(右)子树,插入过程如图 6.14 所示(当然,这种"插入"只是一种设定,实际中根据需要可设计不同的插入方法)。

DeleteChild(&BT,p,i)

初始条件：p 是二叉树 BT 中的节点,i=0 或 1。

操作结果：若 i=0,则删除二叉树 BT 中 P 节点的左子树;若 i=1,则删除二叉树 BT 中 P 节点的右子树。

TraverseBinaryTree(BT)

初始条件：二叉树 BT 存在。

操作结果：依照某种次序(或规则)对二叉树中的节点利用 visit() 函数进行访问,称为遍历(visit() 是根据具体datatype 和实际对数据的应用方式编写的访问函数)。

}ADT BinaryTree;

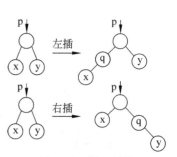

图 6.14　插入操作

其中二叉树的遍历(Traverse)是重点要实现的算法,因为对二叉树的许多操作都可通过遍历来完成。

6.2.2 二叉树的性质

二叉树的性质也是对二叉树本质的认识。6.1.2节中关于树的一些性质同样适合二叉树。这里介绍二叉树的五个性质。

性质1:二叉树第 $i(i \geq 1)$ 层上至多有 2^{i-1} 个节点。

事实上,在树的性质2中令 $K=2$,便得二叉树性质1,对其证明可参照树的性质2的证明。

性质2:深度为 $h(h \geq 1)$ 的二叉树至多有 2^{h-1} 个节点。

同样,在树的性质3中令 $K=2$,便得二叉树性质2(二叉树性质2可看作是性质1的推广)。

性质3:设二叉树 BT 中叶节点数为 n_0,出度为2的节点为 n_2,则有 $n_0 = n_2 + 1$。

证:设 BT 中总节点数为 n,出度=1的节点数为 n_1,有

$$n = n_0 + n_1 + n_2 \tag{1}$$

又:根据树的性质1,BT 中分支数 B 与 n 的关系为 $n = B + 1$。另外,n_2 个出度=2的节点其发出分支数为 $2n_2$;n_1 个出度=1的节点其发出分支数为 $1 * n_1$;而 n_0 个叶节点不发出分支。故 $B = 2n_2 + n_1$,有:

$$n = 2n_2 + n_1 + 1 \tag{2}$$

(2)式-(1)式,得:$0 = n_2 - n_0 + 1$ 或 $n_0 = n_2 + 1$,证毕。

推论:设 K 叉树中叶节点数为 n_0,出度=2,3,$\cdots$,K 的节点数分别为 $n_2, n_3, \cdots, n_K$,则:

$n_0 = n_2 + 2n_3 + \cdots + (K-1)n_K + 1$(其证明方法可参照二叉树的性质3)

在讨论二叉树性质4和5之前,先引入"满二叉树"和"完全二叉树"的概念。设二叉树 BT 的深度=h,若 BT 有最大节点数 $2^h - 1$,则称此二叉树为 h 层的满二叉树。如一棵3层的满二叉树如图6.15所示,其中的数字为对二叉树中节点从上而下,从左至右的编号。

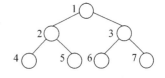

图 6.15 满二叉树

设二叉树 BT 深度=h,节点总数=n,当且仅当 BT 的 1~n 号节点都与 h 层的满二叉树前 1~n 号节点一一对应时,称此时的二叉树为完全二叉树,如3层的二叉树 BT1 及 BT2 的如图6.16所示。根据定义,BT1 为3层的完全二叉树,而 BT2 就不是完全二叉树,因为 BT2 中第5号节点与相应满二叉树的第5号节点不成对应。

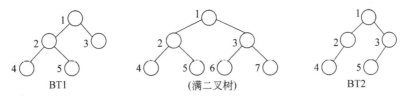

图 6.16 完全二叉树与非完全二叉树

性质 4：含有 $n(n \geq 1)$ 个节点的完全二叉树的深度 $h = \lfloor \log_2 n \rfloor + 1$。

证：设 h 层的完全二叉树如图 6.17 所示。

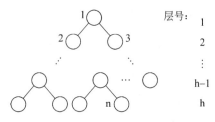

根据二叉树性质 2，有：

$$2^{h-1} - 1 < n \leq 2^h - 1$$

或：

$$2^{h-1} \leq n < 2^h$$

取对数：

图 6.17　h 层的安全二叉树

故有 $\lfloor \log_2 n \rfloor = h-1$ 或 $h = \lfloor \log_2 n \rfloor + 1$，证毕。

如 $n = 5$ 时，$h = \lfloor \log_2 5 \rfloor + 1 = 3$。

类似可证明：若完全二叉树中的叶节点数 $= n$，且最后一层的叶节点数 ≥ 2，则完全二叉树的深度 $h = \lceil \log_2 n \rceil + 1$。

性质 5：设完全二叉树 BT 节点数为 n，节点按层编号（即对二叉树中的节点，从根开始，从上至下，从左至右按顺序号编号）。对 BT 中第 i 节点（$1 \leq i \leq n$），有：

(1) 若 $i = 1$，则 i 节点（编号为 i 的节点，以下同）是 BT 之根，无双亲；否则（$i > 1$），$parent(i) = \lfloor i/2 \rfloor$，即节点双亲的编号为 $\lfloor i/2 \rfloor$；

(2) 若 $2i > n$，则 i 节点无左子，否则 Lchild$(i) = 2i$，即 i 节点的左子位于第 2i 号节点；

(3) 若 $2i+1 > n$，则 i 节点无右子，否则 Rchild$(i) = 2i+1$，即 i 节点的右子位于第 2i+1 号节点。

证明：采用数学归纳法，先证(2)和(3)。设 n 个节点的完全二叉树如图 6.18 所示。

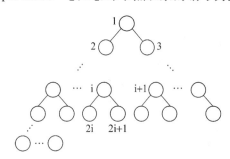

图 6.18　n 个节点的完全二叉树

$i = 1$ 时，显然 i 节点的左子编号为 2，除非 $2 > n$；i 节点的右子编号为 $2+1=3$，除非 $3 > n$。

设对编号为 i 的节点，命题(2)、(3)成立，即 Lchild$(i) = 2i$，Rchild$(i) = 2i+1$。根据按层编号规则，$i+1$ 时有：

Lchild$(i+1) = (2i+1) + 1 = 2(i+1)$　（除非 $2(i+1) > n$）

Rchild$(i+1) = (2i+1) + 1 + 1 = 2(i+1) + 1$　（除非 $2(i+1)+1 > n$）

故(2)、(3)得证。

再证(1)，它可看作是(2)、(3)的推广。

因为 Lchild$(i) = 2i$，所以 Parent$(2i) = i$，令 $2i = j$，有 Parent$(j) = j/2 = \lfloor j/2 \rfloor$（因为 $j/2$ 为正整数）；

又：Rchild$(i) = 2i+1$，所以 Parent$(2i+1) = i$，令 $2i+1 = j(j = 3, 5, 7, \cdots)$，有 Parent$(j) = (j-1)/2 = \lfloor j/2 \rfloor$，证毕。

6.2.3 二叉树的存储结构

二叉树作为一种数据结构,最常见的有两种存储表示。

1. 顺序存储结构

用一组连续的存储单元(一维数组)存储二叉树中元素,称为二叉树的顺序存储结构。描述如下:

```
#define maxsize 1000        //二叉树节点数最大值
typedef datatype sqtree[maxsize];
```

若说明"sqtree bt;",则$(bt[0], bt[1], \cdots, bt[maxsize-1])$为二叉树的存储空间。每个单元 $bt[i]$ 可存放类型为 datatype 的树中元素。

例 6-9 设二叉树 BT 如图 6.19 所示。将其存入到 $bt[1] \sim bt[12]$ 中($n=12$, $bt[0]$ 未用到),得到该二叉树的顺序存储结构。其中 $bt[i]$ ($1 \leqslant i \leqslant n$) 存放 BT 中第 i 节点,即:

图 6.19 完全二叉树的例子

bt:

A	B	C	D	E	F	G	H	I	J	K	L	#	...
1	2	3	4	5	6	7	8	9	10	11	12	13	

下标 i:　1　2　3　4　5　6　7　8　9　10　11　12　13（#为结束符）

在这种存储结构中,节点之间的关系可用二叉树的性质 5 反映出来,例如对下标(或序号)为 5 的节点(E):因为 $5 > 1$,所以 $parent(5) = \lfloor 5/2 \rfloor = 2$,即 5 号节点 E 的父节点编号为 2;又 $2*5 < 12, 2*5+1 < 12$,所以 $Lchild(5) = 10, Rchild(5) = 11$,即 5 号节点的左、右子编号分别为 10 和 11。

顺序存储结构的优点是适合完全二叉树的存储,此时既不耗费存储空间(由节点的物理位置反映节点之间的关系),又容易方便查询到任一节点的上、下层节点。但它存在明显的不足。如对单斜树(退化二叉树),是存储空间的浪费。设 4 个节点的单斜树及存储如图 6.20 所示。原本只有 4 个节点,但却需要 2^4(4 层的满二叉树节点数)个存储单元,否则无法利用二叉树的性质 5。

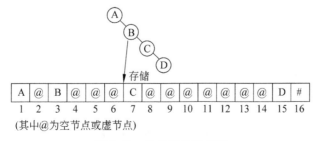

图 6.20 单斜树及其存储

构造二叉树的顺序存储结构的算法：

```
void CreateBtree(sqtree bt)
//按二叉树的层次顺序读入元素(虚节点为@,结束符为'#'),建立顺序存储结构
{   int i=1;
    datatype ch;              //设数据元素为字符类型
    ch=getchar();             //读入数据
    while(ch!='#')
    {   bt[i]=ch;
        i++;
        ch=getchar();}        //读下一数据
    bt[i]='#';
}
```

2. 链式存储结构

二叉树中节点的一般形式为：

故节点应包括三个域：

Lchild	data	Rchild

其中 data 域存储节点的数据元素,而 Lchild 和 Rchild 分别为节点的左、右指针域,存放指向本节点的左、右孩子节点的地址。有时为便于检索双亲节点,可增加一个 Parent 域,指向本节点的双亲节点。用这种节点形式组织的二叉树称为二叉树的链式存储结构(或二叉链表)。

例 6-10 设二叉树 BT 如图 6.21(a)所示,则对应的链式存储结构如图 6.21(b)所示。

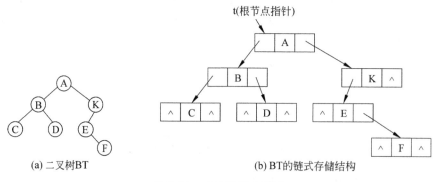

图 6.21 二叉树链式存储

若二叉树中节点数为 n,则总的指针域＝2n。根据对二叉树性质的讨论,我们知道,

分支数为非空指针数=n-1,故具有 n 个节点的二叉树的二叉链表中,空指针数=2n-
(n-1)=n+1。

下面写出二叉树链式存储结构的生成算法,即根据二叉树的逻辑结构,建立二叉
链表。

(1)算法思路:按层次顺序依次输入节点数据(设为字符),若≠虚节点(@),则建立
一新节点,并将其链入到它的双亲之下。为了使节点能正确链入,算法要用到队列技术,
保存输入节点的地址(虚节点地址=NULL)。队头元素(为一指针)指向相应的双亲节
点,队尾元素指向相应的孩子节点。若输入的节点序号为偶数,孩子节点作为双亲的左子
插入,否则作为右子插入,而对虚节点,无须链接。

(2)算法描述。

```
typedef char datatype;
typedef Struct Bnode
{   datatype data;
    struct Bnode *Lchild, *Rchild;
}Btnode, *BTptr;
CreateLBtree(BTptr BT)                //建立以 BT 为根节点指针的二叉链表结构
{   datatype ch; int i=0;
    BTptr p,q;
    Clearqueue(Q);                    //置队 Q 为空
    BT=NULL;                          //置空树
    ch=getchar();                     //读入数据
    while(ch!='#')
    {   p=NULL;                       //P 为新节点地址,但空节点地址为 NULL
        if(ch!='@')
        {   p=(BTptr)malloc(sizeof(BTnode));   //申请新节点
            p->data=ch;               //存入数据
            p->Lchild=p->Rchild=NULL;
        }
        i++;                          //节点序号计数
        Enqueue(Q,p);                 //新节点地址或虚节点地址(NULL)进队
        if(i==1) BT=p;                //第一输入节点为根
        else
        {   q=Getqtop(Q);             //取队头元素
            if(p&&q)                  //若新节点及父节点均存在
            if(i%2==0)   q->Lchild=p; //i 为偶数,P 是双亲的左子
            else q->Rchild=p;         //i 为奇数,P 是双亲的右子
            if(i%2==1) Delqueue(Q,q); //当前双亲处理完出队
        }
        ch=getchar();                 //输入下一数据
    }
    return(BT);
}
```

例 6-11 设二叉树 BT 如图 6.22(a)所示。调用算法 CreateLBtree(BT)建立二叉链表的过程为：读入'A',进队,因序号 i＝1,故'A'为根节点;读入'B',进队,因序号 i＝2,所以'B'为节点 A(当前队头)的左子;读入'C',进队,序号 i＝3,'C'为节点 A 的右子;此时 i 为奇数,表明节点 A 已处理完毕,出队,下一个队头为节点 B;读入虚节点'@',NULL 进队,i＝4,不作链接;读入'D'、'@'、'E',进行类似以上的处理。所建立的二叉链表及队 Q 的状态变化如图 6.22(b)所示。

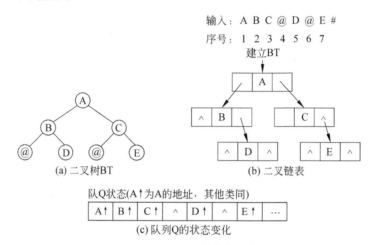

图 6.22　建立二叉树的链式存储

树往往是动态结构,是在算法的运行过程中建立起来的,所以当事先不知道树的逻辑结构时,需要根据具体应用设计算法来构造树的存储结构。

6.3 二叉树的遍历

遍历二叉树,又叫走树或周游,是按某种次序(或规则)扫描(或访问)二叉树中每个节点各一次的操作。有了二叉树的遍历算法,对树的一些操作或处理显得尤为方便。

6.3.1 二叉树的遍历算法

我们知道,对一棵二叉树而言,一般由如图 6.23 所示的三部分组成。

显然它符合递归定义,即左、右子树同样是二叉树。

设 D 表示对当前根节点的访问;L 表示对"左子树"的遍历,R 表示对"右子树"的遍历。一般有以下几种对二叉树遍历的方法(或规则),分述如下:

1. 前序(或先序、先根)遍历规则

(1) 访问根节点——D;

(2) 遍历左子树——L;

(3) 遍历右子树——R。

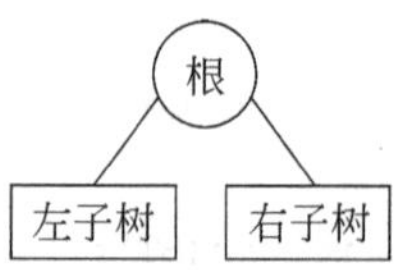

简称 DLR 遍历。其中访问节点根据具体的应用不同

图 6.23 二叉树的一般形态

而不同,最简单的访问是打印输出节点的数据值。而对左、右子树的遍历(递归)仍旧满足前序规则。

2. 中序遍历规则

(1) 遍历左子树——L;

(2) 访问根节点——D;

(3) 遍历右子树——R。

简称 LDR 遍历。对左、右子树的遍历仍旧满足中序规则。

3. 后序遍历规则

(1) 遍历左子树——L;

(2) 遍历右子树——R;

(3) 访问根节点——D。

简称 LRD 遍历。对左、右子树的遍历仍旧满足后序规则。

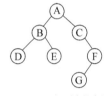

例 6-12　设二叉树 BT 如图 6.24 所示。对此二叉树三种遍历的序列为:

$$DLR:(A,B,D,E,C,F,G)$$
$$LDR:(D,B,E,A,C,G,F)$$
$$LRD:(D,E,B,G,F,C,A)$$

图 6.24　二叉树的例子

二叉树的遍历可理解为对层次模型的数据结构按一定规则线性化,得到一个类似线性表的序列。设对某 P 节点的访问调用函数 visit(P)进行,则以上三种遍历方法对应的递归算法如下:

```
void preorder(BTptr T)          //对当前根节点指针为 T 的二叉树按前序遍历的算法
{  if(T)
   {  visit(T);                 //访问 T 所指节点
      preorder(T->Lchild);      //前序遍历 T 的左子树
      preorder(T->Rchild);      //前序遍历 T 的右子树
   }
}
void inorder(BTptr T)           //对当前根节点指针为 T 的二叉树按中序遍历的算法
{  if(T)
   {  inorder(T->Lchild);       //中序遍历 T 的左子树
      visit(T);                 //访问 T 所指节点
      inorder(T->Rchild);       //中序遍历 T 的右子树
   }
}
void postorder(BTptr T)         //对当前根节点指针为 T 的二叉树按后序遍历的算法
{  if(T)
   {  postorder(T->Lchild);     //后序遍历 T 的左子树
      postorder(T->Rchild);     //后序遍历 T 的右子树
      visit(T);                 //访问 T 所指节点
   }
}
```

从上述三个算法中看出,若抹去 visit(T)语句,则三个算法是一样的,所以可以推断,这三个算法的递归路线是一致的,只是对节点的访问点不同而已。

4. 按层次遍历二叉树

除了上面三种方式外,还有一种遍历方式就是按层次遍历二叉树。即先遍历二叉树的第一层(根),然后遍历第二层,……,每层节点从左至右依次访问。这时要用到队列技术,即访问当前一节点后,若该节点左子或右子存在,则孩子节点指针要进队,以便控制对下层节点的正确遍历。

算法描述如下:

```
void Layerorder(BTptr T)                    //对二叉树 T 按层次遍历的算法
{   BTpfr p;
    if(T)
    {   Clearqueue(Q);                      //置队 Q 空
        Enqueue(Q,T);                       //先将根指针进队
        while(!Emptyqueue(Q))
        {   p=Dequeue(Q);                   //出队,队头元素⇒p
            visit(p);                       //访问 p 节点
            if(p->Lchild)Enqneue(Q,p->Lchid);   //左子指针进队
            if(p->Rchild)Enqneue(Q,p->Rchid);   //右子指针进队
        }
    }
}
```

例 6-13　设二叉树 BT 如图 6.25(a)所示。对其按照层次遍历的过程为:初始化时根指针 A↑进队;然后出队访问 A,因 A 的左、右子(B,D)存在,故 B↑、D↑进队;同理出队访问队头 B,B 的左指针 C↑进队;出队访问 D,D 的右指针 E↑进队。因 C、E 为叶节点,出队访问 C、E 后队为空,算法结束。算法执行时队 Q 的状态见图 6.25(b)。

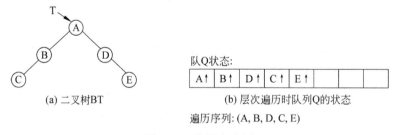

(a) 二叉树BT

队Q状态:

A↑	B↑	D↑	C↑	E↑			

(b) 层次遍历时队列Q的状态

遍历序列: (A, B, D, C, E)

图 6.25　按层次遍历

6.3.2　二叉树遍历算法的非递归形式

设计二叉树的非递归遍历算法是基于三点考虑:一是有些语言工具(如 Fortran 语言等)无递归功能;二是递归的算法虽简洁,但系统运行较耗时,递归调回与返回需反复地进栈、退栈,而非递归算法也用到栈技术,但一般耗时较少;三是通过讨论非递归的遍历算

法,可以更好地理解和熟悉二叉树的各种遍历方法。

1. 前序遍历二叉树的非递归算法

(1) 算法思路:设一存放节点指针的栈 S。从根开始,每访问一节点后,按前序规则走左子树,但若该节点右子树存在,则右子指针进栈,以便以后能正确地遍历相应子树。算法步骤如下:

① 初始化:置栈 S 空,根节点指针 T 进栈;

② 反复执行下列过程,当直到栈 S=∧:

出栈,栈顶元素(节点指针)⇒P;

若 P≠∧,访问 P 节点,若 P 的右子≠∧,P 的右子指针进栈,然后向左走(P=P->Lchild),直到 P=∧。

(2) 算法描述。

```
void Preoder-1(BTptr T)              //前序非递归遍历二叉树 BT 的算法
{   BTptr p;
    Clearstack(s);                   //置栈 S 为空
    push(s,T);                       //根指针 T 进栈
    while(!Emptystack(s))
    {   p=pop(s);                    //出栈,栈顶=>p
        while(p)
        {   visit(p);                //访问 P 节点
            if(p->Rchild)
                push(s,p->Rchild);   //右子树存在时,进栈
            p=p->Lchild;             //向左走
        }
    }
}
```

例 6-14 设二叉树 BT 如图 6.26(a)所示。对其按前序非递归遍历的过程为:初始化根地址 A↑进栈;因栈非空,退栈,访问 A,且 A 的右子指针 C↑进栈;从 A 向左走,访问 A 的左子 B,E↑进栈;访问 B 的左子 D,F↑进栈;因 F、E 和 C 为叶节点,退栈访问后使栈为空,算法结束。访问序列:(A,B,D,F,E,C)。算法执行中栈 S 的状态如图 6.26(b)所示。

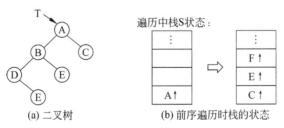

(a) 二叉树 (b) 前序遍历时栈的状态

图 6.26 前序非递归遍历

2. 中序遍历二叉树的非递归算法

（1）算法思路：同前序遍历，栈 S 存放节点指针。对每棵子树（开始是整棵二叉树），找到该子树在中序下的第一节点（但寻找路径上的每个节点指针要进栈），访问它，然后遍历该节点的右子树，算法步骤如下：

① 初始化：置栈 S 空，根节点指针 T 进栈；

② 反复执行如下过程，直到栈 S＝∧。

若当前节点（栈顶）存在，按中序规则，该节点不一定能访问，将其左子指针进栈，再向左走，……，直到左子树空；退栈，去掉最后一个空指针；栈非空时，出栈，访问节点，且某右子指针进栈（以便遍历右子树）。

（2）算法描述。

```
void Inorder-1(BTptr T)              //中序非递归遍历二叉树 T 的算法
{  BTptr p;
   Clearstack(s);                    //置栈 S 空
   push(s,T);                        //根指针进栈
   while(!Emptystack(s))
   {  while((p=Getstop(s)) && p)     //取栈顶且栈顶存在时
        push(s,p->lchild);           //p 的左子指针进栈
      p=pop(s);                      //去掉最后的空指针
      if(!Emptystack(s))
      {  p=pop(s);                   //取当前等访问节点的指针=>P
         visit(p);                   //访问 P 节点
         push(s,p->Rchild);          //遍历 P 的右子树
      }
   }
}
```

例 6-15 设二叉树 BT 如图 6.27(a)所示。对其按中序非递归遍历的过程为：初始化时根的地址 A↑进栈；因栈顶（A↑）存在，A 的左子指针 B↑进栈，同理 B 的左子指针（∧）进栈；此时栈顶元素为∧，退栈去掉此空指针，然后再退栈访问 B，且 B 的右子指针（∧）进栈；同样退掉栈顶空指针，再退栈访问 A，A 的右子 C↑进栈；当 C 退栈并访问后，因 C 的左右子均不存在，使栈为空，算法结束。访问序列：(B，A，C)。算法执行时栈 S 的状态变化如图 6.27(b)所示。

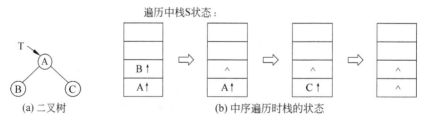

(a) 二叉树　　　　　　　　　　　(b) 中序遍历时栈的状态

图 6.27　中序非递归遍历

3. 后序遍历二叉树的非递归算法

（1）算法思路：后序非递归的遍历算法较之前序、中序算法要复杂一些。原因是对一个节点是否能访问，要看它的左、右子树是否遍历完，所以每节点对应一个标志位——tag：

$$tag = \begin{cases} 0, & \text{表示该节点暂不能访问} \\ 1, & \text{表示该节点可以访问} \end{cases}$$

当搜索到某 p 节点时，先要遍历其左子树，因而要将节点地址 p 及 tag＝0 进栈；当 p 节点左子树遍历完之后，再遍历其右子树，又将地址 p 及 tag＝1 进栈；当 p 节点右子树遍历完后（tag＝1），便可以对 p 节点进行访问。

栈元素类型：

```
typedef  struct
{   BTptr q;              //存放节点地址
    int tag;              //存放当前状态位
}stype;
```

算法步骤如下：

① 若二叉树 T＝∧（空树），返回，算法终止；

② 初始化：置栈 S 空，根指针 T⇒p；

③ 反复执行以下过程，直到 p＝∧ 且栈 S＝∧ 时算法终止：

若 p≠∧，(p,0)进栈，p=p->Lchild（遍历左子树），…，直到 p＝∧；

出栈，栈顶＝＞(p,tag)；

若 tag＝0，(p,1)进栈，p=p->Rchild(遍历右子树)，否则，访问 p 节点，并置 p＝∧。

（2）算法描述。

```
void postorder-1(BTptr T)               //后序遍历二叉树 T 的非递归算法
{   int tag;
    BTptr p;
    stype sdata;
    if(T)
    {   Cleastack(s);                   //置栈空
        p=T;
        do
        {   while(p)
            {   sdata.q=p;  sdata.tag=0;
                push(s,sdata);          //(p,0)进栈
                p=p->Lchild;            //遍历 p 的左子树
            }
            sdata=pop(s);               //退栈
            p=sdata.q; tag=sdata.tag;   //取指针和状态位
            if(tag==0)
            {   sdata.q=p;  sdata.tag=1;
```

```
                push(s,sdata);              //(p,1) 进栈
                p=p->Rchild;               //遍历右子树
            }
            else {visit(p); p=NULL; }      //访问 p 节点
        }while(p||!Emptystack(s));
    }
}
```

例 6-16 设二叉树 BT 如图 6.28(a)所示。对其按后序非递归遍历时,栈 S 的变化状态如图 6.28(b)所示。读者可对照此例了解后序遍历二叉树的过程。

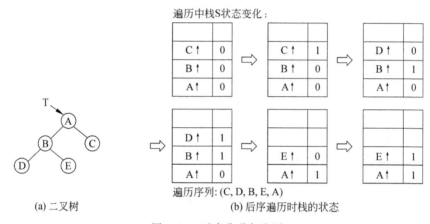

(a) 二叉树 (b) 后序遍历时栈的状态

图 6.28　后序非递归遍历

6.3.3　二叉树遍历的应用

凡是对二叉树中各节点进行一次处理的问题,都可以用遍历算法来完成。

1. 利用前序非递归遍历算法对二叉树中各类节点计数

```
void preorderc(BTptr T,int n0,int n1,int n2)
//对二叉树 T 中出度＝0、1、2 的节点计数的算法
{   BTpft p;
    Clearstack(s);                              //初始化
    push(s,T);
    n0=n1=n2=0;
    while(!Emptystack(s))
    {   p=pop(s);
        while(p)
        {   if((p->Lchild==NULL)&&(p->Rchild==NULL)) n0++;        //p 为叶子
            else if(p->Lchild&&p->Rchild) n2++;     //p 为出度=2 的节点
                else n1++;                          //p 为出度=1 的节点
            if(p->Rchild) push(s,p->Rchild);
            p=p->Lchild;                            //向左走
```

```
        }
    }
}
```

此算法对前序非递归遍历二叉树的算法做了一些修改,即将访问函数 visit(p) 替换成若干条件语句,以统计出二叉树中各类节点的个数。

2. 利用前序递归遍历算法交换二叉树中各节点左、右子树

```
void preexchange (BTptr T)                //交换二叉树 BT 中各节点左、右子树的算法
{   BTptr p;
    if(T)
    {   p=T->Lchild;                      //交换当前 T 的左右子树
        T->Lchild=T->Rchild;
        T->Rchild=p;
        preexchage(T->Lchild);            //处理左子树
        preexchage(T->Rchild);            //处理右子树
    }
}
```

3. 求二叉树 BT 的深度

二叉树的深度为二叉树的最大层数。显然对树中每个节点的深度都要检索到,故要利用遍历算法。设变量 curdep 记录当前访问节点的深度,maxdep 为当前已获得的二叉树最大深度(初值=0);若 curdep>maxdep,则令 maxdep=curdep。遍历结束后 maxdep 为二叉树 BT 的深度。另设两个栈:栈 S1 和栈 S2,前者存放节点的地址,后者存放对应节点的深度。可采用中序非递归算法完成此项任务。

算法描述如下:

```
int Inorderdep(BTptr T)                   //求二叉树 T 深度的算法
{   BTptr p;
    int curdep,maxdep;
    if(T==NULL) return(0);                //空树返回
    maxdep=0; curdep=1;                   //因 T≠∧,深度至少为 1
    Clearstack(S1);                       //置栈 S1、S2 为空
    Clearstack(S2);
    p=T;
    while(p||!Emptystack(S1))
    {   while(p)
        {   push(S1,p);                   //当前 p 进栈
            push(S2,curdep);              //p 的深度 curdep 进栈
            p=p->Lchild;                  //向左走
            curdep++;
        }
        p=pop(S1);                        //退栈
        curdep=pop(S2);
```

```
    if(p->Lchild==NULL)&&(p->Rdild==NULL)        //若子树结束
        if(curdep>maxdep)
            maxdep=curdep;
    p=p->Rchild;                                  //按中序规则向右走
    curdep++;
    }
    return(maxdep);                               //返回二叉树 T 的深度
}
```

例 6-17   设二叉树 BT 如图 6.29(a)所示。调用算法 Inorderdep(BT)执行时,栈 S1、S2 及 curdep、maxdep 的状态变化见图 6.29(b)。

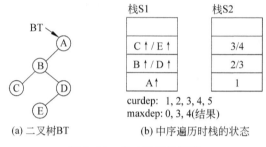

(a) 二叉树BT   (b) 中序遍历时栈的状态

图 6.29   求二叉树的深度

4. 表达式求值

设表达式已构成二叉树形式,例如表达式 a＋b＊(c－d)－e/f 的二叉树结构如图 6.30 所示。对此树进行前序、中序和后序遍历,便得到原表达式的前缀、中缀和后缀表达式。

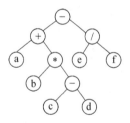

DLR:－＋a＊b－cd/ef
LDR:a＋b＊c－d－e/f
LRD:abcd－＊＋ef/－

图 6.30   表达式树结构

节点定义:

Lchild	tag	data/optr	Rchild

其中,若 tag＝0,则 data/optr 为 data,存放运算量(或操作数);若 tag＝1,则 data/optr 为 optr,存放一个运算符。而 Lchild、Rchild 为本节点左、右孩子的指针。

节点描述:

```
typedef struct Bnode
{   int tag;              //标志位
    union
    {   float data;
        char optr;
    }dtype;
    struct Bnode *Lchild, *Rchild;
```

```
}BTnode, *BTptr;
```

对表达式求值可利用后序递归遍历算法,描述如下:

```
float postorder-E(BTptr T)                    //对表达式对应的二叉树 T 求值的算法
{   float a,b,c;
    if(T)
    {   if(T->tag==0)return(T->dtype.data);   //节点为运算量,直接返回其值
        else
        {   a=postorder-E(T->Lchild);         //节点为运算符,求左子树对应的子表达式的值
            b=postorder-E(T->Rchild);         //求右子树对应的子表达式的值
            c=opetate(a,T->dtype.optr,b);     //做 a 和 b 的运算
            return(c);
        }
    }
    else return(NULL);                        //表达式为空
}
```

其中函数 operate(a,T->dtype.optr,b)表示对运算量 a、b 进行 T->dtype.optr 符号的运算。

6.4 线索二叉树

6.4.1 线索二叉树的概念

对二叉树的遍历,可看作是对二叉树按某种规则的线性化,即得到原结构的一个线性序列,使得除去两端节点,每个节点在这个序列中都有一个直接前驱和一个直接后继。例如下面的二叉树:

按中序遍历得到(B,A,C)序列,则节点 A 的前驱和后继分别为 B 和 C。

那么,如何寻找节点在某序下的前驱和后继呢? 显然,方法之一就是对二叉树按某序遍历,则任意节点的前驱后继都可以求得。但是这样比较费时,寻找一个点的前驱后继可能需要遍历整个树。另一个方法是给每个节点增加两个指针域,分别指向前驱后继,但是又无疑增加了存储空间的开销。

是否存在既省时、又省存储空间的方法呢? A. J. Perlis(珀利斯)和 C. Thornton(桑顿)二人注意到,n 个节点的二叉链表中,有 n+1 个指针域是空着的,于是提出了一个好方法:利用这些空着的指针域来指向某序下的前驱和后继,也就是线索二叉树的概念。

线索二叉树的节点定义:

Lchild	Ltag	data	Rtag	Rchild

约定：

$$Ltag = \begin{cases} 0, & Lchild\ 指向左子 \\ 1, & Lchild\ 指向某序下的直接前驱 \end{cases}$$

$$Rtag = \begin{cases} 0, & Rchild\ 指向右子 \\ 1, & Rchild\ 指向某序下的直接后继 \end{cases}$$

例 6-18 设二叉树 BT 如图 6.31 所示。该二叉树的前序、中序、后序线索二叉树分别如图 6.32(a)、(b)、(c)所示，其中虚线指针为线索指针。

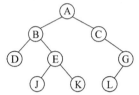

前、中、后序遍历的结果为：
DLR：(A,B,D,E,G,H,C,F,I)
LDR：(D,B,G,E,H,A,C,I,F)
LRD：(D,G,H,E,B,I,F,C,A)

图 6.31　二叉树及遍历

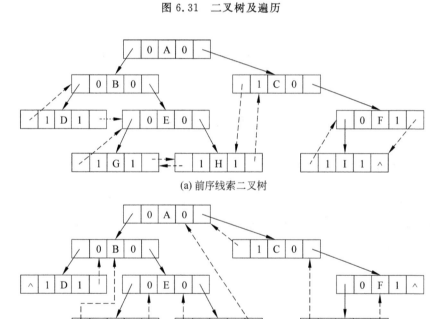

(a) 前序线索二叉树

(b) 中序线索二叉树

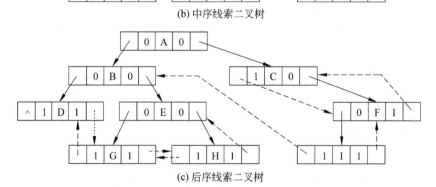

(c) 后序线索二叉树

图 6.32　线索二叉树

6.4.2 建立线索二叉树

限于篇幅,这里只讨论中序线索二叉树的建立算法。

(1)算法思路:可以利用中序递归遍历算法来建立线索二叉树,即线索化相应节点的左子树(递归)→线索当前节点→线索化右子树(递归)。其中要用到一个外部指针变量,设为 pre,来记录当前节点的前驱。另设二叉树由二叉链表存储,线索化前所有节点的 Ltag 和 Rtag 均为 0,无孩子节点的指针域均为 NULL。

(2)算法描述。

```
typedef struct Bnode
{   short int Ltag,Rtag;
    datatype data;
    struct Bnode *Lchild, *Rchild;
}BTnode, *BTptr;
BTptr pre=NULL;
void Inthreadbt(BTptr BT)          //对二叉树 BT 中序线索化的算法
{   if(BT)
    {   Inthreadbt(BT->Lchild);     //线索化左子树
        if(BT->Lchild==NULL)        //左指针空闲时,
                                    //本节点前驱为中序遍历下前一个节点
        { BT->Ltag=1; BT->Lchild==pre;}
        if(BT->Rchild==NULL)        //右指针空闲时,
            BT->Rtag=1;             //记录下此点有空闲指针
        if(pre&&pre->Rtag==1)       //上一个节点有空的后继指针时,
            pre->Rchild=BT;         //该指针指向其后继(本节点)
        pre=BT;                     //此点已访问,更新为前驱
        Inthreadbt(BT->Rchild);     //线索化右子树
    }
}
```

例 6-19 二叉树 BT 初始存储及算法 Inthreadbt(BT)执行后的中序线索二叉树如图 6.33 所示。

有了中序线索二叉树,就可以很容易找出树中节点的前驱和后继。

```
BTptr Inpre(BTptr p)               //求中序线索二叉树中 p 节点前驱的算法
{   BTptr pre;
    if(p==NULL) return(NULL);
    pre=p->Lchild;                 //p 有左子时 pre 为 p 左子,否则取 p 前驱
    if(p->Ltag==0)                 //p 有左子树时
        while(pre->Rtag==0)        //取该子树最右边的节点,即为 p 的前驱
            pre=pre->Rchild;
    return(pre);                   //返回 p 的前驱
```

```
}
BTptr Insucc(BTptr p)              //求中序线索二叉树中 p 节点后继的算法
{   BTptr s;
    if(p==NULL) return(NULL);
    s=p->Rchild;                   //p 有右子时 s 为 p 右子,否则取 p 后继
    if(p->Rtag==0)                 //p 有右子树时
        while(s->Ltag==0)          //取该子树最左边的节点,即为 p 的后继
            s=s->Lchild;
    return(s);                     //返回 p 的后继
}
```

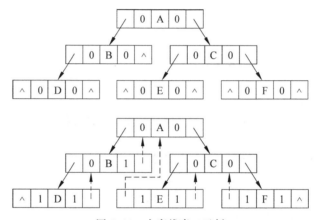

图 6.33   中序线索二叉树

6.4.3   线索二叉树的遍历

线索二叉树建立起来后,再对其遍历时,既不必用递归,也不必用栈技术,而且遍历速度较快。下面以中序线索二叉树为例,讨论线索二叉树的遍历。

(1)算法思路:先找到中序线索二叉树在中序下的第一个节点,访问它,之后依次求其后继进行访问即可。故有了取后继的算法,这个过程就很容易实现了。

(2)算法描述。

```
void Tinorder(BTptr BT)            //对中序线索二叉树 BT 的遍历算法
{   BTptr p;
    p=BT;
    while(p->Ltag==0)
        p=p->Lchild;               //找到中序下第一个节点
    while(p)
        {visit(p);p=Insucc(p);}    //访问 p 并依次访问其后继
}
```

对图 6.33 的遍历结果为(D,B,A,E,C,F)。

6.4.4 线索二叉树的更新

讨论在中序线索二叉树中,将 s 节点作为 p 节点的右子插入的算法,分两种情况:

(1)当 p 的右子为空时,如图 6.34 所示。其中①~③为插入时要修改的指针。

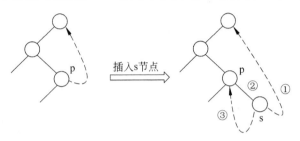

图 6.34 p 节点右子为空时的插入

(2)当 p 的右子存在时,如图 6.35 所示。其中①~④为插入时要修改的指针。

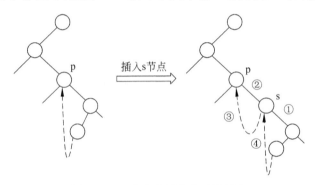

图 6.35 p 节点右子存在时的插入

算法描述。

```
void Tinsert_R(BTptr p,BTptr s)
//将 s 节点作为中序线索二叉树中 p 节点的右子插入的算法
{   BTptr w;
    if(p&&s)
    {   s->Rtag=p->Rtag;
        s->Rchild=p->Rchild;
        p->Rtag=0;
        p->Rchild=s;
        s->Ltag=1;
        s->Lchild=p;
        if(s->Rtag==0)
        {   w=Insucc(s);
            w->Lchild=s;
        }
    }
}
```

由于中序线索二叉树的对称性,将上述算法中的'R'替换成'L','L'替换成'R',而 Insucc(s) 换成 Inpre(s),便可得到在 p 节点的左边插入 s 节点的算法。

6.5 树 和 森 林

本节讨论较常用的几种树的存储结构、森林与二叉树之间的关系以及树和森林的遍历。

6.5.1 树的存储结构

6.2.3 节讨论了二叉树的两种存储结构,实际上是二叉树在计算机存储器中的表示。下面介绍三种关于树的表示法。

1. 双亲表示法

树中节点形式:

data	parent

其中 data 域存放节点的数据值(意义同前);parent 域为该节点的父节点的地址(或序号)。具体描述如下:

```
typedef struct tnode
{   datatype data;
    int parent;
}PTnode;
typedef struct
{   PTnode nodes[maxsize];        //树存储空间
    int n;                        //当前树的节点数
}Ptree;
```

若说明:Ptree pt,则 pt 为双亲表示法时的存储变量,pt.nodes[i].data 为树中第 i 节点的数据值,而 pt.nodes[i].parent 为第 i 节点的双亲节点的序号。

例 6-20 树 T 及双亲表示法如图 6.36 所示。

这种表示法利用了树中每节点(除根外)只有唯一双亲的性质,因而查找某节点的双亲节点很方便。但确定某节点的孩子节点需遍历整个树的存储空间。如确定例 6-20 中节点 E 的孩子,因"E"的序号(或下标)为 5,扫描整个数组空间,查找出 parent 域为 5 的那些节点,即是"E"的孩子节点。

2. 孩子表示法

这种表示法是采用链表结构来存储树的信息。

1) 固定指针数表示法

设树 T 的度为 d(d 叉树),即树中任一节点最多发出 d 个分支,所以节点定义为:

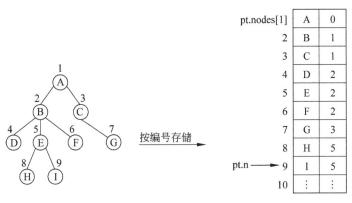

图 6.36　双亲表示法

data	ch$_1$	...	ch$_d$

其中 ch$_i$(1≤i≤d)为本节点第 i 个孩子节点的指针。

　　例 6-21　设树 T 如图 6.37(a)所示。因为此树的度为 4,所以给每个节点分配 4 个指针域,其存储结构如图 6.37(b)所示。

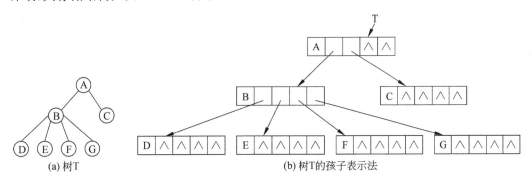

图 6.37　固定指针数表示法

　　用固定指针数表示一棵树时,若树中节点数为 n,非空指针数仅为 n－1,而空指针数为 nd－(n－1)＝n(d－1)＋1,显然当 d 很大时,是存储空间的浪费。

　　2) 可变指针数表示法

　　节点形式:

data	d	ch$_1$	...	ch$_d$

其中 d 为本节点的出度,ch$_i$ 为第 i 个孩子节点的指针。此表示法中,节点的指针数随其出度而定,如对例 6-21 中的树 T,存储结构如图 6.38 所示。但该表示法其节点不规范,故给节点的描述及树的操作带来不便。

　　3) 孩子链表示法

　　该表示法将树中每一节点的诸孩子组成一单链表,若树中节点数为 n,则有 n 个孩子

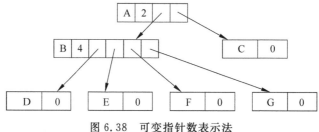

图 6.38 可变指针数表示法

链表,但叶节点的链表为空。又将 n 个链表的头节点组成一头节点表。

头节点形式:

data	fchild

其中 data 域存放节点的数据值,fchild 为指向本节点第一个孩子的指针。

链表节点形式:

child	next

其中 child 为某孩子节点的序号,而 next 指向该子的右兄弟。

两种节点描述如下:

```
typedef struct node          //链表节点
{    int child;
     struct node *next;
}*chptr;
typedef struct               //头节点
{    datatype data;
     chptr fchild;
}Tnode;
typedef struct
{    Tnode nodes[maxsize];    //头节点表
     int n,root;             //n 为当前树中节点数,root 为根节点所在位置
}CHLtree;
```

若说明 CHLtree T;则 T 为孩子链表示法时树的存储变量。如例 6-20 中树 T 的孩子链结构如图 6.39 所示。

孩子链表示法与双亲表示法相反,便于找孩子节点而不便于找双亲节点,可以将两种方法结合起来,即在头节点表中增加一双亲域。如对例 6-20 中树 T,存储结构如图 6.40 所示。

于是,求某节点双亲时,取相应节点 parent 的值;而取节点的孩子时,搜索相应孩子链表即可。如对节点 E,其父节点序号为 2,其孩子节点序号分别为 8 和 9。

3. 孩子-兄弟表示法(或二叉树表示法)

节点形式:

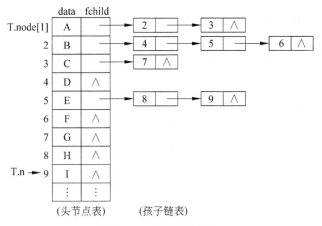

图 6.39　孩子链表示法

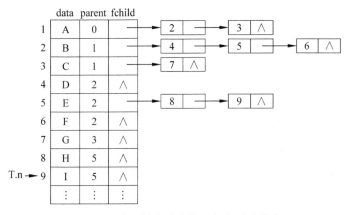

图 6.40　孩子链表示法与双亲表示法结合

fchild	data	nextrbro	（同二叉树链式结构）

其中 fchild 为指向本节点第一孩子的指针,而 nextrbro 为指向本节点右兄弟的指针。如
例 6-20 中树 T 的孩子-兄弟表示法如图 6.41 所示。

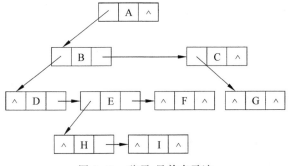

图 6.41　孩子-兄弟表示法

6.5.2 森林和二叉树的转换

由于二叉树有节点规范,便于操作等优点,所以可将树或森林转换成二叉树来存储,必要时再恢复过来。实际上,树的"二叉树表示法"已经体现了这种转换。

1. 树 T 转换成二叉树 BT(T⇒BT)

转换方法:对树 T 中每一节点,除保留第一孩子外,断开它到其他孩子的指针,并将各兄弟连接起来。转换后,原节点的第一孩子为左子,而原节点的右兄弟为其右子。

例 6-22 设树 T 如图 6.42(a)所示。将其转换成的二叉树 BT 如图 6.42(b)和图 6.42(c)所示。从此例看出:在转换成的二叉树中,根节点的右子一定为空。

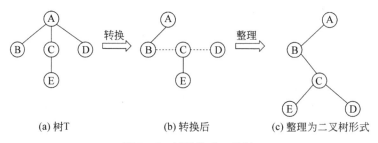

(a) 树T　　　　(b) 转换后　　　　(c) 整理为二叉树形式

图 6.42　树转换成二叉树

2. 森林 F 转换成二叉树 BT(F⇒BT)

(1) 方法:先将 F 中各树转换成相应二叉树;然后各二叉树通过根的右指针相连。

例 6-23　设森林 $F=\{T_1, T_2, T_3\}$,将其转换成二叉树的过程如图 6.43 所示。

(2) 形式化描述:设森林 $F=\{T_1, T_2, \cdots, T_m\}$ 转化成的二叉树 $BT=\{root, LB, RB\}$,其中 $T_1, T_2, \cdots, T_m$ 为森林 F 中各树;root 为转换后二叉树的根,LB 和 RB 分别为根的左、右子树。

① 若 $F=\Phi$(即 $m=0$),则 $BT=\Phi$;

② 若 $F\neq\Phi$,则 BT 的根为 F 中 T_1 的根,BT 的左子树 LB 由 $F_1=\{T_{11}, T_{12}, \cdots, T_{1u}\}$ 产生,其中 $T_{1i}(1\leqslant i\leqslant n)$ 为 T_1 之根下的子树;BT 的右子树 RB 由 $F_2=\{T_2, \cdots, T_m\}$ 产生。

显然,这种描述是递归的,即对 F_1 和 F_2 又套用了规则①和②。

3. 二叉树 BT 恢复成森林 F(BT⇒F)

这是 F⇒BT 的逆变换。

(1) 方法:对 BT 中任一节点,其 Lchild 所指节点仍为孩子,而 Rchild 所指节点为它的右兄弟,即"左孩子,右兄弟"。

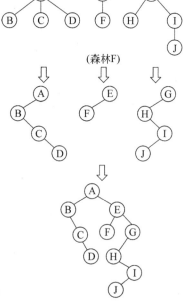

图 6.43　森林转换成二叉树

如对例 6-23 中的二叉树 BT,恢复成森林 F 的过程为:A 的左子 B 为 A 的第一子,A 的右子 E 为 A 的右兄弟,因 A 是根,所以 E 应为另一棵树的根;B 的左子为空,故 B 一定为叶子,而 C 为 B 的右兄弟,以此类推。转换后的森林如图 6.44 所示。

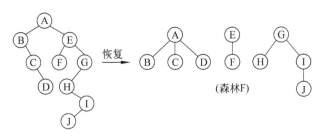

图 6.44　二叉树恢复成森林

(2) 形式化描述:设二叉树 BT=⟨root,LB,RB⟩,恢复成的森林 F=⟨T_1,T_2,…,T_m⟩。

① 若 BT=φ,则 F=φ;

② 若 BT≠φ,则 F 中 T_1 的根为 BT 的根,T_1 根下的子树森林 F_1 由 BT 的 LB 产生;F 中⟨T_2,…,T_m⟩由 BT 的 RB 产生。

显然,它也是递归的,即对 LB 和 RB 同样按规则①和②转换。

6.5.3　树和森林的遍历

树和森林的遍历是二叉树遍历的推广,即按某种规则(或次序)将树或森林中每个节点访问且仅访问一次。

1. 先根遍历树 T

方法:若 T≠∧,则先访问 T 的根节点,然后从左至右依次遍历根下的各子树。对各子树的遍历们采用先根遍历方法(递归)。

例 6-24　设树 T 如图 6.45 所示。对其按先根遍历的过程为:访问根节点 A;A 有三棵子树,依次按先根遍历。因第一棵子树只有一个节点 B,访问它,第二棵子树的根为 C,访问 C,再遍历 C 下的 D 和 E;接着再遍历 A 的第三棵子树,即访问节点 F。先根遍历序列为:(A,B,C,D,E,F)。

图 6.45　树的例子

2. 后根遍历树 T

方法:若 T≠∧,从左至右遍历根下的各子树,最后访问根节点。对各子树的遍历采用后根遍历方法。

对例 6-24 中的 T,后根遍历过程为:先遍历根 A 的第一棵子树,即访问 B;然后遍历 A 的第二棵子树,仍旧采用后根遍历法,访问序列应为(D,E,C);接着遍历 A 的第三棵子树,即访问节点 F;最后访问总的根节点 A。故后根遍历序列为:(B,D,E,C,F,A)。

3. 先序遍历森林 F

设 F=⟨T_1,T_2,…,T_m⟩,其中 T_i(1≤i≤m)为 F 中的第 i 棵子树。

方法：若 F≠φ,则：

(1) 访问 F 中 T_1 的根；

(2) 先序遍历 T_1 根下的各子树(子森林)；

(3) 先序遍历除 T_1 之外的森林(T_2,…,T_m)。

显然(2),(3)为递归调用,即：若子森林存在,仍按先序遍历方法对其遍历。如对例 6-23 中的森林 F,先序遍历结果为：(A,B,C,D,E,F,G,H,I,J)。

先序遍历森林 F 的方法等价为：先将 F 转换二叉树 BT,然后对 BT 按前序(DLR)遍历,其遍历结果是一样的。

4. 后序遍历森林 F

方法：若 F≠φ,则：

(1) 后序遍历 F 中 T_1 根下的各子树(子森林)；

(2) 访问 T_1 的根；

(3) 后序遍历除 T_1 之外的森林{T_2,…,T_m}。

显然,(1)、(3)递归调用,即：若子森林存在,仍按后序遍历方法对其遍历。如对例 6-23 中的森林 F,后序遍历的结果为：(B,C,D,A,F,E,H,J,I,G)。

后序遍历森林 F 的方法等价为：先将 F 转换成二叉树 BT,然后对 BT 按中序(LDR)遍历。

6.6 二叉树应用举例

树和二叉树在系统软件和应用软件中应用很多,限于篇幅,我们讨论二叉树的一个典型应用——Huffman(哈夫曼)树及其编码和译码。

6.6.1 Huffman 树及其构造算法

Huffman 树,简称 H 树,其含义是加权路径长度最短的二叉树。下面先介绍几个基本概念。

1. 路径及其长度

当树中从一节点到另一节点存在一条通路时,称两节点间存在一条路径,用路径上的节点序列表示。其路径上分支数(或弧的条数)为该路径的长度。因为树是无环路的有向图,且除根外,每节点只有唯一的一个直接前驱(双亲),故从树根节点到其他任何一节点存在且仅存在一条路径。

例 6-25 设树 T 如图 6.46 所示,此树中从节点 A 到 D 的路径为：(A,B,C,D),路径长度等于 3。

2. 树的路径长度

树的路径长度定义为从树的根节点到其他每一节点的路径长度之和。对有 n 个 (n>0)节点的二叉树来说,完全二叉树的路径长度最短。如一棵完全二叉树 BT 如

图 6.47 所示,其路径长度为 $0+1+1+2+2+2+2+3+3=16$。

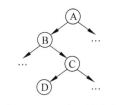

图 6.46 A 到 D 的路径

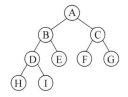

图 6.47 完全二叉树

3. 加权节点

权是附加给一个节点的数值(其意义视具体应用而定),此时称该节点为加权节点。如 A^5,即节点 A 的权值为 5。树中加权节点的路径长度定义为从根节点到该节点的路径长度(设为 L_k)乘以该节点的权值(设为 W_k)。

4. 树的加权路径长度 WPL(Weighted Path Length)

树的加权路径长度定义为树中所有加权节点的路径长度之和,即:

$$WPL = \sum_{k=1}^{n} L_k * W_k$$

其中 n 为树中加权节点的个数。

有了上述概念后,我们提出这样一个问题:给定 n 个权值 $W=\{w_1\ w_2 \cdots w_n\}$,如何构造一棵有 n 个叶节点的二叉树,每个叶节点的权值为 $w_i(1 \leqslant i \leqslant n)$(如图 6.48 所示),使得该树的 WPL 达到最小?

例 6-26 设 $W=\{7,5,2,4\}$,可以构造若干棵 4 个叶节点的带权二叉树,如图 6.49 所示。

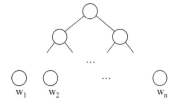

图 6.48 叶节点带权的二叉树

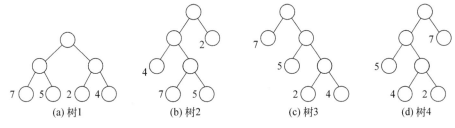

(a) 树1　　　　(b) 树2　　　　(c) 树3　　　　(d) 树4

图 6.49 带权的二叉树

其中:

  (a)的 WPL$=2*7+2*5+2*2+2*4=36$

  (b)的 WPL$=3*7+3*5+1*2+2*4=46$

  (c)的 WPL$=1*7+2*5+3*2+3*4=35$

  (d)的 WPL$=1*7+2*5+3*2+3*4=35$

故以(c)、(d)方法构造的二叉树的 WPL 达到最小,称(c)、(d)为加权路径长度最短的二叉树,即 Huffman 树或 H 树。此时因为叶节点带有权,所以完全二叉树的 WPL 不一定最短,如(a)的 WPL 大于(c)的 WPL。常常将 H 树的叶节点(加权节点)称之为外部节点,而构造树过中形成的节点称为内部节点(非加权节点)。

设给定权集 $W=\{w_1,w_2,\cdots,w_n\}$($n\geqslant1$),构造 H 树的 Huffman 算法如下:

① 初始化:先构成 n 棵单节点的二叉树森林 $F=\{T_1,T_2,\cdots,T_n\}$,其中 $T_i(1\leqslant i\leqslant n)$ 为只含有一个节点且带权值 w_i 的二叉树,表示为:

$$w_1 \quad w_2 \quad \cdots \quad w_n$$
$$\bigcirc \quad \bigcirc \quad \cdots \quad \bigcirc$$
$$T_1 \quad T_2 \quad \cdots \quad T_n$$

② 从当前 F 中选两棵根节点权值最小的树,作为左、右子树,构成一棵新的二叉树,新树根的权值为左、右子树根的权值之和;

③ 从 F 中删除选出的两棵树,同时加入新树;

④ 重复②、③,直到 F 中只含一棵树为止。最后的那棵二叉树即为 H 树。

例 6-27 设 $W=\{7,9,12,3,6\}$,构造关于 W 的 H 树的过程如图 6.50 所示。

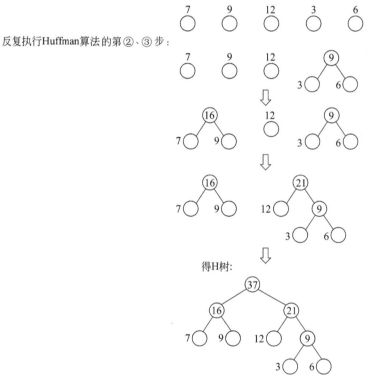

图 6.50 构造 H 树

需要注意的是,每次选出的两棵树,谁作为左子树,谁作为右子树,没有要求。另外,若当前 F 中有多棵树根的权值相等且此时该权值可选,则可任选其中一棵作为当前所选的树。故 H 树不唯一,即通过给定权集,可构造若干棵 H 树,只要保证 WPL 达到最小即可。计算 H 树的 WPL 值的另一种方法为:WPL 等于 H 树中各内部节点的权值之和。

如图 6.50 中的 H 树,其 WPL＝37＋16＋21＋9＝83。所以 H 树构造起来后,调用二叉树的遍历算法,便可求得该 H 树的 WPL 值(将非叶节点的权值相加)。

设 H 树中叶节点数为 n(n 亦即为给定权集中权值的个数),因为 H 树中出度为 1 的节点数为 0,而出度为 2 的节点数为 n−1,所以 H 树中总的节点数 m＝2n−1。因而可将树中全部节点存储在一个一维数组中。由此可写出构造 H 树的 C 语言描述算法如下:

```
#define n 8                          //设定权值数
#define m 2 * n-1                    //H 树的节点数
typedef struct                       //定义节点
{   int wi;                          //节点权值
    char data;                       //设节点 data 值为字符
    int parent,Lchild,Rchild;        //双亲及左、右子指针
}huffm;                              //H 树节点说明符
void HuffmTree(huffm HT[m+1])        //构造 H 树的算法
{   int i,j,p1,p2;
    int w,s1,s2;
    for(i=1,i<=m,i++)                //初始化
    {   HT[i].wi=0;
        HT[i].parent=0;
        HT[i].Lchild=HT[i].Rchild=0;
    }
    for(i=1;i<=n;i++)
    {   scanf("%d",&w);              //读入权值
        HT[i].wi=w;                  //存入
    }
    for(i=n+1;i<=m;i++)              //进行 n-1 次循环,产生 n-1 个新节点,构造 H 树
    {   p1=p2=0;                     //p1、p2 为所选权值最小的根节点序号
        s1=s2=max;                   //设 max 为机器能表示的最大整数
            for(j=1;j<=i-1;j++)      //从 HT[1]~HT[i-1]中选两个权值最小的根节点
                if(HT[j].parent==0)
                    if(HT[j].wi<s1)
                    {   s2=s1;       //以 j 节点为第一个权值最小的根节点
                        s1=HT[j].wi;
                        p2=p1;   p1=j;
                    }
                    else if(HT[j].wi<s2)
                        {   s2=HT[j].wi; //以 j 节点为第二个权值最小的根节点
                            p2=j;
                        }
        HT[p1].parent=HT[p2].parent=i; //构造新树
        HT[i].Lchild=p1;
        HT[i].Rchild=p2;
        HT[i].wi=HT[p1].wi+HT[p2].wi;   //权值相加送新节点
    }
}
```

	wi	Parent	Lchild	Rchild
HT[1]	0	0	0	0
2	0	0	0	0
⋮				
m	0	0	0	0

例 6-28 设 w={5,29,7,8,14,23,3,11},n=8,m=15,执行算法 HuffmTree(HT)
构造的 H 树如图 6.51 所示。

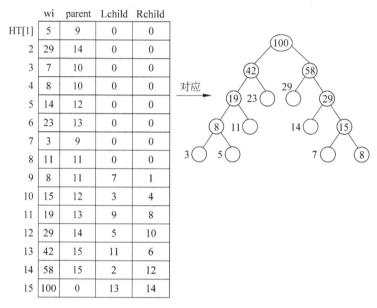

图 6.51 例 6-28 的 H 树

6.6.2 Huffman 编码及译码

1. Huffman 编码

当今信息传输以数字传输为发展趋势,即将待传电文中的字符或数字等信息转换或
二进制代码传递。例如电文"ABACCDA",有四种字符,可用 2 位二进制代码:00,01,
10,11,分别作为 A,B,C,D 的编码。则传送的电文为"00010010101100"。对方接收时,
可按二位一分来译码。传送电文时,为减轻线路负载,总希望编码的信息量小,如对上述
A,B,C,D 的编码若分别设计成 0,00,1,01,则电文为:"000011010"。显然电文信息量小
了,但对方接到前 4 个"0"是"AAAA"呢? 还是"BB"呢? 无法译码。所以,我们要得到使
得电文信息量最小的二进制前缀编码。所谓前缀编码,即任何一字符的编码都不是另一
字符编码的前缀(前半部分)。上述 00,01,10,11 为前缀编码,但 0,00,1,01 就不是,因为
"0"是"00"和"01"的前缀。非前缀编码在译码时必然会引起误译。

如何求得使电文信息量最小的二进制前缀编码呢? 需借助于 Huffman 知识。

设电文字符集 $D=\{d_1d_2\cdots d_n\}$,$d_i(1\leqslant i\leqslant n)$在电文中出现的概率为 w_i(可查阅有关统
计数据),d_i 的编码长度(二进制位数)为 L_i,则 d_1 到 d_n 的平均码长 $=\sum_{i=1}^{n}L_i*w_i$。它相似
于树的 WPL。如是,若以 d_i 的出现概率 w_i 为待编码字符(叶节点)的权(w_i 可乘以 100,
以化为整数),设计一棵 H 树,而 d_i 的编码长度 L_i 对应 H 树中根到叶节点的路径长度,
则电文平均码长为 H 树的 WPL,使之到达最小。

例 6-29　设待编码字符集为 8 个字母，即 D＝{a,b,c,d,e,f,g,h}(n＝8)，各字符在
电文中出现概率分别为 0.05,0.29,0.07,
0.08,0.14,0.23,0.03,0.11。可令 W＝{5,
29,7,8,14,23,3,11}，按算法 HuffmTree
(HT)构造一棵 H 树如图 6.52 所示。其中，
叶节点中存放的是待编码字符。

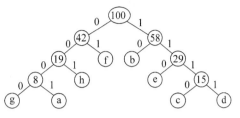

图 6.52　例 6-29 的 H 树

约定：从根开始，左走一步为"0"，右走
一步为"1"。则 D 中各字符的 Huffman 编
码为：

字符	编码	字符	编码
a	0 0 0 1	e	1 1 0
b	1 0	f	0 1
c	1 1 1 0	g	0 0 0 0
d	1 1 1 1	h	0 0 1

显然，Huffman 编码为前缀编码，因为从根到叶节点存在且仅存在一条路径，而这条
路径不可能是树中另一条路径的前缀部分。

所以结论是：Huffman 编码是使电文信息量最小的二进制前缀编码。但 Huffman
编码也有一定的不足，其中之一是编码不是定长的，这给信息的传递与接收多少带来一些
不便。

求 Huffman 编码的算法：

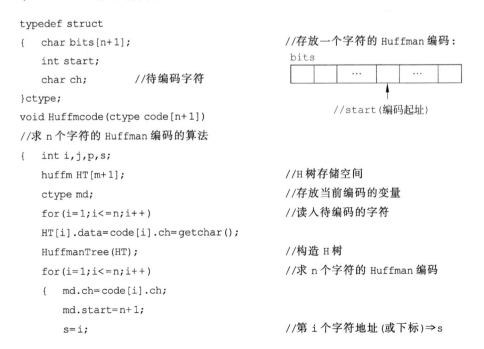

```
typedef struct
{   char bits[n+1];                      //存放一个字符的 Huffman 编码：
    int start;
    char ch;            //待编码字符
}ctype;
void Huffmcode(ctype code[n+1])
//求 n 个字符的 Huffman 编码的算法
{   int i,j,p,s;
    huffm HT[m+1];                       //H 树存储空间
    ctype md;                            //存放当前编码的变量
    for(i=1;i<=n;i++)                    //读入待编码的字符
    HT[i].data=code[i].ch=getchar();
    HuffmanTree(HT);                     //构造 H 树
    for(i=1;i<=n;i++)                    //求 n 个字符的 Huffman 编码
    {   md.ch=code[i].ch;
        md.start=n+1;
        s=i;                             //第 i 个字符地址(或下标)⇒s
```

```
        p=HT[i].parent;                        //p为s父节点地址
        while(p!=0)                            //p存在时
        {   md.start--;
            if(HT[p].Lchild==s)
                md.bits[md.start]='0';         //左走一步为'0'
            else md.bits[md.start]='1';        //右走一步为'1'
            s=p; p=HT[p].parent;               //求下一位
        }
        code[i]=md;                            //存入第i字符的编码
    }
}
```

通过算法 Huffmcode(code)求得例 6-29 中字符集 D 的编码如图 6.53 所示。

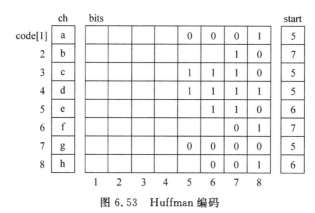

图 6.53　Huffman 编码

2. Huffman 译码

译码是编码的逆运算。设电文(二进制码)已存入字符型文件 fch 中,译码过程是根据编码时建造的 H 树和相应的 Huffman 编码,从 H 树的根(序号为 m)出发,逐个取电文中的二进制码,若当前二进制码为'0',则走左子,否则走右子,一旦到达 H 树的叶节点,便取相应叶节点中字符 H[i].data(或 code[i].ch)。重复上述译码过程,直到电文结束。算法如下:

```
void Transcode(HuffmTree HT[m+1],ctype code[n+1])
//根据 H 树和 Huffman 编码,对文件 fch 中的电文译码的算法
{   int i,char c;
    FILE *fp;
    if((fp=fopen("fch","r")==NULL)  Error(fch);
    //打开文件 fch 只读,文件指针⇒fp,打不开时出错处理
    i=m;                                    //取 H 树根节点序号
    while((c=fgetc(fp))!=EOF)               //读入一个二进制码
    {   if(c=='0')  i=HT[i].Lchild;         //向左走
        else i=HT[i].Rchild;               //向右走
        if(HT[i].Lchild==0)                //HT[i]为叶子
```

```
    {   putchar(code[i].ch);                 //输出译出的字符
        i=m;                                 //准备译下一个字符
    }
}
fclose(fp);                                   //关闭文件 fch
if(HT[i].Lchild!=0) Error(HT);                //电文结束时,i 未达到叶节点,则电文有误
}
```

如文件 fch＝{'0' '0' '1' '0'…}，对应的 H 树如图 6.54 所示，则读取前 3 位二进制编码时，译出字符'h'。

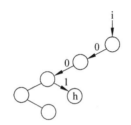

图 6.54　Huffman 译码

本 章 小 结

本章主要内容的知识逻辑结构图如下：

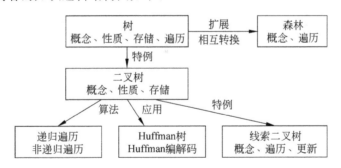

习 题 6

6-1　对如图 6.55 所示的树 T，回答下列问题。

（1）叶节点都有哪些？

（2）节点 E 的父节点是哪个节点？

（3）节点 E 的兄弟有哪些？

（4）哪些是节点 E 的孩子？

（5）树的深度是多少？

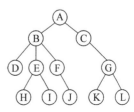

图 6.55　树 T

6-2 对于三个节点 A、B、C,可以构造多少棵不同的树？试画出其结构。

6-3 对于三个节点 A、B、C,可以构造多少棵不同的二叉树？试画出其结构。

6-4 若一棵树有 m_1 个出度为 1 的节点,m_2 个出度为 2 的节点,……,m_k 个出度为 k 的节点,问:树中有多少个叶节点？

6-5 对于如图 6.56 所示的二叉树 BT,试给出:
(1) 它的顺序存储结构示意图;
(2) 它的二叉链表存储结构示意图。

6-6 对于如图 6.56 所示的二叉树,给出其前序、中序和后序遍历的结果序列。

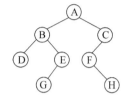

图 6.56　二叉树 BT

6-7 若二叉树采用顺序存储结构,写出计算二叉树深度的算法。

6-8 若二叉树采用二叉链表存储结构,试写一算法,将它转化为顺序存储结构。

6-9 若二叉树采用二叉链表存储结构,试给出求节点 P 中序后继的算法。

6-10 试证明,给出了二叉树的前序遍历序列与中序遍历序列,则可以唯一确定一棵二叉树。

6-11 已知某二叉树的前序遍历序列和中序遍历序列分别为:
$$DLR = (A B D E G C F H I J)$$
$$LDR = (D B G E A H F I J C)$$
试给出该二叉树的后序遍历序列。

6-12 按中序遍历二叉树的结果序列为（A B C）,试给出所有可能得到这一结果的二叉树。

6-13 对图 6.56 所给出的二叉树,画出其前序、中序和后序线索二叉树。

6-14 对于表达式(a+b)*(c+d)*(e−f),试给出:
(1) 二叉树表示;
(2) 表达式的前缀形式;
(3) 表达式的后缀形式。

6-15 证明若 Huffman 树中有 n 个叶节点,则树中共有 2n−1 个节点。

6-16 对于一组给定的权值 W = {15,36,3,6,20},建立相应的 Huffman 树并计算其 WPL。

6-17 假设有 12 枚硬币,其中有且只有一枚是伪造的,伪造的硬币比真硬币的重量或者轻或者重。若以天平为工具,从中选出伪硬币,给出相应判定树。

第 7 章 图

　　图(Graph)是一种比线性表和树更为复杂的数据结构,属于网状结构类型。在线性表中,元素之间的关系是线性的,即表中的任一元素,最多只有一个直接前驱和一个直接后继;在树中,元素之间的关系是层次的,树中的任一元素只与它的父节点和孩子节点相关,即除根外,任一元素只有唯一的一个直接前驱,但可以有若干个直接后继;而在图中,任意的两个元素之间都可能相关,即图中任一元素都可以有若干个直接前驱和直接后继,呈现的是一种网状关系。

　　图的应用十分广泛,现已渗入到数学、物理、化学、语言学、逻辑学、电讯工程和计算机科学之中。特别是计算机网络,更是以图论作为理论基础。

　　本章的图以"离散数学"中的图论知识为基础,主要讨论图的定义、操作以及图在计算机存储器中的表示和相关算法的实现,并介绍图的一些典型应用,如最短路径、拓扑排序、关键路径等。

　　本章各小节之间的关系概图如下所示:

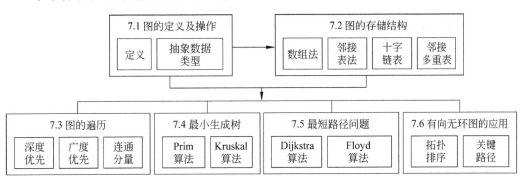

7.1　图的定义及操作

7.1.1　图的定义

　　图是一种非线性数据结构,形式化定义为:

$$G = (V, R)$$

$$V = \{V_i \mid V_i \in datatype, i = 0, 1 \cdots, n-1, n \geq 0\}$$

$$R = \{< V_i, V_j > \mid (V_i, V_j) \in V \wedge P(V_i, V_j), 0 \leqslant i, j \leqslant n-1\}$$

其中，G 表示一个图，V 是图中数据元素的集合。n=0 时，V=φ(空集)。一般称 V_i 为顶点(Vertex)，即 V 为顶点的集合。R 是图中顶点之间关系的集合，$P(V_i, V_j)$ 为顶点 V_i 与 V_j 之间是否存在一条路径(或通路)的判定条件，即若 V_i 与 V_j 之间的路径存在，则关系 $<V_i, V_j> \in R$。

下面说明关于图的一些基本术语。

1. 有向图（Digraph）

设 V_i、V_j 为图中的两个顶点，若关系 $<V_i, V_j>$ 存在方向性，即 $<V_i, V_j> \neq <V_j, V_i>$，则称相应的图为有向图。$<V_i, V_j> \in R$，表示从顶点 V_i 到 V_j 的一条弧(Arc)：

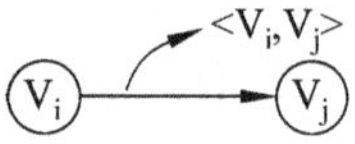

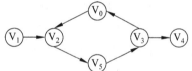

称 V_i 为弧尾，V_j 为弧头。

例 7-1　设有向图 $G_1 = (V_1, R_1)$，其中：

$V_1 = \{V_0, V_1, V_2, V_3, V_4, V_5\}$　(n = 6)

$R_1 = \{<V_0, V_2> <V_1, V_2> <V_2, V_5> <V_3, V_0> <V_3, V_4> <V_5, V_3>\}$

则 G_1 的表示如图 7.1 所示。

值得注意的是，按照图的定义，图 7.1 中的顶点 V_0 经过 V_2 到达 V_5，存在一条路径 (V_0, V_2, V_5)，但关系集 R_1 中并未出现 $<V_0, V_5>$ 这样的关系，这是因为在 R_1 的等价闭包 R' 中，应包括关系的传递性：即若 $<V_i, V_j>$、$<V_j, V_k> \in R'$，则有 $<V_i, V_k> \in R'$。

图 7.1　有向图 G_1

故图的关系集一般是取一个最小关系集，即只写出图中的弧即可。

2. 无向图（Undigraph）

设 V_i、V_j 为图中的两个顶点，若关系 $<V_i, V_j>$ 无方向性，即当 $<V_i, V_j> \in R$ 时，必有 $<V_j, V_i> \in R$，则称此时的图为无向图。关系用 (V_i, V_j)(或 (V_j, V_i))表示，称为图中的一条边(Edge)：

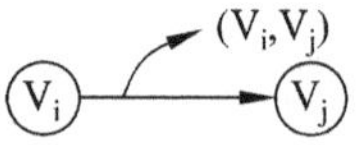

例 7-2　设无向图 $G_2 = (V_2, R_2)$，其中：

$V_2 = \{V_0, V_1, V_2, V_3, V_4, V_5\}$

$R_2 = \{(V_0, V_1)\ (V_0, V_4)\ (V_1, V_2)\ (V_1, V_3)\ (V_2, V_5)\ (V_4, V_5)\ (V_3, V_5)\}$

则 G_2 的表示如图 7.2 所示。

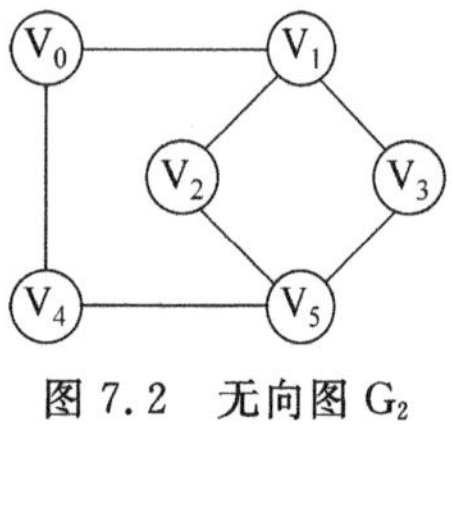

设图中顶点集 $V = \{V_0, V_1, \cdots, V_{n-1}\}$，e 为图中弧或边的条数，若不考虑自反性：即若 $<V_i, V_j> \in R$，则 $V_i \neq V_j$。于是，对于无向图，e 的范围是 $\left[0, \frac{1}{2}n(n-1)\right]$。其含义为：

图 7.2　无向图 G_2

(1) 图可以是一个个孤顶点的集合，边的条数可以为 0；

（2）边数最多的情况：

$$(V_0,V_1)(V_0,V_2)\cdots(V_0,V_{n-1}) \quad —— n-1 \text{ 条}$$

$$(V_1,V_2)\cdots(V_1,V_{n-1}) \quad —— n-2 \text{ 条}$$

$$\cdots$$

$$(V_{n-2},V_{n-1}) \quad ——1 \text{ 条}$$

此时有 $e=\frac{1}{2}n(n-1)$。有 $\frac{1}{2}n(n-1)$ 条边的无向图称为无向完全图。

对于有向图，因为 $<V_i,V_j>$、$<V_j,V_i>$ 是两条不同的弧，故弧的条数 e 的范围是 $[0,n(n-1)]$。有 $n(n-1)$ 条弧的有向图称为有向完全图。

3. 稀疏图（Sparse Graph）和稠密图（Dense Graph）

弧或边的条数很少的图称为稀疏图，反之称为稠密图。显然，无向或有向完全图为稠密图。

4. 网（Network）

若在图的关系 $<V_i,V_j>$ 或 (V_i,V_j) 上附加一个值 w：

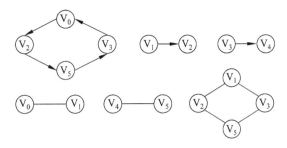

称 w 为弧或边上的权。带权的图称为网。权 w 的具体含义视图在不同领域的应用而定，如顶点表示城市，权 w 可以为两个城市间的距离等。

5. 子图（Subgraph）

设图 $G=(V,R)$、$G'=(V',R')$，若 $V'\subseteq V$ 且 $R'\subseteq R$，则称 G' 为 G 的子图。例 7-1、例 7-2 中 G_1 和 G_2 的一些子图如图 7.3 所示。

图 7.3 子图

6. 顶点的度（Degree）

设 E 为无向图 G 中边的集合，V、V' 为图中的两个顶点。若 $(V,V')\in E$，则称顶点 V 和 V' 互为邻接点，或称 V 与 V' 相邻接，边 (V,V') 与 V、V' 相关联。某顶点 V 的度记为 $D(V)$，代表与 V 相关联的边的条数。如例 7-2 的 G_2 中，$D(V_0)=2$，$D(V_1)=3$，等等。又设 A 为有向图 G 中弧的集合，若 $<V,V'>\in A$，则称 V 邻接到 V'，V' 邻接自 V，$<V,V'>$ 与 V、V' 相关联。顶点 V 的入度记为 $ID(V)$，是图中以 V 为弧头的弧的条数；而顶点 V 的出度记为 $OD(V)$，是图中以 V 为弧尾的弧的条数。顶点 V 的度 $D(V)=ID(V)+$

OD(V)。如例 7-1 的 G_1 中，$ID(V_2) = 2$，$OD(V_2) = 1$，故 $D(V_2) = 3$。

若图中顶点数为 n，边或弧的条数为 e，则 $e = \dfrac{1}{2} \sum\limits_{i=0}^{n-1} D(V_i)$。即图中所有顶点的度之和为 e 的两倍。这是显然的，因为不管是无向图还是有向图，在计算某一顶点的度时，相关联的边或弧都被统计了两次。如例 7-1 的有向图 G_1 中，弧的条数：

$$\frac{1}{2}(D(V_0) + \cdots + D(V_5)) = 6$$

而例 7-2 的无向图 G_2 中，边的条数：

$$\frac{1}{2}(D(V_0) + \cdots + D(V_5)) = 7$$

7. 路径（Path）

若从图中某顶点 V 出发，经过某些顶点能到达另一顶点 V'，则称 V 与 V' 之间存在一条通路，或称为路径。由于图中两顶点间的关系是任意的，且可能存在回路，故两顶点间可能存在多条路径（树中根到叶节点的路径是唯一的）。无向图中，顶点 V 到 V' 的第 i 条路径是一个顶点序列，记为 $(V = V_{i1}, V_{i2}, \cdots, V_{im} = V')$，满足 $(V_{ij}, V_{ij+1}) \in E$（E 是图中边的集合，$1 \leqslant j \leqslant m-1$）。路径上边的条数定义为该路径的长度。如例 7-2 的 G_2 中，路径 $(V_0, V_1, V_2, V_5, V_3)$ 的长度为 4。有向图中，两顶点间的路径也是有向的。如例 7-1 的 G_1 中，路径 $(V_0, V_2, V_5, V_3, V_4)$ 的长度为 4。

另外，若路径 $(V_{i1}, V_{i2}, \cdots, V_{im})$ 中顶点 $V_{ij}(1 \leqslant j \leqslant m)$ 不重复出现，则称其为简单路径；若路径中只有第一顶点 V_{i1} 与最后一个顶点 V_{im} 相同，则称其为简单回路或简单环（Cycle）。如例 7-2 的 G_2 中，$(V_0, V_1, V_2, V_5, V_4)$ 为简单路径，而 $(V_0, V_1, V_2, V_5, V_4, V_0)$ 为简单环；但 $(V_0, V_1, V_3, V_5, V_2, V_1, V_0)$ 为非简单环。

8. 连通性（Connection）

在无向图中，若两顶点 V 与 V' 间存在路径，则称 V 与 V' 是连通的；若图中任意两顶点都连通，则称该图为无向连通图。如例 7-2 的 G_2 是一个连通图。下面举一个非连通图的例子，设某无向图 G_3 如图 7.4 所示。

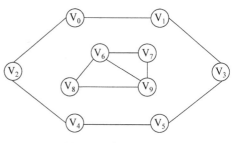

图 7.4　非连通图 G_3

显然，G_3 是一个无向非连通图，但 G_3 存在两个连通分量（Connected Component）。连通分量指的是图中极大的连通子图。G_3 的两个连通分量如图 7.5 所示。

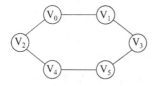

图 7.5　连通分量

"极大"在这里指的是：往一个连通分量中再加入顶点和边，就构不成原图中的一个连通子图，即连通分量是一个最大集的连通子图。

在有向图中，若图中任意两顶点间都存在路径，则称其是强连通图。图中极大强连通子图称之为强连通分量（其极大性同无向图）。如例 7-1 的 G_1 显然是非强连通图，但它存在三个强连通分量，如图 7.6 所示。

9. 生成树（Spanning Tree）

无向连通图的生成树是图中的一个极小连通子图，它包含图中全部顶点（设定点数为 n），但只有足以构成一棵树的 n−1 条边。如在例 7-2 的 G_2 中，以 V_0 为起点的一棵生成树如图 7.7 所示。对非连通的无向图，可以产生多棵生成树（可视为森林）。

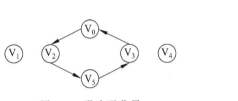

图 7.6 强连通分量

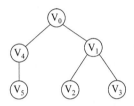

图 7.7 生成树

10. 生成森林（Spanning Forest）

若有向图中恰有一个顶点入度为 0，其余顶点入度全为 1，则此图可视为一棵有向树。有向图的生成森林 F 由图中若干棵有向树组成。F 是有向图的一个子图，包含图中全部顶点，但只有足以构成若干棵不相交的有向树的弧。

例 7-3 如图 7.8(a)所示的有向图 G_4，其生成森林 F 如图 7.8(b)所示。

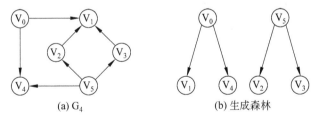

(a) G_4 (b) 生成森林

图 7.8 生成森林

生成树（或生成森林）可由后面介绍的"遍历"等方法求出。

7.1.2 图的抽象数据类型

顶点在图中的"位置"不像表和树那样严格规定，可以根据顶点的输入序列随机确定。当然，顶点一旦输入到计算机中，它的位置（或地址、下标）就唯一确定。另外，某顶点的邻接点次序也是人为确定的。据此，可以定义图的抽象数据类型如下：

```
ADT Gragh{
    数据元素集：V={ V_i|V_i∈datatype,i=0,1,…,n−1,n≥0}
```

数据关系集：$R = \{ <V_i, V_j> | (V_i, V_j) \in V \text{ 且 } P(V_i, V_j), 0 \leqslant i, j \leqslant n-1 \}$

基本操作集：P

GgraphCreat(&G,V,R)

    初始条件：V 是图的顶点集，R 是相应的关系集。

    操作结果：按照顶点集和关系集，构造图 G。

GraphDestroy(&G)

    初始条件：图 G 已存在。

    操作结果：撤销图 G。

LocateVex(G,u)

    初始条件：图 G 已存在，u 为图中的顶点。

    操作结果：若顶点 $u \in G$，则该操作返回 u 在图中的位置(地址或序号)；否则返回表示不在图中的信息(实际中如-1 或 NULL)。

GetVex(G,i)

    初始条件：图 G 已存在。

    操作结果：取图 G 中顶点 V_i，若 G 中不存在第 i 顶点，则返回"空值"。

FirstAdjVex(G,u)

    初始条件：图 G 已存在，u 为图中的顶点。

    操作结果：返回图 G 中顶点 u 的第一邻接点，若 u 为孤节点，则返回"空值"。

NextAdjVex(G,u,w)

    初始条件：图 G 已存在，u 为图中的顶点，w 为 u 的邻接点。

    操作结果：返回图 G 中顶点 u 关于顶点 w 的下一个邻接节点。若 w 是 v 的最后一个邻接节点，则返回"空值"。

InsertVex(&G,u)

    初始条件：图 G 已存在，u 为图中的顶点。

    操作结果：在图 G 中新增顶点 u。

DeleteVex(&G,u)

    初始条件：图 G 已存在，u 为图中的顶点。

    操作结果：删除图 G 中的顶点 u，且与 u 相关联的弧或边也一同删除。

InsertArc(&G,u,w)

    初始条件：图 G 已存在，u 和 w 为图中的顶点。

    操作结果：若图 G 为有向图，则在其中添加一条弧<u,w>；若为无向图，则添加边(u,w)。

DeleteArc(&G,u,w)

    初始条件：图 G 已存在，u 和 w 为图中的顶点。

    操作结果：若图 G 为有向图，则删除弧<u,w>；若为无向图，则删除边(u,w)；不存在相应的弧或边时作出错处理。

GraphTraverse(G)

    初始条件：图 G 存在。

    操作结果：依照某种规则对图中的元素利用 visit()函数逐一进行访问(visit()是根据图的具体数据和应用编写的访问函数)。

}ADT Graph;

7.2 图的存储结构

由于图中顶点间的关系(弧或边)无规律,故对图的存储较之表和树要复杂些,需要根据图的具体应用来构造图的存储结构。常用的存储表示有"数组表示法"、"邻接表"、"十字链表"和"邻接多重表"。

7.2.1 数组表示法

图的数组表示法又称"邻接矩阵"(Adjacency Matrix)表示法。设图 $G=(V,R)$ 可以用两个数组来存储图 G:一个数组(一维)存储 G 中的顶点集 V;另一个数组(二维)映像图中顶点间的关系集 R,这个二维数组就是所谓的邻接矩阵。

邻接矩阵是一个 n 阶方阵(n 为图中顶点数):

$$A = \begin{bmatrix} a_{00} & \cdots & a_{0j} & \cdots & a_{0n-1} \\ \vdots & & \vdots & & \vdots \\ a_{i0} & \cdots & a_{ij} & \cdots & a_{in-1} \\ \vdots & & \vdots & & \vdots \\ a_{n-10} & \cdots & a_{n-1j} & \cdots & a_{n-1n-1} \end{bmatrix} \quad (0 \leqslant i,j \leqslant n-1)$$

其中:

$$a_{ij} = \begin{cases} 1, & 若 <V_i, V_j> \in R(或(V_i,V_j) \in R) \\ 0, & 否则 \end{cases}$$

例 7-4 有向图 G_5 及其数组表示法如图 7.9 所示。

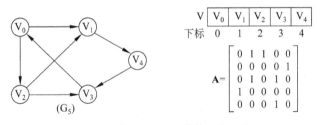

图 7.9 有向图 G_5 及其数组表示法

例 7-5 无向图 G_6 及其数组表示法如图 7.10 所示。

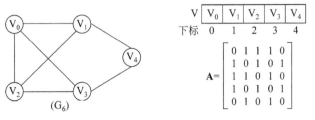

图 7.10 无向图 G_6 及其数组表示法

对无向图而言,因为 $(V_i, V_j) \in R$ 时,必有 $(V_j, V_i) \in R$,故其邻接矩阵是对称的。

邻接矩阵显然反映了图的逻辑结构,即若 $a_{ij} = 1$,则关系 $\langle V_i, V_j \rangle$(或 (V_i, V_j))存在,否则不存在。另外,利用邻接矩阵 A 可以求出图中顶点的度。对无向图,顶点 V_i 的度 $D(V_i) = $ 与 V_i 相关联的边的条数 $= \sum_{j=0}^{n-1} a_{ij}$,即 V_i 的度为 A 中第 i 行非 0 元素之和;对有向图,顶点 V_i 的出度 $OD(V_i) = \sum_{j=0}^{n-1} a_{ij}$,而顶点 V_i 的入度 $ID(V_i) = \sum_{j=0}^{n-1} a_{ji}$,即 V_i 的入度为 A 中第 i 列的非 0 元素之和。如对于例 7-5 的 G_6,$D(V_1) = 3$。例 7-4 的 G_5 中,$OD(V_1) = 1$,$ID(V_1) = 2$ 等。

对于网的邻接矩阵 A,元素 a_{ij} 取值为:

$$a_{ij} = \begin{cases} w, & \text{若} < V_i, V_j > \in R(\text{或}(V_i, V_j) \in R)\text{且关系上的权为 w} \\ \infty, & \text{否则} \end{cases}$$

例 7-6 无向网 G_7 及其数组表示法如图 7.11 所示。

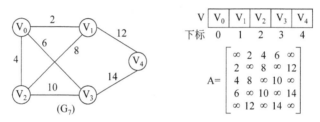

图 7.11 无向网 G_7 及其数组表示法

数组表示法的 C 语言描述:

```
#define maxn 64              //最大顶点数
typedef char vtype           //设当前顶点为字符类型
typedef int adjtype          //设邻接矩阵 A 中元素 a_ij 为整型
typedef struct
{   vtype V[maxn];           //顶点存储空间
    adjtype A[maxn][maxn];   //邻接矩阵
} mgraph;                    //图的说明符
```

若说明:"mgraph G;",则 G 为存储图的一个结构变量,G.V[maxn] 为顶点的存储空间,而 G.A[maxn][maxn] 为邻接矩阵。

数组表示法存储结构的建立算法比较简单:读入顶点和关系集(弧、边),建立顶点表和邻接矩阵即可。

建立无向网的算法描述:

```
void createmgraph(mgraph G)   //建立无向网的数组表示法的算法
{   int i,j,n;
    vtype ch,u,v;
    adjtype w;
    i=n=0;
```

```
ch=getchar();                    //输入顶点
while(ch!='#')                   //'#'为结束符
{   n++;                         //顶点计数
    if(n>maxn-1)   ERROR(n);     //溢出处理
    G.V[i++]=ch;                 //存入顶点
    ch=getchar();
}
for(i=0;i<n;i++)                 //初始化邻接矩阵
    for(j=0;j<n;j++)
        G.A[i][j]=max;           //设 max 为机器表示的∞
scanf ("%c %c %d",&u,&v,&w);     //读入一条边
while(u!='#')                    //u='#'时结束
{   i=locatevex(G,u);            //求 u 的序号
    j=locatevex(G,v);            //求 v 的序号
    G.A[i][j]=G.A[j][i]=w;       //邻接矩阵赋值(对称)
    scanf ("%c %c %d",&u,&v,&w); //读下一条边
}
}
```

此算法中,设图的顶点数为 n,边的条数为 e。第一个 while 循环执行次数为 n;两个 for 循环的执行次数约为 n^2;最后一个 while 循环执行次数为 e;故算法的时间复杂度为 $T(n,e)=O(n^2+e)$。若 $n^2 \gg e$,则时间复杂度为 $O(n^2)$。建立有向图的数组表示法与本算法类似,不再详述。

7.2.2 邻接表表示法

邻接表(Adjacency Lists)是图的一种链式存储结构,类似树的孩子链表示法。所谓邻接表,就是将图中每一顶点 V 和由 V 发出的弧或边构成单链表,以映像图的逻辑关系。若图中顶点数为 n,则图的邻接表由 n 个单链表组成。

链表节点:表示某顶点 V_i 到另一顶点 V_j 的一条弧或边,如图 7.12 所示。其中,adj 为邻接点域,存放与 V_i 相邻接的顶点 V_j 的序号;w 为弧或边上的权;next 为指向与 V_i 相邻接的下一条弧或边节点的指针。

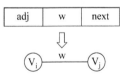

图 7.12 弧或边节点

顶点节点:

data	farc

其中,data 域存储顶点值;farc 为指向该顶点发出的第一条弧或边节点的指针。另外,将所有顶点组织成顶点表。

例 7-4 和例 7-5 中 G_5、G_6 的邻接表如图 7.13(a)和图 7.13(b)所示(权值省略)。

对于有向图的邻接表,某顶点 V_i 的出度 $OD(V_i)=V_i$ 所在单链表中链节点的个数,

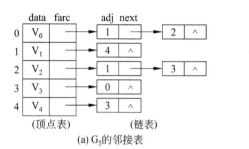

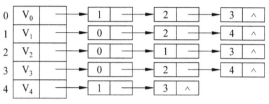

(a) G_5的邻接表   (b) G_6的邻接表

图 7.13   图的邻接表结构

如图 7.13(a)中,$OD(V_2)=2$;而 $ID(V_i)=$所有链表中 $adj=i$ 的节点个数,如 $ID(V_2)=1$,
等等。为方便确定 V_i 的入度,可以建立有向图的
逆邻接表,如例 7-4 中 G_5 的逆邻接表如图 7.14 所
示。于是,$ID(V_i)=$逆邻接表中第 i 个单链表的链
节点个数。但仅仅为了求得 $ID(V_i)$ 而建立另一套
存储结构未免浪费存储空间,可以将邻接表和逆
邻接表合二为一,构成所谓的"十字链表",将在
7.2.3 节中专门讨论。

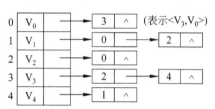

图 7.14   逆邻接表

对于无向图的邻接表,某顶点 V_i 的 $D(V_i)=V_i$ 所在单链表中节点的个数,如图 7.13(b)
中,$D(V_2)=3$。因为无向图中每条边牵涉到两个链节点,所以当边数为 e 时,链表节点数
为 2e。可以对无向图的邻接表加以改进,构成所谓的"邻接多重表",以减少链表节点数,
将在 7.2.4 节中讨论。

建立图的邻接表算法也很简单,其中包括单链表插入的基本操作。下面写出建立无
向图邻接表的算法描述。

```
typedef struct node              //链表节点类型
{   int adj;                     //邻接点域
    int w;                       //存放边上的权
    struct node*next;            //指向下一弧或边
}linknode;
typedef struct                   //顶点类型
{   vtype data;                  //顶点值域
    linknode*farc;               //指向与本顶点关联的第一条弧或边
}Vnode;
Vnode G[maxn];                   //顶点表
void createadj(vnode G[maxn])    //建立无向图邻接表的算法
{   int i,j,n;
    linknode*p;
    vtype ch,u,v;
    i=n=0;
    ch=getchar();                //读入顶点(设数据为字符)
    while(ch!='#')               //'#'为结束符
```

```
{   n++;                            //顶点计数
    G[i].data=ch;                   //存入顶点
    G[i].farc=NULL;                 //置空表
    i++;
    ch=getchar();
}
scanf ("%c %c",&u,&v);              //读入一条边(u,v)
while(u!='#')                       //u='#'时结束
{   i=locatevex(G,u);              //求 u 的序号
    j=locatevex(G,v);              //求 v 的序号
                                    //建立 Vᵢ 到 Vⱼ 的链接
    p= (linknode*)malloc(sizeof(linknode));     //申请链表节点
    p->adj=j;                       //存入邻接点序号
    p->next=G[i].farc;             //将 p 节点作为单链表的第一节点插入
    G[i].farc=p;
                                    //由无向图的对称性建立 Vⱼ 到 Vᵢ 的链接
    p= (linknode*)malloc(sizeof(linknode));
    p->adj=i;
    p->next=G[j].farc;
    G[j].farc=p;
    scanf ("%c %c",&u,&v);          //读下一条边
}
}
```

当读入边 $\overset{i}{\underset{u}{○}}$ —— $\overset{j}{\underset{v}{○}}$ 时，建表操作如图 7.15 所示。

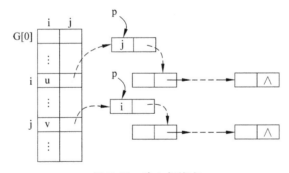

图 7.15 建立邻接表

邻接表形式不唯一。对边的处理顺序不同，可得到相应的邻接表，但对应图的逻辑结构是一致的。另外，设 n、e 分别为图中顶点数和边数，由算法调用 locatevex( ) 函数求得顶点序号的时间为 O(n)，故算法的时间复杂度为 O(n * e)。

7.2.3　十字链表表示法

十字链表(Orthogonal List)是有向图的邻接表和逆邻接表的结合，以方便求出图中

顶点入度和出度这样的操作。此时,表示弧和顶点的信息分别由弧节点和顶点节点表示。

弧节点:

tail	head	hlink	tlink

表示如图 7.16 所示的一条弧$<V, V'>$。其中,tail 域存放弧尾 V 的序号(设为 i);head 域存放弧头 V' 的序号(设为 j);hlink 为指向弧头相同(同为 V')的下一条弧,而 tlink 指向弧尾相同(同为 V)的下一条弧。

图 7.16   弧

顶点节点:

data	fin	fout

其中,data 域存放顶点(设为 V_i);fin 域为指向以 V_i 为弧头的第一弧节点的指针,相应逆邻接表链指针;fout 为指向以 V_i 为弧尾的第一弧节点的指针,相应邻接表的链指针,并将顶点组成顶点表。

例 7-7   有向图 G_8 及其十字链表如图 7.17 所示。

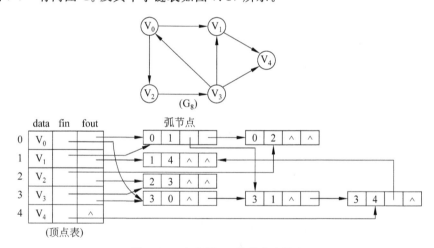

图 7.17   有向图 G_8 及其十字链表

建立十字链表的算法基本类似邻接表的建立算法,首先输入顶点数据,建立顶点表,将相应 fin、fout 域置空(初始化);然后依次读入各条弧,形成弧节点,建立邻接表链和逆邻接表链。

算法描述如下:

```
typedef struct Anode                        //弧节点
{   int tail,head;
    struct Anode*hlink, *tlink;
}arcnode;
typedef struct Vnode                        //顶点节点
{   vtype data;
```

```
    arcnode *fin,*fout;
}vexnode;
vexnode G[maxn];                                    //顶点表
void createorlist(vexnode G[ ])                     //建立有向图十字链表的算法
{   int i,j,n;
    arcnode*p;
    vtype ch,u,v;
    i=n=0;
    ch=getchar();                                   //读入顶点,设数据为字符
    while(ch!='#')                                  //ch 不等于结束符时
    {   n++;                                        //顶点计数
        G[i].data=ch;                               //存入顶点
        G[i].fin=G[i].fout=NULL;                    //初始化顶点表
        i++;
        ch=getchar();
    }
    scanf("%c %c",&u,&v);                           //读入弧<u,v>
    while(u!='#')
    {   i=locatevex(G,u);                           //求顶点 u、v 的序号
        j=locatevex(G,v);
        p= (arcnode*)malloc(sizeof(arcnode));       //申请弧节点
        p->tail=i;
        p->head=j;
        p->hlink=G[j].fin;                          //建立逆邻接表
        G[j].fin=p;
        p->tlink=G[i].fout;                         //建立邻接表
        G[i].fout=p;
        scanf("%c %c",&u,&v);                       //输入下一条弧
    }
}
```

此算法的时间复杂度同无向图邻接表的建立算法,为 O(n * e),其中 n、e 分别为图中顶点数和弧的条数。

7.2.4 邻接多重表表示法

邻接多重表(Adjacency Multilists)是对无向图邻接表的改进。图中的边和顶点的信息分别用边节点和顶点节点来表示。

边节点如图 7.18 所示,表示无向图中的一条边(V,V′)。其中 iv 和 jv 分别存放顶点 V 和 V′的序号(i 和 j);ilink 指向与 V 关联的下一条边节点,jlink 指向与 V′关联的下一条边节点。

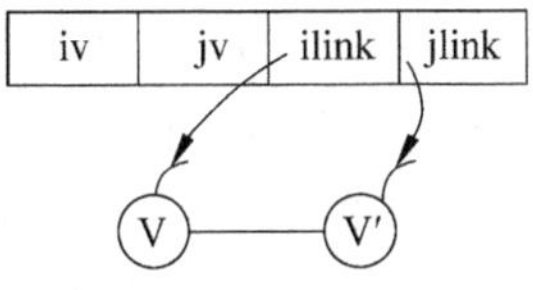

图 7.18 边节点

顶点节点:

data	fedge

其中,data 存储顶点数据,fedge 指向与本顶点关联的第一条边节点。

例 7-8 无向图 G_9 及其邻接多重表如图 7.19 所示。

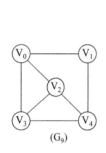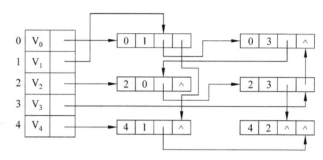

图 7.19 无向图 G_9 及其邻接多重表

邻接多重表中,边节点的个数与边的条数相等,使图显得简洁。其建立算法可以参照有向图十字链表的建立算法。

7.3 图的遍历

图的遍历是树的遍历的推广,是按照某种规则(或次序)访问图中各顶点一次且仅一次的操作,亦是将网状结构按某种规则线性化的过程。

由于图存在回路,为区别一顶点是否被访问过和避免顶点被多次访问,在遍历过程中,应记下每个访问过的顶点,即每个顶点对应有一个标志位,初始为 False,一旦该顶点被访问,就将其置为 True,以后若又碰到该顶点时,视其标志的状态,而决定是否对其访问。对图的遍历通常有"深度优先搜索"和"广度优先搜索"方法,二者是人工智能的一个基础。

7.3.1 深度优先搜索算法

1. 算法思路

深度优先搜索(Depth First Search,DFS)算法的思路类似树的前序遍历。设初始时图中各顶点均未被访问,从图中某顶点(设为 V_0)出发,访问 V_0,然后搜索 V_0 的一个邻接点 V_i,若 V_i 未被访问,则访问它;再搜索 V_i 的一个邻接点(深度优先)……若某顶点的邻接点全部访问完毕,则回溯到它的上一个顶点,然后再从此顶点按深度优先方法搜索下去,……,直到所有顶点都访问完毕为止。

例 7-9 设有一个无向图 G_{10},按 DFS 方法搜索过程如图 7.20 所示。

对 G_{10} 的搜索过程解释如下:从 V_0 出发,访问 V_0;找 V_0 的第一邻接点 V_1,因为 V_1 未访问过,访问它。V_1 有三个邻接点 V_0、V_3、V_5,但 V_0 已访问过(用 ◎ 表示),故访问 V_3,同理访问 V_4、V_5。因 V_5 的两个邻接点 V_1、V_4 都已访问,从 V_5 回溯到 V_4,再访问 V_4

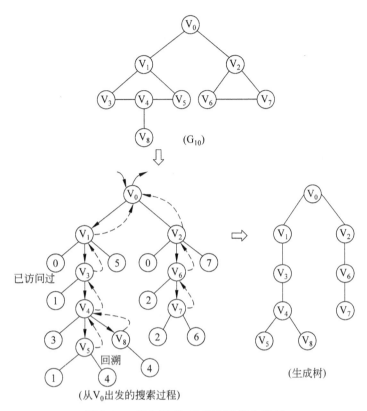

图 7.20 无向图 G_{10} 及其深度优先搜索

的下一邻接点 V_8。因 V_8 的邻接点 V_4 访问过,又回溯到 V_4。以此类推,可回溯到 V_0,再从 V_0 的下一邻接点 V_2 出发,访问 V_2、V_6、V_7。之后又依次回溯到 V_0,此时,V_0 的所有邻接点都访问完毕,退出。遍历的顶点序列为:(V_0 V_1 V_3 V_4 V_5 V_8 V_2 V_6 V_7)。从搜索过程可以得到一棵由 DFS 方法产生的生成树,如图 7.20 所示。

因为某顶点的邻接点次序是人为确定的,即谁为第一邻接点,谁为第二邻接点无要求,故遍历结果不唯一,只要遵循"深度优先"的规则即可(但图的存储结构确定后,遍历结果应唯一)。对有向图的深度优先搜索方法类似。

2. 算法描述

设标志数组 visited[n](n 为当前图中的顶点数)的初值为 False(或 0);图采用邻接表表示法(或数组表示法)存储。

```
void DFS (Vnode G[ ],int v)        //对图 G 从序号为 v 的顶点出发,按 DFS 方法搜索的算法
{   int u;
    visit(G,v);                    //访问 v 号顶点
    visited[v]=True;               //置标志位为 True 或 1
    u=firstadj(G,v);               //取 v 的第一邻接点序号 u
    while(u>=0)                     //当 u 存在时
    {   if(visited[u]==False) DFS(G,u);
```

```
                              //若 u 未被访问,调用函数本身遍历从 u 出发的子图
       u=nextadj(G,v,u);      //取 v 关于当前 u 的下一邻接点序号
   }
}
```

当图 G 连通,顶点数为 n,边数为 e,存储结构为邻接表时,DFS 算法的时间复杂度 T(n,e) 为 O(n+e);而图采用数组表示法存储时,T(n,e)≈O(n²)。

7.3.2 广度优先搜索算法

1. 算法思路

广度优先搜索(Breadth First Search,BFS)。类似树的按层次遍历。设初始时,图中各顶点均未被访问,从图中某顶点(设 V_0)出发,访问 V_0,并依次访问 V_0 的各邻接点(广度优先)。然后,分别从这些被访问过的顶点出发,仍按照广度优先的策略搜索其他顶点,……,直到能访问的顶点都访问完毕为止。

对例 7-9 中的 G_{10},从 V_0 出发,按 BFS 方法搜索的过程及生成树如图 7.21 所示。

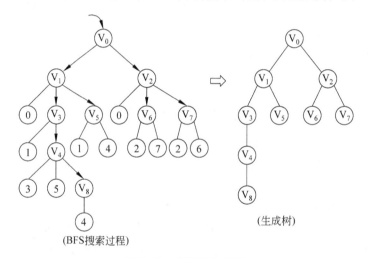

图 7.21 广度优先搜索

对图 G_{10} 的搜索过程解释如下:从 V_0 出发,访问 V_0,然后搜索 V_0 的两个邻接点 V_1、V_2,并访问它。再从下一层的第一个被访问的顶点 V_1 开始,分别搜索完相应的邻接点……,这样一层层地进行,直到所有顶点遍历完毕。遍历序列为(V_0 V_1 V_2 V_3 V_5 V_6 V_7 V_4 V_8)。从搜索过程可得到由 BFS 方法产生的生成树,如图 7.21 所示。同样,由于邻接点的次序关系人为确定,故遍历序列也不是唯一的,只要遵循"广度优先"规则即可。

为控制广度优先的正确搜索,要用到队列技术,即访问完一个顶点后,让该顶点的未访问过的邻接点序号依次进队,然后取相应队头(出队),访问它,再考查刚访问过的顶点的各邻接点,将未访问过的邻接点再依次进队,……,直到队空为止。

2. 算法描述

```
void BFS(Vnode G[],int v)                //对图 G 从序号为 v 的顶点出发,按 BFS 方法搜索算法
{   int u;
    Clearqueue(Q);                       //置队 Q 为空
    visit(G,v);                          //访问顶点
    visited[v]=True;                     //置标志为"真"
    Enqueue(Q,v);                        //v 进队
    while(!Emptyqueue(Q))                //队不空时
    {   v=Delqueue(Q);                   //出队,队头送 v
        u=firstadj(G,v);                 //取 v 的第一邻接点序号
        while(u>=0)
        {   if(visitied[u]==False)       //若 u 未访问,则访问后进队
            {   visit(G,u);
                visitied[u]=True;
                Enqueue(Q,u);
            }
            u=nextadj(G,v,u);            //取 v 关于 u 的下一邻接点
        }
    }
}
```

BFS 的时间复杂度同 DFS。

7.3.3　求连通分量的算法

图的搜索算法是很重要的,可以用它来对图中的每一顶点进行必要处理、求图中各连通分量以及构造图的生成树等。

其中求无向图连通分量的算法如下:

```
void ConnectComp(Vnode G[],int n)   //求无向图 G 中连通分量顶点集的算法,n 为顶点数
{   typedef TF{True,False}vtag;     //访问标记
    vtag visited[n];                //标志数组
    int Vi;                         //顶点序号
    for(Vi=0;Vi<n;Vi++)
        visited[Vi]=False;          //标志数组初始化
    for(Vi=0;Vi<n;Vi++)
        if(visited[Vi]==False)
        {   printf("\n Connected-Comp:");
            DFS(G,Vi);              //调用遍历算法 DFS(或 BFS),求当前连通分量顶点集
        }
}
```

例 7-10　设无向图 G_{11} 如图 7.22 所示。执行算法 ConnectComp()求出 G_{11} 中各连通

分量的顶点集如下:

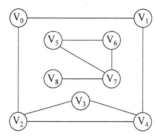

图 7.22　无向图 G_{11}

Connect-Comp：V_0 V_1 V_4 V_2 V_3
Connect-Comp：V_5 V_6 V_7 V_8

7.4　最小生成树

从不同顶点出发对图进行遍历,可以得到不同的遍历结果或不同的生成树;即使从图中某一顶点出发,因顶点的邻接点次序可人为确定,也可得到不同的遍历结果或生成树,故对图的遍历结果或由遍历所产生的生成树是不唯一的。对于无向连通网 $G=(V,R)$,两顶点之间的边(或关系)是带权的,因而网 G 的生成树上的关系也是带权的。

例 7-11　设无向网 G_{12} 如图 7.23(a)所示。从图中 V_0 出发、按 DFS 和 BFS 所产生的生成树 T_1 和 T_2 如图 7.23(b)所示。

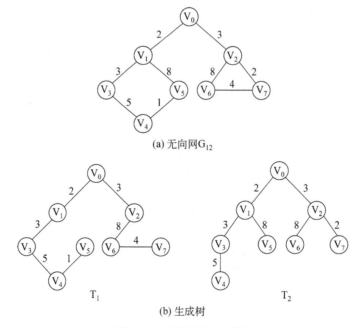

(a) 无向网 G_{12}

T_1　　　　T_2

(b) 生成树

图 7.23　无向网的生成树

生成树中各关系上的权值之和称为生成树的权。如图 7.22 中树 T_1 的权为 $2+3+5+1+3+8+4=26$；而 T_2 的权为 $2+3+3+8+8+2+5=31$。权值最小的生成树称为最小生成树(Minimun Spanning Tree，MST)。

构造最小生成树有 Prim(普里姆)算法和 Kruskal(克鲁斯卡尔)算法。

7.4.1 Prim 算法

最小生成树(MST)性质：设无向连通网 $G=(V,R)$，U 是顶点集 V 的一个真子集 (即 $U \neq V$ 且 $U \subset V$)。若 G 中的边(u,v)满足 $u \in U$、$v \in V-U$，且具有最小权值，则此边一定在 G 的一棵最小生成树中(证明略)。Prim 算法正是利用 MTS 性质来求连通网的最小生成树。

1. Prim 算法思路

设无向连通网 $G=(V,R)$，所求的最小生成树为 $T=(U,TR)$(U、TR 分别为树中节点及关系集)。首先从 V 中任取一顶点，设为 V_0，令 $U=\{V_0\}$，$TR=\Phi$(空集)，然后寻找这样的边(u,v)：$u \in U$，$v \in V-U$，且(u,v)上的权值(w)最小，将顶点 v 和该边并入 U 和 TR 中，如此进行下去，每次往 T 中加入一顶点和一条边，直到 T 中的 $U=V$ 为止，最后产生的 T 就为最小生成树。

例 7-12 设无向连通网 $G_{13}=(V,R)$ 图 7.24 所示。其中：

$$V=\{V_0,V_1,V_2,V_3,V_4,V_5\} \quad (n=6)$$
$$R=\{(V_0,V_1)(V_0,V_2)(V_0,V_4)(V_1,V_2)(V_1,V_3)(V_1,V_5)$$
$$(V_2,V_4)(V_2,V_5)(V_3,V_5)(V_4,V_5)\}$$

求 G_{13} 中一棵最小生成树 $T=(U,TR)$ 的过程如下：

令 $U=\{V_0\}$，$TR=\Phi$；

(1) 可选边为$(V_0,V_1)(V_0,V_2)(V_0,V_4)$，显然$(V_0,V_1)$为当前所选(设实线边为所选)，并加入 T 中：$U=\{V_0,V_1\}$，$TR=\{(V_0,V_1)\}$，如图 7.25 所示。

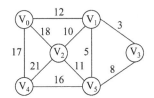

图 7.24 无向连通网 G_{13}

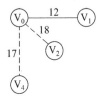

图 7.25 选取当前最小边(V_0,V_1)

(2) 当前可选边为$(V_0,V_2)(V_0,V_4)(V_1,V_2)(V_1,V_3)(V_1,V_5)$，选取$(V_1,V_3)$，并加入 T 中：$U=\{V_0,V_1,V_3\}$，$TR=\{(V_0,V_1)(V_1,V_3)\}$，如图 7.26 所示。

(3) 选取的下一条边为(V_1,V_5)，并加入 T 中：$U=\{V_0,V_1,V_3,V_5\}$，$TR=\{(V_0,V_1)(V_1,V_3)(V_1,V_5)\}$，如图 7.27 所示。

(4) 选取的下一条边为(V_1,V_2)(注意：不能选取(V_3,V_5)，因为 V_3、V_5 都已在 U 中)，并加入 T 中：$U=\{V_0,V_1,V_3,V_5,V_2\}$，$TR=\{(V_0,V_1)(V_1,V_3)(V_1,V_5)(V_1,V_2)\}$，如图 7.28 所示。

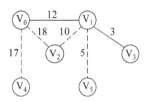

图 7.26 增加当前最小边(V_1,V_3)

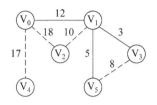

图 7.27 增加当前最小边(V_1,V_5)

（5）选取的下一条边为（V_4,V_5），并加入 T 中：U＝{V_0,V_1,V_3,V_5,V_2,V_4}，TR＝{（V_0,V_1）（V_1,V_3）（V_1,V_5）（V_1,V_2）（V_4,V_5）}，如图 7.29 所示。

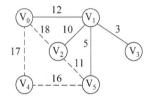

图 7.28 增加当前最小边(V_1,V_2)

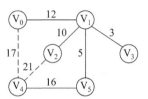

图 7.29 最小生成树

此时 U＝V,则最小生成树 T＝(U,TR)构造完毕。其中,U 包含了 V 中的全部顶点,但 TR 中只有构成树的 n－1 条边,且树的权值为最小。

设无向连通网用邻接矩阵表示,如 G_{13} 的邻接矩阵为：

$$A = \begin{bmatrix} \infty & 12 & 18 & \infty & 17 & \infty \\ 12 & \infty & 10 & 3 & \infty & 5 \\ 18 & 10 & \infty & \infty & 21 & 11 \\ \infty & 3 & \infty & \infty & \infty & 8 \\ 17 & \infty & 21 & \infty & \infty & 16 \\ \infty & 5 & 11 & 8 & 16 & \infty \end{bmatrix} \quad （顶点数 n = 6）$$

2. Prim 算法描述

```
typedef struct                       //定义一条边
{   int pre,end;                     //边的起点和终点序号
    int w;                           //边上的权值
}edge;
edge TR[n-1];                        //存放生成树的 n－1 条边
typedef struct                       //数组表示法的图结构
{   vtype v[maxn];                   //顶点表
    adjtype A[maxn][maxn];           //邻接矩阵
}mgraph;
void prim(mgraph G,int n)            //从顶点 v₀ 开始求网 G 的最小生成树的 Prim算法,n 为
                                     //当前网的顶点数 (设当前网的邻接矩阵已建立)
{   int i,j,k,m,v,min,d;
    edge e;
    for(i=1;i<n;i++)                 //构造初始候选边
```

```
{   TR[i-1].pre=0;                    //顶点 v₀(序号为 0)为第一个加入树的顶点
    TR[i-1].end=i;
    TR[i-1].w=G.A[0][i];
}
for(j=0;j<n-1;j++)                    //求出 n−1 条边
{   min=max;                          //max 为当前机器的最大整数
    for(k=j;k<n-1;j++);               //在候选边中找权值最小的边
        if(TR[k].w<min)
        {   min=TR[k].w;
            m=k;
        }                             //TR[m]为当前权最小的边
    e=TR[m]; TR[m]=T[j]; TR[j]=e;     //将所求最小边放在第 j 个最小边位置
    v=TR[j].end;                      //v 为新的出发点序号
    for(k=j+1;k<n-1;k++)              //调整候选边集
    {   d=G.A[v][TR[k].end];
        if(d<TR[k].w)
        {   TR[k].w=d;
            TR[k].pre=v;
        }
    }
}
}
```

Prim 算法中,第一个 for 循环时间复杂度为 $O(n)$;求 n−1 条边的 for 循环内又有两个 for 循环,其时间复杂度为:

$$\sum_{j=0}^{n-2}(O(n)+O(n))=2\sum_{j=0}^{n-2}O(n)$$

故算法总的时间复杂度为 $O(n^2)$。

7.4.2 Kruskal 算法

Kruskal(克鲁斯卡尔)算法是求无向连通网的最小生成树的另一种方法。

1. Kruskal 算法思路

设无向连通网 $G=(V,R)$,所求最小生成树时 $T=(U,TR)$,初始令 $TR=\Phi$。

(1) 将 G 中各边按权值从小到大排序。

(2) 依次考查排序后的各边(u,v),若(u,v)加入到树 T 后未形成回路,则将其加入到关系集 TR 中,否则,此边舍去。

例如对图 7.24 中无向连通网 G_{13},求生成最小生成树 $T=(U,TR)$的过程如下:

对边按权值排序:

3	5	8	10	11	12	16	17

$(V_1,V_3),(V_1,V_5),(V_3,V_5),(V_1,V_2),(V_2,V_5),(V_0,V_1),(V_4,V_5),(V_0,V_4),$

18   21
$(V_0,V_2),(V_2,V_4)$

考查边(V_1,V_3)、(V_1,V_5),加入树 T 后不形成回路,则将其送入树中,即 TR＝ $\{(V_1,V_3)(V_1,V_5)\}$,如图 7.30 所示。

考查边(V_3,V_5),形成回路,舍去。

以此类推,加入边(V_1,V_2);舍去边(V_2,V_5);加入边(V_0,V_1)、(V_4,V_5);舍去边(V_0,V_4)、(V_0,V_2)、(V_2,V_4)。最后 TR＝$\{(V_1,V_3)(V_1,V_5)(V_1,V_2)(V_0,V_1)(V_4,V_5)\}$。得到的最小生成树如图 7.31 所示。

图 7.30　选取边(V_1,V_3)和(V_1,V_5)

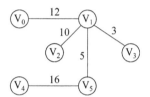

图 7.31　最小生成树

2. Kruskal 算法描述

```
void Kruskal(mgraph G,int n)
//求无向连通网 G 最小生成树的 Kruskal 算法,n 为当前顶点数
{   int i,k;
    edge e,GR[],TR[n-1];
    Createdge(G,GR,k);        //由邻接矩阵 G.A[n][n]形成各边加入到边集 GR,k 为边的条数
    Sort(GR);                 //对 GR 中各边按权值排序
    EmptyTR(TR);              //置 TR 为空集
    i=0;
    while(i<k)                //考查 GR 中各边
    {   e=Getedge(GR,i);      //取 GR 中第 i 条边(u,v)
        if(!Cycle(TR,e))      //若边 e 加入 TR 后形成回路,函数 Cycle 返回 True,否则
                              //返回 False
            Putedge(TR,e);    //边 e 加入树边集 TR
        i++;
    }
}
```

关于函数 Createdge()、Sort()、EmptyTR()、Getedge()、Cycle()和 Putedge()的细化,请读者自行设计,此处不再详述。

最小生成树的一个应用是:令无向连通网 G 中的顶点表示一个国家的城市,边表示连接两个城市的通信线路,边上的权为两城市间距离。由完全图可知,若城市数(或顶点数)为 n,则边数最多为$\frac{1}{2}n(n-1)$,但只需$(n-1)$条边就可建立各城市之间的联系,那么,选取怎样的$(n-1)$条边,才能使城市间通信线路的造价最小呢?这就要求对网 G 构造一棵最小生成树来解决此问题。

7.5 最短路径问题

在开发一个交通咨询系统时,它对应的数据结构是一个如图 7.32 所示的网(G_{14})。其中,顶点 A~E 表示城市,边上权可为两城市间的里程、乘某种交通工具的速度、耗费等。

咨询系统要解决的一个基本问题是:从某城市到另一城市,如何选择一条周转次数最少的路线。对应图 7.32 这样的图,就是要寻找一条从一顶点到另一顶点所含边数最少的路径。解决此问题的方法为,从指定的顶点出发,对图作广度优先搜索,一旦遇到目标顶点就终止,由此得出两点间边数最短路径。例如从 G_{14} 中顶点 A 出发,寻找一条到达顶点 C 的边数最短路径,其广度优先搜索如图 7.33 所示。

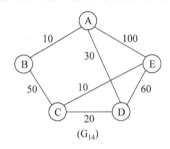

图 7.32 交通网

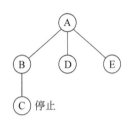

图 7.33 广度优先搜索

故从 A 到 C 边数最短路径为(A,B,C),周转次数最少为 1。

显然,从"A 经过 B 到达 C"改为"从 A 经过 D 到达 C"为好,即除了考虑周转次数外,还应考虑交通里程、费用、速度等问题,它们是赋在边上的权。此时,两顶点间路径长度 L 定义为路径上边的权值之和。两顶点间可能存在多条路径,路径长度最短的那条路径为最短路径(Shortest Path)。如路径(A,B,C)的 L=60,而(A,D,C)的 L=50,显然 A 到 C 的最短路径为(A,D,C),称 A 为源点,C 为终点。另外,交通图一般是有向的,因为就一条路线而言,上下坡、水路的逆顺水、时速等情况是不同的。

下面讨论带权有向图中两顶点间最短路径问题。解决此问题有两个经典算法,分别为 Dijkstra(迪杰斯特拉)算法和 Floyd(弗洛伊德)算法。

7.5.1 Dijkstra 算法

Dijkstra 算法是解决从网络中任一顶点(源点)出发,求它到其他各顶点(终点)的最短路径问题(或单源点最短路径问题)。

1. Dijkstra 算法思路

按路径长度递增次序产生从某源点 V 到图中其余各顶点的最短路径。

例 7-13 设有向网 G_{15} 如图 7.34 所示。

从 G_{15} 中的 V_0 出发,到其余各顶点的最短路径及长

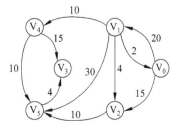

图 7.34 有向网 G_{15}

度 L 分别为：

$$(V_0, V_2) \qquad\qquad L = 15$$
$$(V_0, V_1) \qquad\qquad L = 20$$
$$(V_0, V_2, V_5) \qquad\quad L = 25 \qquad (递增)$$
$$(V_0, V_2, V_5, V_3) \qquad L = 29$$
$$(V_0, V_1, V_4) \qquad\quad L = 30$$

设网 G＝(V,R)用邻接矩阵 G. A[n][n]表示,n 为当前 G 中的顶点数。为表示方便,各顶点用其序号 0,1,2,…,n−1 代替(即 $V_i = i$),并对邻接矩阵中元素做适当调整：

$$G.A[i][j] = \begin{cases} w_{ij}, & 若 <V_i,V_j> \in R 且 <V_i,V_j> 上的权 = w_{ij} \\ \infty, & 若 <V_i,V_j> \notin R \\ 0, & 若 i = j \end{cases}$$

即认为顶点到其自身的路径长度 L 为 0。

下面引进几个辅助向量。

(1) 向量 S[n]：其中 $S[i] = \begin{cases} 1, & 当源点 V 到 V_i 的最短路径求出时 \\ 0, & 否则 \end{cases}$

初始令 S[V]=1(即路径(V,V)已求出,L=0),S[i]=0(0≤i≤n−1,i≠V),表示 V 到其他顶点的最短邻接未求出。

(2) 向量 dist[n]：其中 dist[i]存放从顶点 V 到顶点 V_i 的最短路径长度(0≤i≤n−1),初始为：

$$dist[i] = \begin{cases} <V,V_i> 上的权 w, & 若 <V,V_i> \in R \\ \infty, & 若 <V,V_i> \notin R \end{cases}$$

若<V,V_i>∈R,则 V 到 V_i 的路径一定存在,但不一定是最短的。

(3) 向量 path[n]：其中 path[i]存放从源点 V 到 V_i 的最短路径(V,…,V_i)。初始 path[i]＝⟨V⟩(表示从 V 出发)。

显然,从源点 V 到其他各顶点的第一条最短路径长度 dist[u](u 为最短路径的终点),可根据 dist[n]的初始值决定,即：

$$dist[u] = \min \{dist[w] \mid w = 0,1,\cdots,n-1 且 S[w] = 0\}$$

表示在所有未求出的当前最短路径中找出一条最短的,其长度作为当前求出的最短路径长度。

当某条最短路径的终点 u 求出后,考查所有未求出的最短路径,即对所有 S[w]=0 的 w,若 dist[w]>dist[u]＋<u,w>上的权,则令 dist[w]＝dist[u]＋<u,w>上的权(表示从 v 经过 u 再到达 w 的路径长度小于原来从 v 到 w 的路径长度时,以小者代之)。修改完 dist 向量后,再从中选取下一条最短路径长度……直到从 v 到其他各顶点的最短路径均被求出为止(最多为 n−1 条)。

根据以上思路,求例 7-13 的 G_{15} 中源点 V_0 到其他各顶点最短路径的过程如下：

G_{15} 的邻接矩阵为

$$G.A[n][n] = \begin{bmatrix} 0 & 20 & 15 & \infty & \infty & \infty \\ 2 & 0 & 4 & \infty & 10 & 30 \\ \infty & \infty & 0 & \infty & \infty & 10 \\ \infty & \infty & \infty & 0 & \infty & \infty \\ \infty & \infty & \infty & 15 & 0 & 10 \\ \infty & \infty & \infty & 4 & \infty & 0 \end{bmatrix}$$

各向量的初始状态如图 7.35 所示。

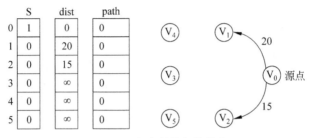

图 7.35　各向量的初始状态

从 dist 中看出,第一条最短路径长度为 dist[2]=15,最短路径为(V_0, V_2)。V_2 求出后,修改各向量状态,如图 7.36 所示。

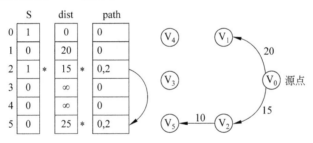

图 7.36　求第一条最短路径

原来 V_0 到 V_5 的路径长度 dist[5]=∞,V_2 求出后,现 V_0 经过 V_2 到 V_5 的路径长度为 25,所以令 dist[5]=dist[2]+$<V_2, V_5>$上的权=25(而 V_0 到 V_1、V_3、V_4 的路径长度此时不会改变),并将路径(0,2)赋给 path[5](即从 V_0 到 V_5 可能要经过 V_2)。

求第二条最短路径长度(找满足 S[w]=0 且 dist[w]最小的),并改变各向量状态,如图 7.37 所示。

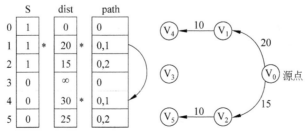

图 7.37　求第二条最短路径

以此类推,求第 3、4、5 条最短路径时,各向量变化状态如图 7.38 所示。最后,从 V_0 到各顶点的最短路径存于向量 path 中,最短路径长度存于 dist 中。

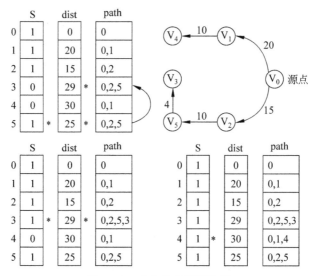

图 3.38　求出各条最短路径

2. Dijkstra 算法描述

```
typedef struct
{   int pi[n];                //存放 v 到 v₁ 的一条最短路径,n 为当前图中顶点数
    int end;
}pathtype;
```

```
//pi | v |  …  | vᵢ |  …  |    |
      0    1     k         n-1
                        end
```

```
pathtype path[n];            //v 到各顶点最短路径向量
int dist[n];                 //v 到各顶点最短路径长度向量
void Dijkstra(mgraph G,pathtype path[],int dist[],int v,int n)
//求图 G 中从源点 v 到其他各顶点最短路径的 Dijkstra 算法,G 用邻接矩阵表示,n 为当前
//G 中的顶点数
{   int i,count,S[n],m,u,w;
    for(i=0;i<n;i++)         //初始化
    {   S[i]=0;
        dist[i]=G.A[v][i];   //v 到 v₁ 上的权送 dist[i]
        path[i].pi[0]=v;
        path[i].end=0;
    }
    S[v]=1;count=1;          //count 为计数器
    while(count<=n-1)        //求 n-1 条最短路径
    {   m=max;               //max 为当前机器表示的最大值
```

```
for(w=0;w<=n-1;w++)     //找当前最短路径长度
    if(S[w]==0&&dist[w]<m)
    {   u=w;
        m=dist[w];
    }
if(m==max) break;       //最短路径求完(不足 n-1 条),跳出 while 循环
S[u]=1;                 //表示 v 到 vu 最短路径求出
path[u].end++;          //置当前最短路径
path[u].pi[end]=u;
for(w=0;w<=n-1;w++)     //u求出后,修改 dist 和 path 向量
    if(S[w]==0&&dist[w]>dist[u]+G.A[u][w])
    {   dist[w]=dist[u]+G.A[u][w];
        path[w]=path[u];
    }
count++;                //最短路径条数计数
    }
}
```

算法中,第一个 for 循环时间复杂度为 O(n);while 循环次数为 n-1,套用的两个 for 循环的时间复杂度也都为 O(n),故算法总的时间复杂度为 O(n^2)。

7.5.2 Floyd 算法

Floyd(弗洛伊德)算法是求网中任意两顶点间最短路径的算法。实际上,任意两点间最短路径的问题已由 Dijkstra 算法解决,即分别从网中顶点 V_0,V_1,…,V_{n-1} 出发,反复调用 Dijkstra 算法 n 次,即可得到任意两点间的最短路径,但 Floyd 算法较为简捷、快速。

1. Floyd 算法思路

用试探的方式求网中任意两点间的最短路径。设网 G=(V,R)由邻接矩阵 A 表示,求得 G 中任意两顶点 V_i、V_j 间最短路径(V_i,…,V_j)需要 n(n 为顶点数)次试探。

(1) 试探路径(V_i,V_0,V_j)是否存在,若存在,比较(V_i,V_j)和(V_i,V_0,V_j)的路径长度,取路径长度小者为当前从 V_i 到 V_j 的中间顶点序号等于 0 的最短路径。

(2) 再试探(V_i,…,V_1,…,V_j)是否存在,若存在,比较(V_i,…,V_j)和(V_i,…,V_1,…,V_j)的路径长度,取小者为当前从 V_i 到 V_j 的中间顶点序号≤1 的最短路径。

(3) 同理,在前面得到的当前最短路径(V_i,…,V_j)中试探 V_2,V_3,…,V_{n-1},便得到从 V_i 到 V_j 的最终最短路径。

一般,设 L_{ij} 为当前 V_i 到 V_j 的路径长度。在 V_i 与 V_j 之间试探 V_k(k 从 0~n-1)后,若 $L_{ik}+L_{kj}<L_{ij}$,则令 $L_{ij}=L_{ik}+L_{kj}$,如图 7.39 所示。

定义 n 阶方阵:D_{-1},D_0,D_1,…,D_{n-1}。其中,D_{-1} 为 G 的邻接矩阵,即:

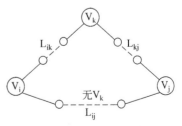

图 7.39 当前 V_i 到 V_j 的路径长度

$$D_{-1}[i][j] = \begin{cases} w, & \text{若} <V_i,V_j> \in R \text{且} <V_i,V_j> \text{上的权值为 w} \\ \infty, & \text{否则} \end{cases}$$

经过 k 次试探后的 n 阶方阵:

$$D_k[i][j] = \min \{D_{k-1}[i,j], D_{k-1}[i][k] + D_{k-1}[k][j]\}$$

上式表示:$D_{k-1}[i][j]$ 为当前从 V_i 到 V_j 的中间顶点序号无 k 的最短路径长度,而 $D_{k-1}[i][k] + D_{k-1}[k][j]$ 为从 V_i 到 V_k,再从 V_k 到 V_j 的路径长度。取二者之间小者作为试探了 V_k 后的从 V_i 到 V_j 的最短路径长度。最后,$D_{n-1}[i][j]$ 为从 V_i 到 V_j 的最短路径长度。

2. Floyd 算法描述

```
void Floyd(mgraph G,int n)
//求网 G 中任意两点间最短路径的 Floyd 算法,n 为当前顶点数
{   int i,j,k;
    int D[ ][n],path[ ][n];
    //最短路径长度及最短路径标志矩阵,其中 path[i][j]存放路径(Vi,…,Vj)上 Vi 之后
    //继顶点的序号
    for(i=0;i<n;i++)                    //初始化
        for(j=0;j<n;j++)
        {   if(G.A[i][j]<max)
                path[i][j]=j;           //若<Vi,Vj>∈R,Vi 当前后继为 Vj,否则为-1
            else
                path[i][j]=-1;
            D[i][j]=G.A[i][j];
        }
    for(k=0;k<n;k++)                    //进行 n 次试探
        for(i=0;i<n;i++)                //对任意的 Vi,Vj
            for(j=0;j<n;j++)
                if(D[i][j]>D[i][k]+D[k][j];
                {   D[i][j]=D[i][k]+D[k][j];     //取小者
                    path[i][j]=path[i][k];       //改 Vi 的后继
                }
    for(i=0;i<n;i++)                    //输出每对顶点间最短路径长度及最短路径
        for(j=0;j<n;j++)
        {   printf ("\n %d",D[i][j]);           //输出 Vi 到 Vj 的最短路径长度
            k=path[i][j];                       //取路径上 Vi 的后继 Vk
            if(k==-1)
                printf ("%d to %d no path \n",i,j);     //Vi 到 Vj 路径不存在
            else
            {   printf ("(%d",i);               //输出 Vi 的序号 i
                while(k!=j)                     //k 不等于路径终点 j 时
                {
                    printf (",%d",k);           //输出 k
                    k=path[k][j];               //求路径上下一顶点序号
```

```
                }
                printf ("%d) \n",j);          //输出路径终点序号
            }
        }
    }
}
```

例 7-14 设有向图 G_{16} 如下：

求 G_{16} 中任意两点间最短路径的过程如下：

$$D_{-1} = \begin{bmatrix} 0 & 5 & 12 \\ 7 & 0 & 2 \\ 4 & \infty & 0 \end{bmatrix} \quad path = \begin{bmatrix} 0 & 1 & 2 \\ 0 & 1 & 2 \\ 0 & -1 & 2 \end{bmatrix}$$

任意两点间试探 V_0 后：

$$D_0 = \begin{bmatrix} 0 & 5 & 12 \\ 7 & 0 & 2 \\ 4 & \boxed{9} & 0 \end{bmatrix} \quad path = \begin{bmatrix} 0 & 1 & 2 \\ 0 & 1 & 2 \\ 0 & \boxed{0} & 2 \end{bmatrix}$$

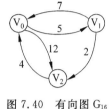

图 7.40 有向图 G_{16}

因为 $D_{-1}[2][1] > D_{-1}[2][0] + D_{-1}[0][1] = 9$，故令 $D_0[2][1] = 9$，$path[2][1] = 0$（V_0 的序号）。同理，试探 V_1、V_2 后，矩阵 D、path 状态如下：

$$D_1 = \begin{bmatrix} 0 & 5 & \boxed{7} \\ 7 & 0 & 2 \\ 4 & 9 & 0 \end{bmatrix} \quad path = \begin{bmatrix} 0 & 1 & \boxed{1} \\ 0 & 1 & 2 \\ 0 & 0 & 2 \end{bmatrix}$$

$$D_2 = \begin{bmatrix} 0 & 5 & 7 \\ \boxed{6} & 0 & 2 \\ 4 & 9 & 0 \end{bmatrix} \quad path = \begin{bmatrix} 0 & 1 & 1 \\ \boxed{2} & 1 & 2 \\ 0 & 0 & 2 \end{bmatrix}$$

通过打印输出（顶点 V_i 用序号 i 代之），网 G_{16} 中任意两顶点间最短路径及最短路径长度如下：

最短路径长度	最短路径	最短路径长度	最短路径
0	(0,0)	2	(1,2)
5	(0,1)	4	(2,0)
7	(0,1,2)	9	(2,0,1)
6	(1,2,0)	0	(2,2)
0	(1,1)		

Floyd 算法的时间复杂度为 $O(n^3)$。

7.6 图的应用实例

有向无环图（Directed Acyclic Graph，DAG）。图 7.41 是有向树、DAG 和有向有环图的例子。

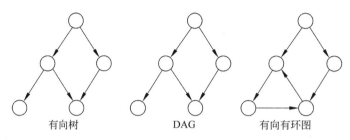

图 7.41　有向有环图的分类

当然,有向树一定是 DAG,但 DAG 不一定是有向树。这与"凡狗有四足,四足者皆为狗乎?"是一个道理。

DAG 是描述工程(或系统)进行过程的工具。如图 7.42 所示,通常一个大的工程由若干个子工程来构成,子工程又可分为若干个更小的工程,且各子工程之间有一定的约束关系,如某些子工程开始必须等到另一些子工程的结束(如房屋内装修是在房屋落成之后,等等)。

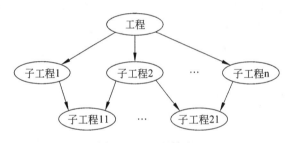

图 7.42　工程描述

对于一项工程而言,人们关心的一般有两点:

(1) 工程能否顺序进行;

(2) 工程完成所需的时间。

对这两个问题,实际上可以转换为如何对相应图进行拓扑排序(Topological Sort)和求图中一条关键路径(Critical Path)的问题。

7.6.1　拓扑排序

如果工程能够顺序进行,即相应描述工程的图不存在环(即属于 DAG)。那么如何知道图中是否存在环呢? 这就要考查图的一个拓扑序列,若图中全部顶点(子工程)都在相应的拓扑序列中,则相应图不存在环(即是一个 DAG),否则工程无法顺利进行。

例 7-15　计算机软件专业课程设置,如表 7.1 所示。若某门课程 C_i 是 C_j 的先行课程(或先开课程),则关系 $<C_i, C_j>$ 存在,表示为 C_i——C_j。根据表 7.1,各课程之间的优先关系如图 7.43 中 G_{17} 所示。

表 7.1 软件专业课程

课程编号	课程名称	先行课程	课程编号	课程名称	先行课程
C_0	程序设计导论	无	C_7	软件工程	C_3,C_6
C_1	数字电路	无	C_8	编译原理	C_5,C_6
C_2	计算机组成原理	C_1	C_9	操作系统	C_2,C_6
C_3	离散数学	C_0	C_{10}	数据库系统原理	C_3,C_6
C_4	汇编语言程序设计	C_0,C_2	C_{11}	管理信息系统	C_7,C_{10}
C_5	算法语言程序设计	C_0	C_{12}	人工智能原理	C_6,C_{10}
C_6	数据结构	C_3,C_5	C_{13}	专家系统	C_{12}

这种由顶点表示活动,用弧表示活动间优先关系的有向图又称为 AOV(Activity On Vertex Network)网。对于网中的一条路径 i——→ j(顶点用其序号表示),称 i 为 j 的前驱,j 是 i 的后继;而对于 i—→ j,i 是 j 的直接前驱,j 是 i 的直接后继。

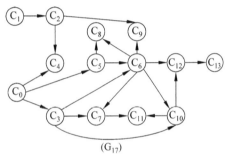

图 7.43 课程之间优先级关系

若 AOV 网中出现环,则对应的工程无法进行(互相等待)。如图 7.43 中的网,若出现环,就会出现几门课程互为先行课程的情况,课程是开设不下去的。因此,要确定已绘制出的 AOV 网是否是一个 DAG,即对 AOV 网考查其拓扑排序的序列。

1. 拓扑排序方法

(1) 在 AOV 网中任选一个无前驱的顶点输出;

(2) 删除输出过的顶点和由它发出的各条弧;

(3) 重复(1)、(2),直到所有可输出顶点全部输出完为止。

图 7.44 有环图

若 AOV 网中全部顶点都已输出,则 AOV 网是一个 DAG,得到的顶点序列为一个拓扑序列,否则该图一定存在环(因为剩下的顶点都有前驱),如图 7.44 所示。

G_{17} 的一个拓扑序列为:(C_1 C_2 C_0 C_5 C_4 C_3 C_6 C_9 C_8 C_7 C_{11} C_{10} C_{12} C_{13})。输出的顶点数与相应 AOV 网中顶点数相等,则此图不存在环,是一个 DAG,亦即课程的设置是合理的。

拓扑序列的特点是:对图中任意两顶点 V_i 和 V_j,若图无环且 V_i 是 V_j 的前驱,则 V_i 在序列中一定位于 V_j 之前。由于在某一时刻可能有多个无前驱的顶点,这时可选其中任一个输出,故拓扑序列不唯一。

2. 拓扑排序算法思路

设 AOV 网用十字链表表示,以方便求每顶点的入度。算法步骤为:

（1）查十字链表中入度（ID）为 0 的顶点（即无前驱的顶点）并进栈；

（2）重复以下过程，直到栈为空：

输出栈顶 V_j，并退栈；查顶点 V_j 的直接后继 V_k（可能有多个），将 V_k 的入度减 1（表示抹去 V_j 到 V_k 的弧），并将新的入度为 0 的顶点进栈；

（3）若输出顶点数为 AOV 网中的顶点数 n，则网中不存在环，输出序列为拓扑序列，否则网中存在环。

例 7-16 设 AOV 网 G_{18} 如图 7.45 所示。

G_{18} 的十字链表如图 7.46 所示。

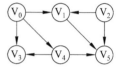

图 7.45 AOV 网 G_{18}

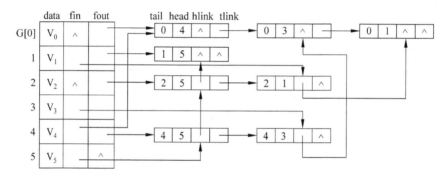

图 7.46 G_{18} 的十字链表

各顶点的入度表为：

id	0	2	0	2	1	3
	0	1	2	3	4	5

开始因为 V_0、V_2 的入度为 0（无前驱），故 V_0、V_2 进栈（实际将顶点序号进栈即可）：

栈

输出 V_2，退栈，并将 V_2 的后继 V_5、V_1 的入度减 1：

id	0	1	0	2	1	2
	0	1	2	3	4	5

输出 V_0（新的栈顶），退栈，V_0 的后继 V_4、V_3、V_1 的入度分别减 1：

id	0	0	0	1	0	2
	0	1	2	3	4	5

因 V_4、V_1 的入度减 1 后为 0，故 V_4、V_1 进栈：

栈

输出 V_1,退栈,V_1 的后继 V_5 的入度减 1:

输出 V_4,退栈,V_4 的后继 V_5、V_3 的入度减 1:

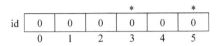

因 V_5、V_3 的入度减 1 后为 0,故 V_5、V_3 进栈:

栈

输出 V_3、V_5,使得栈空,操作停止。最后输出序列为:$(V_2\ V_0\ V_1\ V_4\ V_3\ V_5)$。其输出的顶点数为 6,与 G_{18} 中的顶点数一致,故此 AOV 图是一个 DAG。

3. 拓扑排序算法描述

```
void Creatid(Vexnode G[],int n,int id[])
//建立十字链表 G 中顶点的入度表 id,n 为当前顶点数
{   int count,i;
    arcnode *p;
    for(i=0;i<n;i++)            //求 n 个顶点的入度
    {   count=0;               //入度值计数
        p=G[i].fin;            //取以 v_i 为弧头的第一弧节点
        while(p)
        {   count++;
            p=p->hlink;        //取以 v_i 为弧头的下一弧节点
        }
        id[i]=count;           //入度赋值
    }
}
void Topsort(Vexnode G[],int n)
//对网 G 拓扑排序的算法。G 的存储结构为十字链表,n 为当前 G 中顶点数
{   int i,j,k,count,id[];
    arcnode *p;
    Creatid(G,n,id);           //建立 G 的入度表 id
    Clearstack(s);             //置栈空
    for(i=0;i<n;i++)
        if(id[i]==0)
            Push(s,i);         //入度为 0 的顶点序号进栈
    count=0;                   //输出顶点计数
    while(!Emptystack(s))      //栈非空时
```

```
{   j=Pop (s);                //退栈,栈顶赋给 j
    output(j,G[j].data);      //调用函数 output 输出 vⱼ
    count++;
    p=G[j].fout;              //取 vⱼ 发出的第一条弧
    while(p)
    {   k=p->head;            //取 vⱼ 之后继 vₖ
        id[k]--;              //vₖ 的入度减 1
        if(id[k]==0)
            Push(s,k);        //入度为 0 的顶点序号再进栈
        p=p->tlink;           //取 vⱼ 的下一后继
    }
}
if(count==n)
    printf("This graph has not cycle.");
else
    printf("This graph has cycle.");
}
```

拓扑排序算法的时间复杂度估计为 $O(n+e)$。其中,n、e 分别为顶点数及弧的条数。

7.6.2　关键路径

鉴定工程能够顺利完成后(即描述工程进程的是一个 DAG),剩下的问题是估算工程的完成时间。与 DAG 对应的是 AOE(Activity On Edge)网,即由边表示活动的网,实际上是一个带权的有向无环图。

在 AOE 网中,顶点称为"事件",顶点间的弧表示"活动",弧上的权值为活动的持续时间。

例 7-17　设 AOE 网 G_{19} 如图 7.47 所示。其中,$a_i(1\leqslant i\leqslant 11)$ 为活动(或一个子工程),其值表示 a_i 完成所需的时间(天数);$V_i(0\leqslant i\leqslant 8)$ 为事件,每个事件表示在它之前的活动已完成,而在它之后的活动可以开始。如在 G_{19} 中,V_4 表示 a_4、a_5 已经完成而 a_7、a_8 可以开始了。

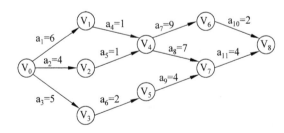

图 7.47　AOE 网 G_{19}

将工程的起始点称为源点,即 AOE 网中入度等于 0 的顶点,如 G_{19} 中的 V_0;而工程的结束点称为汇点,即出度等于 0 的顶点,如 G_{19} 中的 V_8。一般一项工程只有一个源点和一个汇点。

对描述工程进程的 AOE 网,需要研究的是:

(1) 完成工程(所有活动)至少需要多长时间?

(2) 哪些活动是影响工程进度的关键?

要解决这些问题,先明确一些基本概念。

1. 两顶点间路径长度

两顶点间路径上各活动的持续时间之和定义为两顶点间路径长度 L。如在 G_{19} 中,路径$(V_0\ V_2\ V_4\ V_7\ V_8)$的长度 L=4+1+7+4=16;而路径$(V_0\ V_1\ V_4\ V_6\ V_8)$的长度 L=6+1+9+2=18,等等。

2. 关键路径

在 AOE 网中,从源点至汇点路径长度最长的路径称为关键路径(Critical Path,CP)。如 G_{19} 中有两条关键路径,$CP_1=(V_0\ V_1\ V_4\ V_6\ V_8)$ 和 $CP_2=(V_0\ V_1\ V_4\ V_7\ V_8)$,其路径长度均为 18。工程完成至少所需时间为关键路径的长度。

3. 事件发生时间和活动开始时间

事件 V_j 最早发生时间是从源点 V_0 到 V_j 的最长路径长度,它决定了事件 V_j 之后的活动最早开始时间。如 G_{19} 中 V_4 的最早发生时间等于 6+1=7,所以活动 a_7、a_8 的最早开始时间为 7 天。

记活动 a_i 的最早开始时间为 e(i),最迟必须开始时间为 l(i),则 l(i)-e(i)= 活动 a_i 完成的时间余量。

4. 关键活动

若活动 a_i 的 l(i)=e(i),则此活动称为关键活动,即关键活动的开始时间既不能提前又不能推迟。关键路径上的活动都是关键活动,非关键活动并不影响工程进度。例如,G_{19} 中 a_6(非关键活动)的最早开始时间为 5,而最迟开始时间可为 8。因为 a_{11} 的最早开始时间=6+1+7=14,若 a_6 在 8 天后开始(推迟 3 天),加上 a_6 的 2 天,a_9 的 4 天,共 14 天,仍满足 a_{11} 开始时间的要求。

因此,分析关键路径的目的,其一是确定工程完工所需的时间,其二是辨别哪些是关键活动,以便争取提高关键活动功效,缩短工期。

辨别一个活动 a_i 为关键活动的充要条件是:l(i)=e(i)。为求 e(i)、l(i),应先求事件 V_j 的最早发生时间 Ve(j) 和事件 V_j 的最迟发生时间 Vl(j)。设弧$<V_j,V_k>$表示活动 a_i,a_i 的持续时间为$<V_j,V_k>$上的权值 w_{jk},图示如下:

$$V_j \xrightarrow{a_i=w_{jk}} V_k$$

则有:

e(i)=Ve(j),即 a_i 的最早开始时间为对应事件 V_j 的最早发生时间;

l(i)=Vl(k)-w_{jk},即 a_i 的最迟必须开始时间为 V_k 的最迟发生时间减去 a_i 的持续时间,所以将求 e(i)、l(i) 的工作转换成求 Ve(j) 和 Vl(k)。

(1) 求 Ve(j):从 Ve(0)=0 开始,向前递推:

$$Ve(j) = \max_i \{Ve(i) + w_{ij}\}, \quad 1 \leqslant j \leqslant n-1(n \text{ 为顶点数})$$

该式表示从所有以 V_j 为弧头的弧的集合中,找一个 $Ve(i) + <V_i, V_j>$ 的权值(w_{ij})为最大的作为 $Ve(j)$。

(2) 求 $Vl(i)$:从 $Vl(n-1) = Ve(n-1)$ 起,逆向递推:

$$Vl(i) = \min_j \{Vl(j) - w_{ij}\}, \quad n-2 \geqslant i \geqslant 0$$

该式表示从所有以 V_i 为弧尾的弧的集合中,找一个 $Vl(j) - <V_i, V_j>$ 的权值为最小的作为当前的 $Vl(i)$。

综上所述,求关键路径的算法思路为:设 AOE 网用十字链表表示。

从源点 V_0 出发,令 $Ve(0) = 0$,按拓扑排序求其余顶点最早发生时间 $Ve(j)$($1 \leqslant j \leqslant n-1$);

从汇点 V_{n-1} 出发,令 $Vl(n-1) = Ve(n-1)$,按逆向拓扑序列求其余顶点的最迟发生时间 $Vl(i)$($n-2 \geqslant i \geqslant 0$);

根据各顶点的 Ve 和 Vl,求每个活动 a_i 的最早开始时间 $e(i)$ 和最迟开始时间 $l(i)$。若 $e(i) = l(i)$,则此活动 a_i 为关键活动。

例 7-18 设 AOE 网 G_{20} 如图 7.48 所示。各顶点的 $Ve(j)$ 和 $Vl(j)$ 以及各活动的 $e(i)$、$l(i)$ 和 $l(i) - e(i)$ 如表 7.2 和表 7.3 所示。

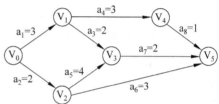

图 7.48 AOE 网 G_{20}

表 7.2

顶点	Ve(j)	Vl(j)	顶点	Ve(j)	Vl(j)
V_0	0	0	V_3	6	6
V_1	3	4	V_4	6	7
V_2	2	2	V_5	8	8

$0 \leqslant j \leqslant 5$

表 7.3

活动	e(i)	l(i)	l(i)−e(i)	
a_1	0	1	1	
a_2	0	0	0	关键活动
a_3	3	4	1	
a_4	3	4	1	
a_5	2	2	0	关键活动
a_6	2	5	3	
a_7	6	6	0	关键活动
a_8	6	7	1	

$1 \leqslant i \leqslant 8$

所以 G_{20} 的一条关键路径为 $CP=(V_0\ V_2\ V_3\ V_5)$，CP 长度为 8，关键活动为 a_2、a_5、a_7。

求关键路径的算法描述如下：

```
typedef struct node            //弧节点类型
{   int tail,head;             //弧尾、弧头的序号
    int w;                     //弧上的权值
    struct node *hlink, *tlink;  //链指针
}arcnode;
typedef struct                 //顶点类型
{   vtype data;                //顶点值域
    arcnode *fin, *fout;
}vexnode;
int Criticalpath(vexnode G[],int n)  //求网 G 中关键路径的算法,G 用十字链表表示,
                                     //n 为 G 中顶点数
{   int i,j,k,m;
    int tpvex[n];              //拓扑序列表
    int Ve[n],Vl[n];          //事件最早、最迟发生时间表
    int e[maxn],l[maxn];      //活动的最早、最迟开始时间表,maxn 为活动最大个数
    int id[n];                //入度表
    arcnode *p;
    creatid(G,n,id);          //建立 G 的入度表
    Clearqueue(Q);            //置队 Q 为空
    for(i=0;i<n;i++)  Ve[i]=0;  //初始化,各事件 vᵢ 的最早发生时间初置为 0
    m=0;
    for(i=0;i<n;i++)
        if(id[i]==0)
            {   Enqueue(Q,i);    //入度为 0 的顶点序号进队列
                tpvex[m++]=i;    //vᵢ 为拓扑序列的一个顶点
            }
    while(!emptyqueue(Q))        //队非空时
    {   j=Dequeue(Q);           //出队,队头赋给 j
        p=G[i].fout;            //搜索 vⱼ 的正向邻接表
        while(p)
        {   k=p->head;
            if((Ve[j]+p->w)>Ve[k])
                Ve[k]=Ve[j]+p->w;  //求当前 Vₑ[k]
            id[k]--;              //vₖ 的入度减 1
            if(G[k].id==0)
            {   Enqueue(Q,k);      //vₖ 进队
                tpvex[m++]=k;      //vₖ 为拓扑序列的顶点
            }
            p=p->tlink;
        }
    }
    if(m<n)
        return(0);               //网中有环,求不出关键路径,返回 0
```

```
        for(i=0;i<n;i++)                    //初始化各事件最迟发生时间
            Vl[i]=Ve[n-1];
        for(i=n-2;i>=0;i--)                 //按拓扑逆序取各顶点,求其Vl
        {  j=tpvex[i];
           p=G[j].fout;
           while(p)
           {  k=p->head;
              if((Vl[k]-p->w)<Vl[j])
                  Vl[j]=Vl[k]-p->w;         //求当前Vl[j]
              p=p->tlink;
           }
        }
        i=0;                                //弧的条数(或活动)计数
        for(j=0;j<n;j++)                    //依次取各顶点
        {  p=G[j].fout;
           while(p)                         //计算活动<vⱼ,vₖ>(即aᵢ)的e(i)、l(i)
           {  k=p->head;
              e[++i]=Ve[j];                 //活动aᵢ的最早开始时间与事件vⱼ的最早发生时间一致
              l[i]=Vl[k]-p->w;              //求活动aᵢ的最迟开始时间
                                            //打印活动<j,k>、e[i]、l[i]、l[i]-e[i]
              printf("<%d,%d>,%d,%d,%d\t",j,k,e[i],l[i],l[i]-e[i]);
              if(l[i]==e[i])
                  printf("This is a critical activity.");
              printf("\n");
              p=p->tlink;
           }
        }
        return(1);
    }
```

求关键路径算法的时间复杂度为 $O(n+e)$,其中 n、e 分别为 AOE 网中顶点数及弧的条数。

本 章 小 结

本章知识的逻辑结构图如下:

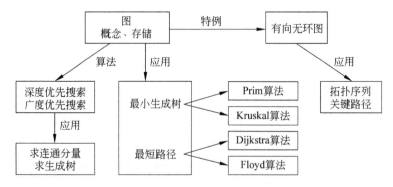

习 题 7

7-1 对于所给的有向图如图 7.49 所示,试给出:

(1) 各个顶点的出度和入度;

(2) 它的强连通分量;

(3) 将该图改造为一个有向完全图。

7-2 证明无向完全图中一定有 $\frac{1}{2}n(n-1)$ 条边。

7-3 证明有向完全图中一定有 $n(n-1)$ 条弧。

7-4 若有一个无向图 $G=(V,E)$,其中 $V=\{V_1,V_2,V_3,V_4,V_5\}$,$E=\{(V_1,V_2),(V_1,V_3),(V_3,V_5),(V_3,V_4),(V_3,V_2)\}$。

(1) 画出该无向图;

(2) 求图中各顶点的度。

7-5 对于如图 7.49 所示的有向图,试给出:

(1) 邻接矩阵;

(2) 邻接表;

(3) 逆邻接表;

(4) 十字链表。

7-6 对于如图 7.50 所示的无向图,试给出:

(1) 邻接矩阵;

(2) 邻接表;

(3) 邻接多重表。

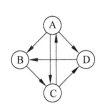

图 7.49 有向图

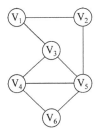

图 7.50 无向图

7-7 给出建立有向图的邻接表的算法。

7-8 给出求有向图中强连通分量的算法。

7-9 对于图 7.50 所示的无向图,若从顶点 V_1 出发进行遍历,试分别写出它的深度优先搜索和广度优先搜索的遍历结果序列。

7-10 给出深度优先搜索的非递归算法。

7-11　对于如图 7.51 所示的无向网,试给出:

（1）用 Prim 算法构造其最小生成树的过程;

（2）用 Kruskal 算法构造其最小生成树的过程。

7-12　对于如图 7.52 所示的有向网,用 Dijkstra 方法求出从顶点 1 到图中其他顶点的最短路径,写出具体的执行过程。

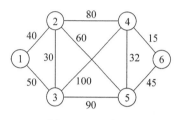

图 7.51　无向网

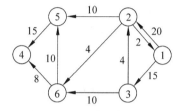

图 7.52　有向网

第8章 查 找

本章的查找(Searching)及第 9 章的排序(Sorting)本身不是介绍新的数据结构类型,而是讨论建立在数据结构上的两个重要的操作。所谓查找(或检索),是指在给定信息集(表、树等)上寻找特定信息元素的过程。有人统计过,目前一些计算机、特别是商用计算机,其 CPU 的处理时间约 25%～75%花费在查找或排序上。所以查找和排序是非数值型程序设计中两个重要的技术问题,对这两个问题处理的好坏,直接影响到计算机的工作效率。

本章讨论查找的基本概念、不同数据结构对应下的查找算法及查找效率的分析等问题。本章各小节之间逻辑关系如下:

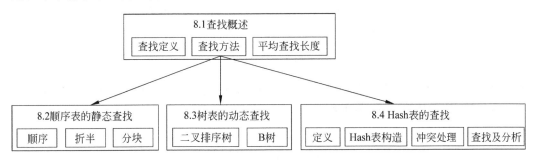

8.1 查 找 概 述

在查找中,常常将待查找的数据单位(或数据元素)称为记录。记录由若干数据项(或属性)组成,如学生记录:

学号	姓名	性别	年龄	…

其中,"学号"、"姓名"、"性别"、"年龄"等都是学生记录的数据项。若记录中某个数据项的值能标识(或识别)一个或一组记录,称此数据项为关键字(key)。若一个 key 能唯一地标识一个记录,称此 key 为主 key。如一个"学号"的值给定就唯一对应一个学生,不可能有多个学生的学号相同,故"学号"在学生记录里可作为主 key。若一个 key 能标识一组记录,称此 key 为次 key。如"年龄"这个数据项,它的值一旦给定,如 20 岁,可能有若干同学的年龄为 20 岁,故"年龄"可作次 key。下面主要讨论对主 key 的查找。

1. 查找定义

设记录表 L＝(R_1，R_2，…，R_n)，其中 R_i($1 \leqslant i \leqslant n$)为记录，对给定的某个值 k，在表 L 中确定 key＝k 的记录的过程，称为查找。若表 L 中存在一个记录 R_i 的 key＝k，记为 R_i.key＝k，则查找成功，返回该记录在表 L 中的序号 i(或 R_i 的地址)，否则返回 0(或空地址 NULL)。

2. 查找方法

查找方法很多，有顺序查找、折半查找、分块查找、树表查找及 Hash 表查找等。查找算法的优劣将影响到计算机的使用效率，所以应根据应用场合选择相应的查找算法。本章将讨论各种查找方法的算法实现。

3. 平均查找长度

第 1 章讨论过，评价一个算法优劣的量度，一是时间复杂度 T(n)，n 为问题的体积，此时为表长；二是空间复杂度 D(n)；三是算法的结构等其他特性。

对查找算法而言，主要分析其时间复杂度 T(n)。查找的过程实际上是一个 key 的比较过程，查找的时间主要耗费在各记录的 key 与给定 k 值的比较上。比较次数越多，算法的效率越差(即 T(n)量级越高)，故 Key 的比较次数足以刻画算法的 T(n)。另外，显然不能以查找某个记录的时间来作为 T(n)，一般要以"平均查找长度"来衡量 T(n)。

平均查找长度(Average Search Length，ASL)的含义是：对给定值 k，查找表 L 中记录的 key 比较次数的期望值(或平均值)，即：

$$ASL = \sum_{i=1}^{n} P_i C_i$$

其中，P_i 为查找 R_i 的概率。我们讨论查找所有记录的概率均等的情况，即 $P_i = 1/n$；C_i 为查找 R_i 时 key 的比较次数(或查找次数)。

8.2　顺序表的静态查找

所谓顺序表(Sequential Table)，用 C 语言表示就是将表(R_1，R_2，…，R_n)中诸记录按其序号存储于一维数组空间(如图 8.1 所示)，其特点是相邻两记录的物理位置是相邻的。

记录类型描述如下：

```
typedef struct
{   keytype key;          //记录 key
    ⋮                     //记录其他域
}Retype;
```

R_1
R_2
⋮
R_n

图 8.1　顺序表

其中，类型 keytype 是一个泛指，即 keytype 可以是 int、float、char 或其他的结构类型等。为讨论问题方便，下面一般取 key 为整型。

顺序表类型描述如下：

```
#define maxn 1024                        //表最大长度
typedef struct
{   Retype data[maxn];                   //顺序表空间
    int len;                             //当前表长,表空时 len 为 0
}sqlist;
```

若说明："sqlist r;",则(r. data[1],…,r. data[r. len])为记录表(R_1,R_2,…,R_n),r. data[i]. key(1≤i≤n)为记录 R_i 的关键字,r. data[0]是为了算法设计方便所设,称为监视哨。

8.2.1 顺序查找算法

顺序查找(Sequential Search)是最简单的一种查找方法。

1. 算法思路

设给定值为 k,在表(R_1,R_2,…,R_n)(n 为表长)中,从 R_n 开始,查找 key=k 的记录。若存在一个记录 R_i(1≤i≤n)的 key 为 k,则查找成功,返回记录序号 i;否则,查找失败,返回 0。

2. 算法描述

```
int sqsearch(sqlist r,keytype k)         //对表 r 顺序查找的算法
{   int i;
    r.data[0].key=k;                     //k 存入监视哨
    i=r.len;                             //取表长
    while(r.data[i].key!=key)
        i--;                             //顺序查找
    return(i);
}
```

算法用了一点小技巧：先将 k 存入监视哨,若对某个 i(≠0)有 r. data[i]. key=k,则说明查找成功,返回 i;若 i 从 n 递减到 1 都无记录的 key 为 k,i 再减 1 为 0 时,必有 r. data[0]. key=k,说明查找失败,返回 i=0。

3. 算法分析

设 C_i(1≤i≤n)为查找第 i 记录的 key 比较次数(或称查找次数),对顺序查找算法：

若 r. data[n]. key=k,则 $C_n=1$；

若 r. data[n−1]. key=k,则 $C_{n-1}=2$；

$$\vdots$$

若 r. data[i]. key=k,则 $C_i=n-i+1$；

$$\vdots$$

若 r. data[1]. key=k,则 $C_1=n$。

所以, $ASL = \sum_{i=1}^{n} P_i C_i = \frac{1}{n} \sum_{i=1}^{n} (n-i+1) = \frac{n+1}{2}$, 故 ASL=O(n)。而查找不成功时,查找次数等于 n+1,同样为 O(n)。

对查找算法,若其 ASL=O(n),则效率是最低的,意味着查找某记录几乎要扫描整个表,当表长 n 很大时,会令人无法忍受。故下面关于查找的一些讨论,大多都是围绕降低算法的 ASL 量级而展开的。

8.2.2 折半查找算法

当表中记录的 key 按关系≤或≥有序时,即当:

$$R_1. key \leqslant R_2. key \leqslant \cdots \leqslant R_n. key(升序)$$

或

$$R_1. key \geqslant R_2. key \geqslant \cdots \geqslant R_n. key(降序)$$

时,便可采用折半或二分法查找(Binary Search)。

1. 算法思路

对给定值 k,逐步确定待查记录所在区间,每次将搜索空间减少一半(折半),直到查找成功或失败为止。

设两个指针(或游标)low、high,分别指向当前待查找表的上界(表头)和下界(表尾)。对于表$(R_1, R_2, \cdots, R_n)$,初始时 low=1,high=n,令 mid=$\lfloor (low+high)/2 \rfloor$,指向当前待查找表中间的那个记录。下面举例说明折半查找的过程。

例 8-1 设记录表的 key 序列如下:

```
序号   1    2    3    4    5    6    7    8    9   10   11   12      (n=12)
     (03   12   18   20   32   55   60   68   80   86   90  100)
      ↑                                                      ↑
      low                                                    high
```

现查找 k=20 的记录。

第 1 次 mid=$\lfloor (1+12)/2 \rfloor$=6。因 k<r. data[6]. key=55,所以若 20 存在,一定落在以下区间(搜索空间折半):

```
       1    2    3    4    5
     (03   12   18   20   32)
      ↑                   ↑
      low                high=mid−1
```

第 2 次 mid=$\lfloor (1+5)/2 \rfloor$=3。因 k>r. data[3]. key=18,所以搜索空间为:

```
                4         5
              (20        32)
               ↑          ↑
          low=mid+1      high
```

第 3 次 mid=$\lfloor (4+5)/2 \rfloor$=4。因 k=r. data[4]. key=20,故 k 在表中第 4 号单元,返回最后一项的 mid 值 4。

再看查找失败的情况,假设要查找 k=85 的记录。

第 1 次 mid=$\lfloor (1+12)/2 \rfloor$=6。因 k>55,则搜索空间为:

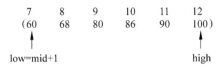

第 2 次 mid＝⌊(7＋12)/2⌋＝9。因 k＞80,搜索空间为:

第 3 次 mid＝⌊(10＋12)/2⌋＝11。因 k＜90,搜索空间为:

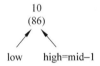

第 4 次 mid＝⌊(10＋10)/2⌋＝10。因 k＜86,令 high＝mid－1＝9。此时,下界 low ＝10,而上界 high＝9,表明搜索空间不存在,故查找失败,返回 0。

2. 算法描述

```
int Binsearch(sqlist r,keytype k)              //对有序表 r 折半查找的算法
{   int low,high,mid;
    low=1;high=r.len;                          //上下界初值
    while(low<=high)                           //表空间存在时
    {   mid= (low+high)/2;                     //求当前 mid
        if(k==r.data[mid].key) return(mid);    //查找成功,返回 mid
        if(k<r.data[mid].key) high=mid-1;      //调整上界,向左部查找
        else low=mid+1;                        //调整下界,向右部查找
    }
    return(0);                                 //low>high,查找失败
}
```

3. 算法分析

对例 8-1 中记录表的查找过程可得到如图 8.2 所示的一棵判定树。即查找第 6 个记录时,查找次数为 2^0,查找第 3 或第 9 个记录时,查找次数为 2^1,对这两个记录总的查找

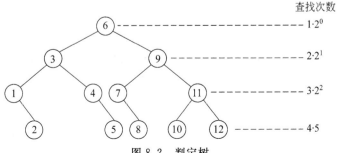

图 8.2 判定树

次数为 $2 \cdot 2^1$，以此类推。查找成功时的查找次数最多为 4 次（约为 $\log_2(12+1)$），而查找失败的查找次数为 5 次。

不失一般性，设表长 $n=2^h-1$，$h=\log_2(n+1)$。记录数 n 恰为一棵 h 层的满二叉树的节点数。对照例 8-1，得出表的判定树结构及各记录的查找次数如图 8.3 所示。

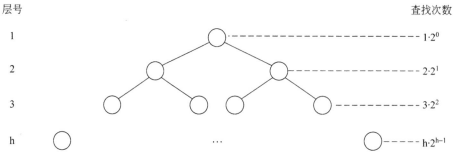

图 8.3　h 层判定树

所以，对表长为 n 的表按折半方法查找时：

$$\mathrm{ASL} = \sum_{i=1}^{n} P_i C_i = \frac{1}{n} \sum_{i=1}^{h} i \cdot 2^{i-1}$$

令

$$S = \sum_{i=1}^{h} i \cdot 2^{i-1} = 1 \cdot 2^0 + 2 \cdot 2^1 + 3 \cdot 2^2 + \cdots + (h-1)2^{h-2} + h \cdot 2^{h-1}$$

则

$$2S = 1 \cdot 2^1 + 2 \cdot 2^2 + 3 \cdot 2^3 + \cdots + (h-1)2^{h-1} + h \cdot 2^h$$

故

$$S = 2S - S = h \cdot 2^h - (2^0 + 2^1 + 2^2 + \cdots + 2^{h-1}) = h \cdot 2^h - (2^h - 1)$$

代入 $n=2^h-1$、$h=\log_2(n+1)$，有：

$$S = (n+1)\log_2(n+1) - n$$

所以

$$\mathrm{ASL} = \frac{1}{n}((n+1)\log_2(n+1) - n) = \frac{n+1}{n}\log_2(n+1) - 1$$

当 $n \to \infty$ 时，$\mathrm{ASL} = O(\log_2(n+1))$，即折半查找算法的时间复杂度为"对数量级"，相比 $O(n)$ 要好多了。

8.2.3　分块查找算法

分块查找（Blocking Search），又称索引顺序查找（Indexed Sequential Search），是顺序查找方法的一种改进，目的也是为了提高查找效率。

1. 分块

设记录表长为 n，将表的 n 个记录分成 $b = \lceil n/s \rceil$ 个块，每块 s 个记录（最后一块记录数可以少于 s 个），即：

$$(R_1 \cdots R_s \underbrace{R_{s+1} \cdots R_{2s}}_{块2} \cdots \underbrace{\cdots R_n}_{块b})$$
$$\underbrace{}_{块1}$$

且表分块有序,即第 i(1≤i≤b−1)块所有记录的 key 小于第 i+1 块中记录的 key,但块内记录可以无序。

2. 建立索引

每块对应一索引项:

k_{max}	link

其中 k_{max} 为该块内记录的最大 key;link 为该块第一记录的序号(或指针)。

例 8-2 设表长 n=19,取 s=5,b=⌈19/5⌉=4,分块索引结构如图 8.4 所示。

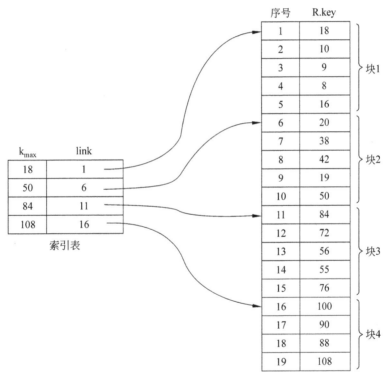

图 8.4 分块索引结构

3. 查找算法思路

分块索引结构下的查找分两步进行:

(1) 由索引表确定待查找记录所在的块;

(2) 在块内顺序查找。

如查找例 8-2 中 k=19 的记录,因 19>18,所以不会落在第 1 块(跳过);又 19<50,所以若 19 存在,必在第 2 块内。取第 2 块起址(6),查找到 key=19 的记录号为 9。查找失败分两种情况,一是给定 k 值超出索引表范围;二是若 k 落在某块内,但该块中无

key＝k 的记录。因为索引表一定是按照 k_{max} 有序的,故当索引项较大时,可对其折半查找。而块内的记录按顺序查找方法查找。

4. 算法描述

```
typedef struct                          //索引项
{   keytype kmax;
    int link;
}index;
index indtb[b+1];                       //索引表
int Blocksch(sqlist r,index indtb[b+1],keytype k)      //分块索引结构的查找算法
{   int i,b1,b2,low,high,mid;
    low=1;high=b;                       //索引表上下界初值
    while(low<high)                     //查找索引表
    {   mid=(low+high)/2;
        if(k<=indtb[mid].kmax)
            high=mid-1;
        else low=mid+1;
    }                                   //low 为 k 所在的块号
    if(low<=b)                          //k 在查找索引表范围时
    {   b1=indtb[low].link;             //取对应块的起址
        if(low==b) b2=n;                //确定块的末址
        else b2=intdb[low+1].link-1;
        while(b1<=b2)                   //块内查找
            if(r.data[b1].key==k) return(b1);     //查找成功
            else b1++;
    }
    return(0);                          //查找失败
}
```

5. 算法分析

分块查找算法的时间复杂度为：

$$ASL = Lb + Ls$$

其中 Lb 为对索引表的平均查找长度；Ls 为块内查找的平均查找长度。如 8.2.1 节和 8.2.2 节所述，$Lb=\log_2(b+1)-1$、$Ls=\dfrac{s+1}{2}$，故：

$$ASL = \log_2(b+1) + \frac{s+1}{2} - 1$$

若对索引表和块的查找均采用顺序查找，则：

$$ASL = \frac{b+1}{2} + \frac{s+1}{2} = \frac{1}{2}(b+s) + 1 = \frac{1}{2}\left(\frac{n}{s}+s\right)+1$$

从上式可看出，ASL 不仅与 n 相关，还与块内记录数 s 相关，为使 ASL 达到最小，令：

$$(ASL)' = \frac{1}{2}\left(-\frac{n}{s^2}+1\right) = 0$$

即 $s^2 = n, s = \sqrt{n}$。故当块内记录数 s 取 $\sqrt{n}$ 时，ASL 一般达到最小，量级为 $0(\sqrt{n})$。

上面讨论了三种较为简单的查找算法。就 ASL 而言，折半查找效率最高，分块查找次之，顺序查找效率最低；就表结构而言，折半查找要求表按 key 有序，且表一般顺序存储，分块查找要求表逐段有序，顺序查找对表不作任何要求，且适应链表结构的查找。

8.3 树表的动态查找

前面一节谈到的查找算法都是针对顺序存储而言，且没有考虑对要查找的数据进行维护(插入或删除)的问题，也就是说只对一组静态数据进行查找。实际应用中，如果需要对不断更新的数据进行查找，也就是所谓的动态查找，那么在顺序表上维护表的有序或者分块的结构都是比较耗时的。

根据前面的知识我们知道，树作为一种动态数据结构，对其进行遍历时，可搜索到其中任一节点。人们自然会想到，能否将记录表组织成某种树型结构，然后将查找工作在树上进行呢？回答是肯定的。本节讨论在树型结构上的查找方法。

8.3.1 二叉排序树和平衡二叉排序树

1. 二叉排序树(Binary Sort Tree)的定义

设二叉排序树 B 的根为 root，根的左子树记为 LB，右子树记为 RB，树中一节点存放一记录。B 或者等于 ϕ(空树)，或者是满足下列性质的二叉树：

(1) 若根 root 的左子树 LB$\neq\phi$，则 LB 上所有节点的 key 均小于根节点的 key；

(2) 若根 root 的右子树 RB$\neq\phi$，则 RB 上所有节点的 key 均大于根节点的 key；

(3) 对 LB、RB 同样是二叉排序树(递归)。

例 8-3 二叉排序树 B_1、B_2 如图 8.5 所示(只画出节点的 key)。

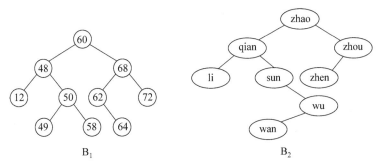

图 8.5 二叉排序树

2. 二叉排序树的建立

1) 算法思路

设记录表 R $=(R_1 R_2 \cdots R_n)$。初始令二叉排序树 B$=\phi$，然后依次读取表 R 中诸记录 $R_i (1 \leqslant i \leqslant n)$。若树 B$=\phi$，则令 R_i 为根节点；若 R_i.key 小于当前树根节点的 key，则将 R_i

生成一个二叉树节点,并将其插入到根节点的左子树上,否则将其插入到右子树上。对左、右子树的插入仍按上述思路进行。

例 8-4 设记录 key 集合 k={50,23,53,50,12,52,100}。开始令二叉排序树根节点指针 t=∧(空树)。读入 50 后,令其为根,即:

读入 23,因 t≠∧,且 23<50,故 23 应插入到根的左子树上,因此时左子树为 φ,所以 23 应为左子树的根,即:

读入 53 后,因 53>50,故 53 应插入到根的右子树上,又因右子树为 φ,故 53 作为右子树的根,即:

读入 50,因 50 已存在,舍去。

同理,读入 12、52、100 后,二叉排序树如图 8.6 所示。

2) 算法描述

```
typedef int keytype;             //设记录 key 为整型
typedef struct Bsnode;           //二叉排序树节点
{   Retype data;                 //节点或记录数据
    Struct Bsnode *Lchild, *Rchild;   //左、右子树指针
}BSN, *BSP;                       //节点及指针说明符
BSP createBst()                  //从键盘文件读入记录,建立二叉排序树的算法
{   BSP T,S;
    keytype key;
    T=NULL;                      //置空树,T 为二叉排序树根节点指针
    scanf("%d",&key);            //读入第一个记录的 key
    while(key!=0)                //设 key 以 0 为结束符
    {   S=(BSP)malloc(sizeof(BSN));   //申请一个 S 节点
        S->data.key=key;         //存入 key
        S->Lchild=S->Rchild=NULL;   //置 S 节点左、右子树为空
        input(S,key);            //调用函数 input,输入 key 所在记录的其他数据
        T=BSTinsert(T,S);        //将 S 节点插入到当前的二叉排序树 T 中
        scanf("%d",&key);        //读下一记录的 key
    }
```

图 8.6 例 8-4 的二叉排序树

```
    return(T);                          //返回根指针
}
BSP BSTinsert(BST T,BST S)
//二叉排序树的插入算法,T、S分别为根节点和待插入节点的指针
{   BSP q,p;
    if(T==NULL) return(S);              //树为空时,以S为根
    p=T;q=NULL;                         //q为p的父节点指针
    while(p)                            //寻找插入位置
    {   q=p;
        if(S->data.key==p->data.key)            //S节点已存在,返回
        {   free(S);
            return(T);
        }
        if(S->data.key<p->data.key) p=p->Lchild;    //向左找
        else p=p->Rchild;                           //向右找
    }
    if(S->data.key<q->data.key) q->Lchild=S;    //S为q的左子插入
    else q->Rchild=S;                           //S为q的右子插入
    return(T);
}
```

从二叉排序树的构造算法可以看出:插入操作无须作节点的移动,只需修改指针即可。故若对一个表要经常进行插入、删除,可将其构造成二叉排序树,从而使结构的更新方便、快捷。另外,对二叉排序树进行中序遍历(LDR),便可得到原表的一个有序序列。如图8.6中二叉排序树的中序遍历结果为:(12,23,50,52,53,100)。这是因为中序遍历规则与二叉排序树的特性彼此一致的缘故。

3. 二叉排序树中节点的删除

删除二叉排序树中一个节点的方法很多,原则上要求在删除一个节点后,仍保持二叉排序树的特性,即:左子树各节点 key<根节点的 key<右子树各节点 key,且左、右子树都为二叉排序树。

1)算法思路

设指针 p 指向树中待删除的节点,q 为 p 的父节点指针,分两种情况讨论如下:

(1) 当 p 节点无左子树时,如图 8.7 所示。

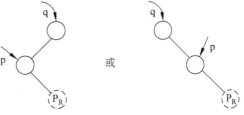

图 8.7　p 节点无左子树

其中 P_R 为 p 节点的右子树(P_R 当然可以为空,此时 p 为叶节点)。此时删除操作只要令:

```
    q->Lchild=p->Rchild
```

或

```
    q->Rchild=p->Rchild
```

（2）当 p 节点的左子树 P_L 存在时，如图 8.8 所示。其中 C_L、F_L 和 H_L 分别为 p 节点左子树中节点 C、F 和 H 的左子树。

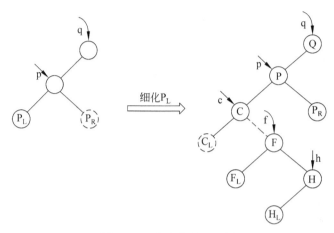

图 8.8　p 节点存在左子树

图 8.8 中二叉排序中序遍历序列为：

$$\{\cdots,C_L,C,\cdots F_L,F,H_L,H,P,P_R,Q,\cdots\}$$

删除 p 节点时，为保持树的二叉排序性，即让未删节点的中序遍历序列不变，一般有两种做法：

- 一种是令 p 节点左子树 P_L 为 q 节点的左子树，而 p 的右子树 P_R 挂在 P_L 的最右边，如图 8.9 所示。
- 另一种是令 p 节点中序下的直接前驱 h 节点代替 p 节点（即删除 p），然后抹去 h 节点，而原 h 节点的左子树 H_L 为 f 节点（f 为 h 之父）的右子树，如图 8.10 所示。

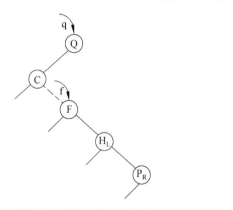

图 8.9　删除 p 节点方法 1

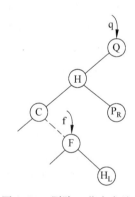

图 8.10　删除 p 节点方法 2

此两种删除方法的关键是如何找到 p 的直接前驱 h 节点，从图 8.8 看出，h 节点是 P_L 最右边的节点，即 P_L 中 key 值最大的节点。那么可以从 p 的左子 c 节点开始，一直向右搜索，直到有个节点的 Rchild＝∧ 为止，则该节点就是 h 节点。

2）算法描述

```
BSP BSTdelete(BSP t,keytype k)
//在根指针为 t 的二叉排序树中,删除 key=k 的节点的算法
{   BSP p,q,f,h;
    p=t;q=NULL;                        //q 为 p 的父节点指针
    while(p)                           //寻找被删除节点指针
    {   if(p->data.key==k) break;      //找到被删 p 节点,退出本循环
        q=p;
        if(k<p->data.key) p=p->Lchild; //向左找
        else p=p->Rchild;             //向右找
    }
    if(p==NULL) return(t);             //若 k 不在树中,返回
    if(p->Lchild==NULL)               //p 无左子树时
    {   if(q==NULL) t=p->Rchild;       //p 为根,删除后,其右子为根
        else if(q->Lchild==p)          //p 为 q 的左子时的删除
                q->Lchild=p->Rchild;
            else q->Rchild=p->Rchild;   //p 为 q 的右子时的删除
        free(p);
    }
    else                               //p 的左子树存在
    {   f=p;h=p->Lchild;               //寻找 p 在中序下的直接前驱 h
        while(h->Rchild)
        {   f=h;
            h=h->Rchild;
        }
        P->data=h->data;               //以 h 节点代替 p 节点,即删除 p 节点
        if(f!=p)f->Rchild=h->Lchild;
        else f->Lchild=h->Lchild;
        free(h);
    }
    return(t);
}
```

例 8-5 在如图 8.11(a)所示的二叉排序树中,依次删除节点 key＝13、key＝8,删除后的情况分别如图 8.11(b)和图 8.11(c)所示。

4．二叉排序树的查找

二叉排序树的查找已在二叉排序树的"建立"及"删除"算法中体现,实际上是走了一条从根节点到待查找节点的路径。

1）算法描述

```
BSP BSTSearch(BSP t,keytype k)
//在根指针为 t 的二叉排序树中,查找 key=k 的节点的算法
{   BSP p=t;
```

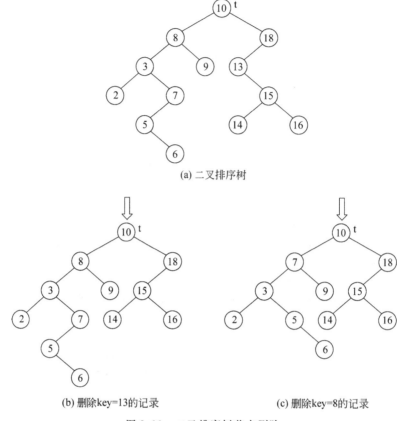

(a) 二叉排序树

(b) 删除key=13的记录　　　　　　(c) 删除key=8的记录

图 8.11　二叉排序树节点删除

```
while(p)
{   if(p->data.key==k) break;        //查找成功,退出循环
    if(k<p->data.key) p=p->Lchild;   //向左找
    else p=p->Rchild;                //向右找
}
    return(p);                       //返回查找结果
}
```

2) 算法分析

(1) 对于完全二叉排序树(或平衡二叉排序树)如图 8.12 所示。

树中每个节点的左子树(L_B)和右子树(R_B)的深度 h 大致相同。显然,每查找完一个节点后,被查找节点数约去掉一半,故此时查找效率最高,其 ASL≈$O(\log_2(n))$。

(2) 对于单斜树如图 8.13 所示。

其查找类似于顺序查找,ASL=$O(n)$,查找效率达到最低点。故对二叉排序树,有 $O(\log_2(n))$≤ASL≤$O(n)$。那么,在建立二叉排序树

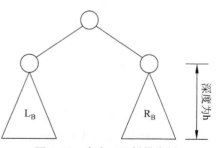

图 8.12　完全二叉树排序树

或

图 8.13　单斜树

时,若能使树保持平衡,便可大大地提高二叉排序树的查找效率。

（3）对于一般情况下的二叉排序树,设二叉排序树中节点为内部节点,而空子树处称为外部节点,或查找失败节点,以 F 表示,从而得到一个扩展的二叉树,如图 8.14 所示。显然,若内部节点数为 n,则外部节点个数为 n+1,即为二叉树的叶节点数。

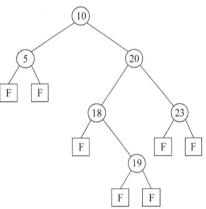

二叉树的内路径长度(IPL)定义为:二叉树中所有内部节点的路径长度之和,即:

$$IPL = \sum_{i=1}^{n} L_i$$

其中 n 为树中内部节点数,L_i 为根到第 $i(1 \leqslant i \leqslant n)$ 个内部节点的路径长度。对于如图 8.14 中的二叉树,IPL＝0＋1＋1＋2＋2＋3＝9。

图 8.14　扩展的二叉排序树

二叉树的外路径长度(EPL)定义为:二叉树中所有外部节点的路径长度之和,即:

$$EPL = \sum_{i=1}^{n+1} L_i'$$

其中 L_i' 为根到第 $i(1 \leqslant i \leqslant n+1)$ 个外部节点的路径长度。显然 L_i' 为其父节点(内部节点)的路径长度加 1。对于如图 8.14 中的二叉树,EPL＝2＋2＋3＋3＋3＋4＋4＝21。

可以证明:EPL＝IPL＋2n(证明过程略)。

对于一棵二叉排序树,设查找第 i 个内部节点的概率 $P_i = \dfrac{1}{n}$,而查找次数 $C_i =$ 该节点的层数＝该节点的 $L_i + 1$。故查找成功时有:

$$ASL_s = \sum_{i=1}^{n} P_i C_i = \frac{1}{n}\sum(L_i + 1) = \frac{1}{n}\left(\sum_{i=1}^{n}L_i + \sum_{i=1}^{n}1\right) = \frac{1}{n}(IPL + n)$$

又设查找第 i 个外部节点的概率 $P_i = \dfrac{1}{n+1}$,而查找次数 $C_i = L_i'$,故查找失败时:

$$ASL_e = \sum_{i=1}^{n+1} P_i L_i' = \frac{1}{n+1}\sum_{i=1}^{n+1}L_i' = \frac{1}{n+1}EPL = \frac{1}{n+1}(IPL + 2n)$$

若扩展二叉排序中每个节点(内部、外部)的查找概率 P_i 均等,即 $P_i = \dfrac{1}{n+n+1}$,则总的平均查找长度:

$$ASL = \sum_{i=1}^{2n+1} P_i C_i = \frac{1}{2n+1}((IPL+n)+(IPL+2n)) = \frac{1}{2n+1}(2IPL+3n)$$

从此式看出，当二叉排序树中节点数 n 确定后，要使查找效率最高，需要内路径长度达到最小。具有最短内路径长度的二叉排序树称为最佳二叉排序树。因为完全二叉排序树或平衡二叉排序树能使 IPL 达到最小，故它们都为最佳二叉排序树。

5. 平衡二叉排序树的构造

平衡二叉树(Balanced Binary Tree)，又称 AVL 树，于 1962 年由 Adelson-Velskii(阿德尔森—维尔斯基)和 Landis(兰迪斯)提出。设二叉树中节点的左子树和右子树的深度分别为 HL 和 HR，如图 8.15 所示。其中 AL、AR 分别为 A 的左、右子树。如对例 8-3 中的 B_2 其根的左、右子树深度分别为 4 和 2。

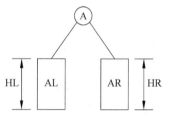

图 8.15　左、右子树深度分别为 HL 和 HR 的二叉树

1) AVL 树的定义

AVL 树或者为空，或者是具有以下性质的二叉树：

根节点的 $|HL-HR| \leqslant 1$ 且根的左、右子树均为 AVL 树(递归)。

例 8-6　AVL 树和非 AVL 树的例子，如图 8.16(a)和图 8.16(b)所示。

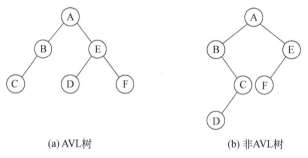

(a) AVL 树　　　　　　　　(b) 非 AVL 树

图 8.16　AVL 树和非 AVL 树

为了简便判断二叉树是否为 AVL 树，定义节点的平衡因子(Balance Factor, BF)为 HL-HR，即 AVL 树的节点形式为：

Lchild	data	BF	Rchild

如例 8-6 中两棵二叉树各节点的平衡因子如图 8.17 所示。显然 AVL 树中各节点的 $|BF| \leqslant 1$。只要树中出现 $|BF| \geqslant 2$ 的节点，此树就一定不是 AVL 树。

2) 构造平衡二叉排序树

若构造二叉排序树的同时，使其始终保持为 AVL 树，则此时的二叉排序树为平衡二叉排序树。

例 8-7　设记录的 key 集合 k＝{12,23,36,80,10,46}，依次取 k 中各值，构造平衡二叉排序树的过程如图 8.18 所示。

下面讨论平衡二叉排序树的构造算法。

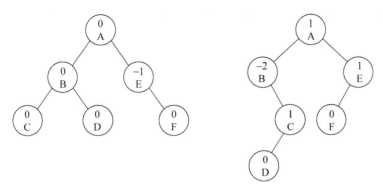

图 8.17 平衡与非平衡二叉树

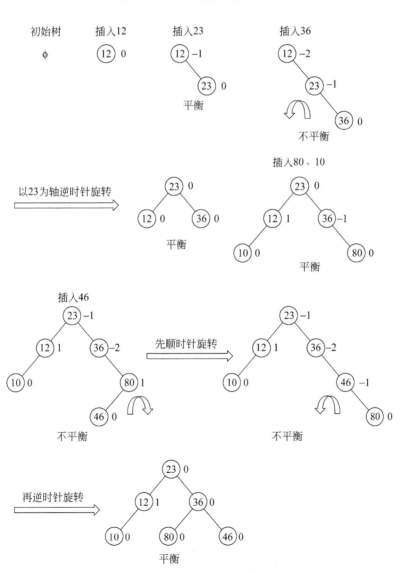

图 8.18 平衡二叉树的构造

（1）算法思路：设原二叉树平衡，插入一个节点后，将树调整到平衡的"旋转"，有以下四种情况：

① LL（顺时针）旋转，如图 8.19 所示。

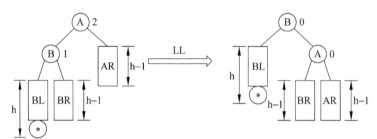

图 8.19　LL（顺时针）旋转

② RR（逆时针）旋转，如图 8.20 所示。

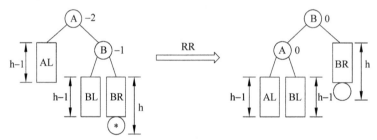

图 8.20　RR（逆时针）旋转

③ LR（先顺时针、再逆时针）旋转，如图 8.21 所示。

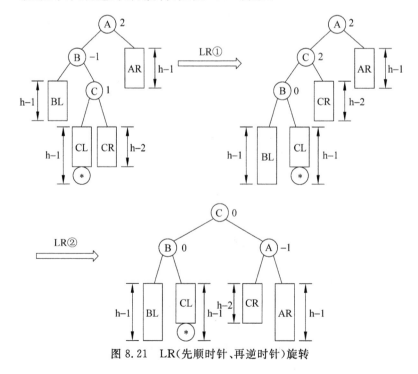

图 8.21　LR（先顺时针、再逆时针）旋转

④ RL(先逆时针、再顺时针)旋转,如图 8.22 所示。

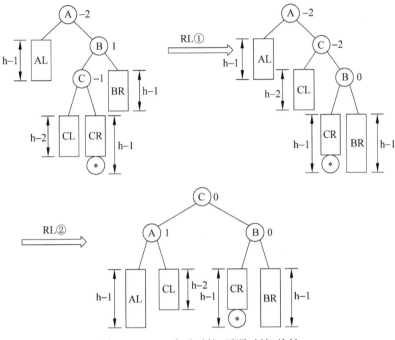

图 8.22 RL(先逆时针、再顺时针)旋转

编写构造平衡二叉排序树算法时,建树函数类似于 creartBST(),只是对于新的 s 节点加上 s->BF=0(即令新节点的 BF=0)。关键是更改插入算法 BSTinsert(T,s),在寻找 s 节点的插入位置时,令一指针 sa 指向离 s 节点最近且 BF≠0 的节点;修改自 sa 到 s 节点路径上所有点的 BF。之后判定 sa 的|BF|是否大于 1,若是,则调用四种旋转之一来使树保持平衡。否则说明插入后依然平衡,插入结束。由于无论是插入后平衡与否,算法执行完毕后 sa 的树高不会有变化,所以对于 sa 之上的节点不用修改 BF。

(2) 算法描述。

```
typedef struct Anode                        //平衡二叉树节点结构
{   retype data;
    int BF;                                 //平衡因子
    struct Anode *Lchild;
    struct Anode *Rchild;
}AVLnode, *ABSP;
ABSP LL(ABSP a)
//对照图 8.19 的旋转,使指针 a 所指子树调整至平衡
{   ABSP b=a->Lchild;                       //b 为 a 的左子,调整后为子树的根
    a->Lchild=b->Rchild;
    b->Rchild=a;
    b->BF=a->BF=0;                          //a、b 的 BF 置 0
    return(b);                              //返回新子树的根
}
```

```
ABSP RR(ABSP a)
//对照图 8.20 的旋转,使指针 a 所指子树调整至平衡,算法与 LL 对称
{   ABSP b=a->Rchild;
    a->Rchild=b->Lchild;
    b->Lchild=a;
    b->BF=a->BF=0;
    return(b);
}
ABSP LR(ABSP a)
//对照图 8.21 的旋转,使指针 a 所指子树调整至平衡
{   ABSP b=a->Lchild,c=b->Rchild;                   //b、c 分别按图示取点
    a->Lchild=c->Rchild;
    b->Rchild=c->Lchild;
    c->Lchild=b;
    c->Rchild=a;                                    //调整为平衡结构
    switch(c->BF)
    {   case 1: a->BF=-1; b->BF=0; break;           //新节点在 c 左子上
        case-1: a->BF=0; b->BF=-1; break;           //新节点在 c 右子上
        case 0: a->BF=b->BF=0; break;               //c 就是新节点
    }
    c->BF=0;                                        //c 的 BF 置 0
    return(c);                                      //返回新子树的根
}
ABSP RL(ABSP a)
//对照图 8.22 的旋转,使指针 a 所指子树调整至平衡,算法与 LR 对称
{   ABSP b=a->Rchild,c=b->Lchild;
    a->Rchild=c->Lchild;
    b->Lchild=c->Rchild;
    c->Lchild=a;
    c->Rchild=b;
    switch(c->BF)
    {   case 1: a->BF=0;b->BF=-1;break;
        case-1 : a->BF=-1;b->BF=0;break;
        case 0: a->BF=b->BF=0;break;
    }
    c->BF=0;   return(c);
}
ABSP AVLInsert(ABSP T,ABSP s)
//平衡二叉树的插入算法,T、s 分别是根节点和待插入的节点指针;p 为主要活动指针,sa 指向
//可能不平衡的子树,q、f 分别指向 p、sa 的父节点
{   ABSP p=NULL,q=NULL,sa=NULL,f=NULL;
    int d;
    if(T==NULL)return(s);                           //空树时,s 作为根节点返回
    sa=p=T;                                         //sa、p 初始化
```

```
while(p!=NULL)                              //依次比较找 s 的插入位置
{   d=s->data.key-p->data.key;              //d 为 key 的差值
    if(d==0) return(T);                     //记录已存在
    //记下离 s 最近的 BF≠0 的节点 sa 与其父 f
    if(p->BF!=0) { sa=p; f=q; }
    q=p;                                    //记下当前 p 为 q
    if(d<0) p=p->Lchild;                    //p 走向合适子树继续寻找 s 位置
    else p=p->Rchild;
}
if(d<0)q->Lchild=s;                         //找到 s 位置后插入
else q->Rchild=s;
if(s->data.key<sa->data.key)               //s 在 sa 左子树
{   p=sa->Lchild;                          //p 指向 sa 左子
    q=p;                                    //用 q 记下 sa 左子
    sa->BF+=1;                              //修改 sa->BF
}
else                                        //s 在 sa 右子树
{   p=sa->Rchild;
    q=p;
    sa->BF-=1;
}
while(p!=s)                                  //修改从 sa 到 s 之间所有点的 BF
    if(s->data.key<p->data.key)<0)
    {   p->BF=1;
        p=p->Lchild;
    }
    else
    {   p->BF=-1;
        p=p->Rchild;
    }
switch(sa->BF)                              //根据不同的情况选择旋转方式
{   case 2:
        switch(q->BF)
        {   case 1: p=LL(sa);break;
            case -1: p=LR(sa);break;
        }
        //用返回的新节点取代原 sa
        if(f==NULL) T=p;                    //sa 原为根
        else if(f->Lchild==sa) f->Lchild=p; //sa 原为 f 左子
        else f->Rchild=p;                   //sa 原为 f 右子
        break;
    case -2 :
        switch(q->flag)
        {   case -1: p=RR(sa);break;
```

```
            case 1: p=RL(sa);break;
        }
        if(f==NULL)  T=p;
        else  if(f->Lchild==sa)f->Lchild=p;
        else  f->Rchild=p;
        break;
    }
    return(T);                              //返回调整之后新树的根节点
}
```

8.3.2　B—树

B—树又称基本 B 树,由 R. Bayer(贝尔)和 E. McCreight(马斯凯特)于 1970 年提出, 是构造大型文件系统索引结构的一种很有用的数据结构类型。

1. B—树的定义

一棵 m(m≥3)阶的 B—树,或为 φ(空树),或是具有下列性质的 m 叉树:

(1) 树中每个节点的子树目≤m;

(2) 除非根为叶节点,否则它至少有两棵子树;

(3) 除根节点外,所有非叶节点最少子树数目为⌈m/2⌉;

(4) 非叶节点形式:

n	P_0	k_1	P_1	k_2	⋯	k_i	P_i	k_{i+1}	⋯	k_n	P_n

其中,n 为本节点中 key(或记录)的个数;k_i(1≤i≤n)为节点的第 i 个 key,且 $k_i<k_{i+1}$,每 个 k_i 的位置还有与其对应的记录指针 rep,指向 key 为 k_i 的记录;P_i(0≤i≤n)为指向本 节点子树的指针,子树上所有 key 与 k_i、k_{i+1}均满足排序性,即:

$$k_i < P_i \text{ 所指子树上的 key} < k_{i+1}$$

从(1)、(3)可知,指针 P_i 的数目最多为 m,除根节点外,最少为⌈m/2⌉,因此⌈m/2⌉−1≤ n≤m−1。

(5) 所有叶节点在同一层上。叶节点是外部节点,或称查找失败节点,记为 F,实际 上是一个空指针。

例 8-8　一棵 5 阶 B—树,如图 8.23 所示。树中每个节点的子树数目小于或等于 5,满 足性质(1);根有两棵子树,满足性质(2);除根外,每个非叶节点子树数目至少为⌈5/2⌉=3, 满足性质(3);显然满足性质(4)和(5),所以它为一棵 5 阶 B—树。

2. B—树的特点

(1) 平衡:B—树中,任一节点的各子树的深度相等,故 B—树是一种高度平衡的多路 查找树。

(2) 高效:由于 B—树的高度平衡性,使得对树中节点的查找效率很高。

(3) 易变:对 B—树的插入、删除等操作容易实现,且插入、删除时容易保持树的

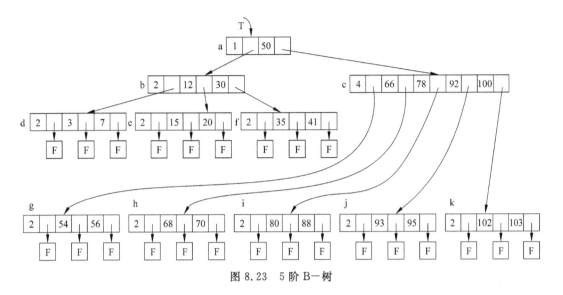

图 8.23　5 阶 B—树

特性。

（4）与硬件的相对独立：B—树结构不十分依赖于硬件环境，系统移植较为方便。

3. B—树的查找

1）算法思路

B—树的查找过程类似于二叉排序树的查找，只不过 B—树一般存储于外存储器（硬盘、磁带等）中。查找时先要打开相应 B—树所在的外存文件，从中取出要查找的节点，送到内存储器，然后在相应节点中查找所要找的记录。由于内外存数据交换依据具体的操作系统和语言工具而定，数据结构的内容不作这方面的详细讨论，故认为直接通过节点指针可存取到相应 B—树中的数据。例如对图 8.23 中 5 阶 B—树查找 k＝15 的记录的过程为：取根节点 a，因 k＜50，取 b 节点，因 12＜k＜30，取 e 节点，找到该节点中 k_i＝15 的记录，返回(p,i,1)。其中 p 为 k 所在节点的指针；i 为 k 在 p 节点中的序号（或记录序号）；"1"为查找成功的标志。再看查找失败的情况：设查找 k＝53 的记录，取根节点 a，因 k＞50，取 c 节点，因 k＜66，取 g 节点，因 k＜56，取到一个 F 节点，则说明当前树中无 k＝53 的记录，返回(q,i,0)。其中 q 为最后一次查找的非叶节点的指针；i 为 k 的相对序号，此例为 2，若插入 53，应落在 g 节点的第 2 号位置；"0"为查找失败标志。可见对 B—树的查找思路是：

（1）从根节点开始，顺指针取出相应节点；

（2）在节点内按顺序（或折半）查找所需记录。

和二叉排序树类似，B—树在查找时走了一条从根节点到待查找节点的路径。

2）算法描述

```
#define m 5                              //定义 B-树的阶
typedef struct btnode                    //B-树节点
{   int n;                               //本节点 key 的数目
    struct btnode *parent;               //指向本节点的父节点
```

```
    keytype k[m+1];                          //存放本节点中 key: (k₁ k₂…kₙ)
    retype *rep[m+1];                        //存放与 key 相对应的记录指针
    struct btnode *p[m+1];                   //指向本节点子树的指针: (P₀ P₁…Pₙ)
}Btnode, *Btree;                             //节点及节点指针说明符
typedef struct                              //查找结果
{   Btree g;                                //指向最后一次查找的非叶节点
    int i;                                  //key 相应序号
    int tag;                                //查找结果标志
}result;
result BTsearch(Btree *T,keytype k)
//在根指针为 T 的 B-树上,查找 key 为 k 的记录所在位置的算法
{   int i,j,n;
    Btree p,q;
    if(T==NULL) return(NULL,0,0);           //空树返回
    p=T;
    q=NULL;                                 //p 为当前查找节点的指针,q 为 p 之父
    while(p)
    {   n=p->n;                             //取节点中 key 的个数
        if(k>p->k[n])                       //k 大于 p 节点所有 key 时
        {   q=p;
            p=p->p[n];
            j=n+1;
        }
        else for(i=0;i<n;i++)               //找 k 的位置
        {   j=i+1;
            if(k==p->k[j]) return(p,j,1);   //查找成功,返回 k 在 p 中的位置
            if(k<p->k[j])
            {   q=p;
                p=p->p[i];
                break;
            }                               //查找相应子树
        }
    }
    return(q,j,0);          //查找失败,返回插入时,k 应在 q 节点第 j 位置
}
```

3) 算法分析

B-树的查找效率取决于以下两个因素:

(1) 包含 k 的节点在 B-树中所在的层数 l;

(2) 节点中 k_i 的个数 n。

前面提到,在文件系统中,B-树一般存入外存,而查找某节点有一个从外存向内存的存取过程,所以 k 所在节点的层数 l 越大,对外存的访问次数就越多。而对外存的存取时间远大于内存中 key 的查找时间,故因素(1)是影响 B-树查找效率的决定因素。

显然,l 最大为 B-树的深度。那么,m 阶、共有 N 个 key 的 B-树的最大深度是多少

呢？若使 B-树中每个节点含有最少量的子树,则此时树的深度达到最大。

根据 B-树的定义,若树非空,则根节点至少有 2 棵子树,即 B-树第 2 层至少有 2 个节点;第 2 层若为非叶节点层,则至少有 $2\lceil m/2 \rceil$ 棵子树,即第 3 层至少有 $2\lceil m/2 \rceil^{3-2}$ 个节点;以此类推,第 4 层至少有 $2\lceil m/2 \rceil^{4-2}$ 个节点,……,第 $1+1$ 层(叶子层)至少有 $2\lceil m/2 \rceil^{l-1}$ 个节点(叶节点),如图 8.24 所示。

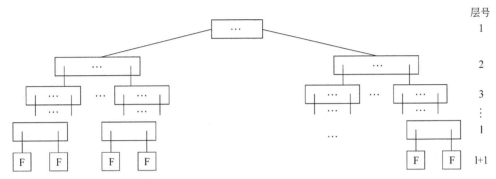

图 8.24 m 阶、含有 N 个 key 的 B-树的最大深度

另外,根据树中总的 key 个数 N 与叶节点数之间的关系,有:

$$N+1 = \text{叶节点数} \geqslant 2\lceil m/2 \rceil^{l-1}$$

或:

$$\lceil m/2 \rceil^{l-1} \leqslant (N+1)/2$$

取对数:

$$l-1 \leqslant \log_{\lceil m/2 \rceil}\left(\frac{N+1}{2}\right)$$

即:

$$l \leqslant \log_{\lceil m/2 \rceil}\left(\frac{N+1}{2}\right)+1 = \beta$$

上式说明,m 阶、含有 N 个 key 的 B-树,非叶节点的深度 $l \leqslant \beta$,即查找时访问外存的次数小于 β,故 B-树查找算法的时间复杂度 $T(m,N)=O\left(\log_{\lceil m/2 \rceil}\left(\frac{N+1}{2}\right)\right)$。

4. B-树的生成

一棵 B-树,也是从空树开始,逐个向树中插入 key(或记录)得到的,所以生成的过程实际上就是一个插入的过程。根据 B-树的定义,每个非叶节点至多有 m 棵子树,至多有 m-1 个 key;至少有 $\lceil m/2 \rceil$ 棵子树,至少有 $\lceil m/2 \rceil-1$ 个 key,故 key 的个数 C:

$$\lceil m/2 \rceil-1 \leqslant C \leqslant m-1$$

1) 在 B-树中插入一个 key 为 k 的记录的算法思路

(1) 调用查找算法 BTsearch(T,k),确定 k 所属的最低层非叶节点,返回信息(q,i,0)。

(2) 判 q 节点是否已满。若 C<m-1,将 k 插入第 i 位置即可,否则 q 点"分裂"。

B-树插入关键在于节点的分裂,即把一个节点分为两个,同时分裂出来的 key 和节点指针向高层节点插入。这种分裂可能一直进行到根节点,当根节点分裂时,树加深一层。

例 8-9　设一棵 3 阶 B—树如图 8.25 所示(略去节点中 key 数和叶子层)。

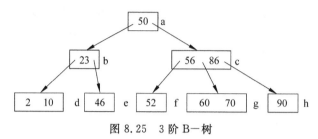

图 8.25　3 阶 B—树

因为每个节点最多有 3 棵子树,最少有 2 棵。故 3 阶 B 树又称 2-3 树。此时节点中 key 数满足:$1 \leqslant C \leqslant 2$。现依次插入 key＝26、36、84、8 的节点,过程如下:

(1)插入 k＝26:调用查找算法,返回(e,1,0),即 26 应插入 e 节点的第一位置。因为 e 节点未满,可以正常插入。

(2)插入 k＝36:36 仍然应插入 e 中。此时 e 节点的 key 数超过 2,分裂 e 节点为 e、q1 两节点,新的插入对(36,q1)向上层 b 节点插入,如图 8.26 所示。

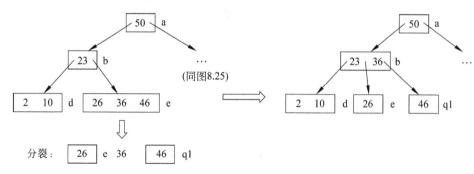

图 8.26　插入 k＝36

(3)插入 k＝84:84 应插入 g 节点中。插入后,g 中 key 大于 2 使 g 分裂,将新的插入对插入上级节点 c 后又使 c 分裂,再分裂后插入 a,如图 8.27 所示。

(4)插入 k＝8:8 应插入 d 节点,引起 d 节点、b 节点、a 节点分裂,树的深度增加一层最后的结果,如图 8.28 所示。

下面讨论一般的分裂情况。

设某 q 节点中已有 m－1 个 key(饱和),当又插入一个 key 时,节点为:

m	P_0	k_1	...	$k_{\lceil m/2 \rceil}$	$P_{\lceil m/2 \rceil}$	...	k_m	P_m

此时将 q 分裂成两个节点 q 和 q1,并分离出原 q 节点中间的 $k_{\lceil m/2 \rceil}$(设 $\lceil m/2 \rceil = m_2$):

$m_2 - 1$	P_0	k_1	...	k_{m_2-1}	P_{m_2-1}	q

$m - m_2$	P_{m_2}	k_{m_2+1}	...	k_m	P_m	q1

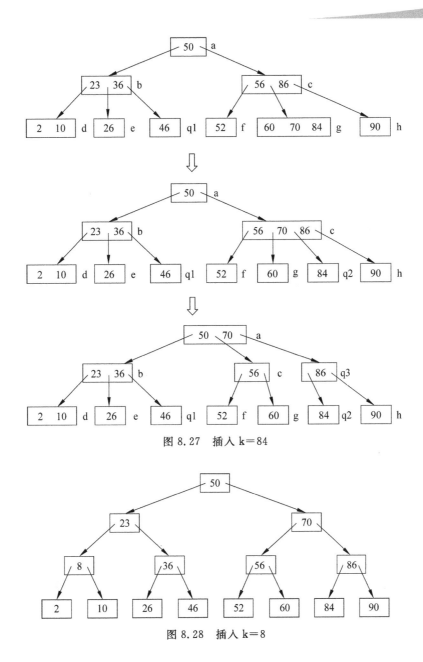

图 8.27 插入 k＝84

图 8.28 插入 k＝8

之后将插入对(k_{m2},q1)插入父节点。

2) 算法描述

```
Btree BTinsert(Btree T,int m,keytype k,retype *rp)
//在 m 阶 B-树中插入 key 为 k 的记录,rp 是与 k 相应的记录指针
{    keytype ki;
     Retype *rpi;
     Btree p,pi,q,q1;
     result r;
```

```
      int i,j,m2;
      if(T==NULL)                              //空树时
      {   T=(Btree)malloc(sizeof(BTnode));
          T->n=1;                              //根节点赋值
          T->p[0]=T->p[1]=NULL;
          T->k[1]=k;
          T->rep[1]=rp;
          return(T);                           //返回根节点
      }
      ki=k;rpi=rp;pi=NULL;                     //形成插入对
      r=BTsearch(T,k);                         //查找 k
      if(r.tag==1) return(T);                  //k 已存在,退出
      q=r.g;i=r.i;                             //取插入位置
      do
      {   kpinsert(q,i,ki,rpi,pi);             //插入当前插入对
          (q->n)++;                            //节点数加 1
          if(q->n<=m-1) return(T);             //无分裂时结束
          //有分裂时:
          m2=m/2;
          if(m%2==1)m2++;                      //取「m/2」
          q1=(Btree)malloc(sizeof(BTnode));    //生成分裂产生的新节点
          q->n=m2-1;q1->n=m-m2;                //设置分裂后节点的 key 数
          ki=q->k[m2];rpi=q->rep[m2];pi=q1;    //生成新的插入对
          for(i=m2+1,j=1;i<=m;i++,j++)         //将 q 后半部分数据写入新节点
          {   q1->k[j]=q->k[i];
              q1->rep[j]=q->rep[i];
          }
          for(i=m2,j=0;i<=m;i++,j++)           //将 q 后半部分子树写入新节点
          { q1->p[j]=q->p[i];q1->p[j]->parent=q1;}
          if(q->parent)                        //q 非根时
          {   q=q->parent;
              i=search(q,ki);                  //找当前插入对在父节点中的位置
          }
          else
          {   p=(Btree)malloc(sizeof(BTnode)); //生成新根节点
              p->n=1;
              p->p[0]=q;
              p->k[1]=ki;
              p->rep[1]=rpi;
              p->p[1]=q1;                      //新的根节点赋值
              T=p;
              return(T);                       //返回新根
          }
      }while(1);                               //持续循环插入直到满足条件
  }
```

插入算法的时间复杂度同查找算法。

5. B—树中节点的删除

删除 B—树中 key 为 k 的记录的方法如下:

(1) 调用查找算法找到 k 所在位置。

(2) 若 k 落在最底层非叶节点时,从 q 节点中删除 k,若 q 节点中 key 数大于 $\lceil m/2 \rceil - 1$,那么删除后,key 数至少有 $\lceil m/2 \rceil - 1$ 个,满足 B—树性质,删除工作完成;若删除后小于 $\lceil m/2 \rceil - 1$,那么就要进行"合并",即将 q 的父节点中的一个 key 拉下来,与 q 的左兄弟(或右兄弟)合并成一个节点(若合并节点 key 数过多则"调整")。这时可能又引起父节点 key 数过少,则继续向上合并。这样合并可能一直持续到根节点,如果根节点被拉下来合并,则树减少一层。

(3) 若 k 不是位于最底层非叶节点,设 k 等于 q 节点中的 k_i,就将 k_i 与 P_i 所指子树中最小的 key 交换位置。此时,k_i 一定在 P_i 子树的最左边,而且是最低层非叶节点,然后进行第(2)步,删除此时的 k_i。例如图 8.25 中,如果要删除 50 就要将 50 与 52 互换,之后删除 50 即可。

经过上面分析,删除的关键是第(2)步。

例 8-10 在图 8.25 的 3 阶 B—树中,依次删除 k=10、52、56、46 的过程如下:

(1) 删除 k=10:k 所在的节点 key 数为 2,删除后满足 3 阶 B—树特征,删除结束。

(2) 删除 k=52:删除 k 后,所在的节点 key 数为 0,不满足要求,所以将父节点的 56 拉下来与右兄弟合并:

56	60	70

但如此合并后,此节点 key 数大于 2,故进行调整,结果如图 8.29 所示。

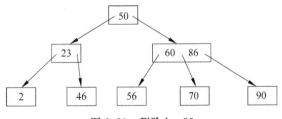

图 8.29 删除 k=52

(3) 同理,删除 k=56、46 后,B—树结构分别如图 8.30 和图 8.31 所示。

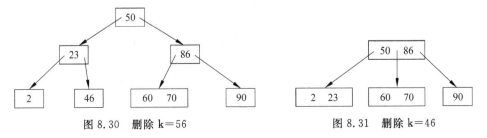

图 8.30 删除 k=56 图 8.31 删除 k=46

B—树的删除算法请读者对照所讨论的思路自行设计,这里不再详述。

8.3.3   B＋树和B＊树

1. B＋树

B＋树是B—树的变形,目的在于有效地组织文件的索引结构。一棵m阶的B＋树与B—树的差异主要有以下几处。

(1)B＋树节点形式。

n	P_1	k_1	P_2	k_2	⋯	P_n	k_n

其中,n为节点中key的个数(也是指针数);P_i、k_i($1 \leqslant i \leqslant n$)分别为子树指针和记录的key。对于($P_i$,$k_i$),指针$P_i$所指的子树中所有记录的key小于等于$k_i$。

(2)最底层节点中包含了所有记录的key及指向相应记录的指针rep,而且该层的节点形成一个链表,一般将这一层称为数据层。

(3)除最低层外,其余都是索引层,它们包含了对应子树中key最大值的信息。

例8-11   一棵3阶B＋树如图8.32所示。其中,t为B＋树的根节点指针,另一指针st指向数据层的单链表;该B＋树的第1、2层为索引层,如根节点的"60"和"90"分别为相应子树的最大key值。

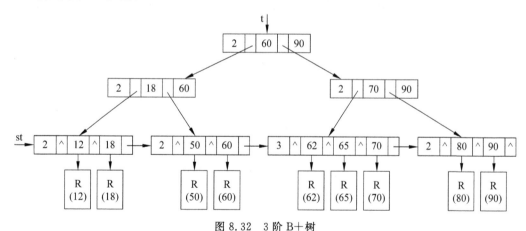

图8.32   3阶B＋树

对B＋树的查找有两种方法:

(1)顺序查找:类似单链表的查找。对给定的k从st开始依次在链表中顺序查找。

(2)随机查找:类似B—树的查找。对给定的k,从根节点t开始,当k小于或等于某个key时,沿相应子树继续查找。因为B＋树中除最后一层为数据层外其余都是索引层,所以即使中途有key值已经相等,查找也要继续到数据层为止。

如图8.32的B＋树,若要查找k＝70的记录,首先在根节点中找到k＜90,再向相应子树寻找,找到(第2层)k＝70,于是再继续查找相应数据层,找到key＝70的记录,如果没有,那么查找失败。

B+树的插入删除操作基本与B—树相同,但涉及如何构造索引结构的问题,读者可参阅相关书籍,不再详述。

2.B＊树

在 m 阶 B—树中每个节点最多可容纳 m−1 个记录,但最少只存放 $\lceil m/2 \rceil -1$ 个记录,故存储空间的利用率一般较低,约50%。另外节点数目增加时树的深度就会增加,这无疑也增加了树的查找次数。如果让节点装满 2/3,则空间利用率可达到 60% 以上,树的高度也不至于增加过快。B＊树就是根据这些因素提出的一种 B—树的变形。

m 阶 B＊树的定义:一棵 m 阶 B＊树或者为空,或者是具有以下性质的 m 叉树:

(1) 除根节点和叶节点外,每个点的子树数目不超过 m,不少于 $\lceil 2m/3 \rceil$;

(2) 根节点至少有两棵子树,最多有 $\lceil 4m/3 \rceil$ 棵子树;

(3) 节点的类型和 key 的排序性同 B—树;

(4) 所有叶节点在同一层上。

例 8-12　一棵 4 阶 B＊树如图 8.33 所示。

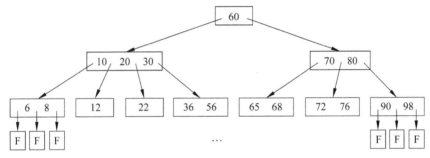

图 8.33　4 阶 B＊树

B＊树的查找与 B—树相同,但插入与删除操作引起节点的"分裂"和"合并"要稍微复杂些。另外,之所以定义根节点最多可含 $\lceil 4m/3 \rceil$ 棵子树,是因为当引起根节点的分裂时,在新根的两个孩子节点中保证子树的数目仍然满足 m 阶 B＊树的特性。

8.4　Hash 表的查找

8.4.1　Hash 表的含义

Hash 表,又称散列表、杂凑表。在前面讨论的顺序查找、折半查找、分块查找和树表的查找中,其平均查找长度 ASL 的量级在 $O(n) \sim O(\log_2 n)$ 之间(B—树为 $O\left(\log_{\lceil m/2 \rceil}\left(\dfrac{N+1}{2}\right)\right)$)。可以看出,不论 ASL 在哪个量级,都与记录长度 n 有关。随着 n 的扩大,算法的效率会越来越低。ASL 与 n 有关是因为记录在存储器中的存放是随机的,或者说记录的 key 与记录的存放地址无关,因而这种查找只能建立在 key 的"比较"基础上。

理想的查找方法是：对给定的 k，不经任何比较，一次便能获取所需的记录，其查找的时间复杂度为常数级 O(c)。这就要求在建立记录表的时候，确定记录的 key 与其存储地址之间的关系 f，即使 key 与记录的存放地址 H 相对应：

$$key \xrightarrow{\quad f \quad} H \boxed{\text{记录}}$$

或者说，记录按 key 存放。之后，当要查找 key＝k 的记录时，通过这个关系 f 就可得到相应记录的地址而获取记录，从而免去了查找时 key 的比较过程。这个关系 f 就是所谓的 Hash 函数（或称散列函数、杂凑函数），记为 H(key)。它实际上是一个地址映像函数，其自变量为记录的 key，函数值为记录的存储地址（或称 Hash 地址）。

另外，对不同的 key 可能得到同一个 Hash 地址，即当 $key_1 \neq key_2$ 时，可能有 $H(key_1)＝H(key_2)$，此时称 key_1 和 key_2 为同义词。这种现象称为"冲突"或"碰撞"，因为一个数据单位只可存放一条记录。一般，选取 Hash 函数只能做到使冲突尽可能少，却不能完全避免冲突的发生。这就要求在出现冲突之后，要寻求适当的方法来解决冲突记录的存放问题。

例 8-13 设记录的 key 集合为 C 语言的一些保留字，即 k＝{case、char、float、for、int、while、struct、typedef、union、goto、viod、return、switch、if、break、continue、else}，当要构造关于 k 的一个 Hash 表时，可按不同的方法选取 H(key)。

(1) 令 $H_1(key)＝key[0]－'a'$，其中 key[0] 为 key 的第一个字符。

显然这样选取的 Hash 函数冲突现象比较频繁。如 $H_1(float)＝H_1(for)＝'f'－'a'＝5$。寻求解决冲突的方法之一是为"for"寻求另一个有效位置。

(2) 令 $H_2(key)＝(key[0]＋key[i－1]－2*'a')/2$。其中 key[0] 和 key[i－1] 分别为 key 的第一个和最后一个字符。如 $H_2(float)＝('f'＋'t'－2*'a')/2＝12$，$H_2(for)＝('f'＋'r'－2*'a')/2＝11$，从而消除了一些冲突的发生，但仍无法完全避免，如 $H_2(case)＝H_2(continue)$。

综上所述，对 Hash 表的含义描述如下：

根据选取的 Hash 函数 H(key) 和处理冲突的方法，将一组记录 $(R_1 R_2 \cdots R_n)$ 映像到记录的存储空间，所得到的记录表称为 Hash 表，如图 8.34 所示。

图 8.34 构造 Hash 表

所以对 Hash 表的讨论关键是两个问题：一是选取 Hash 函数的方法；二是确定解决冲突的方法。

8.4.2 Hash 函数的构造方法

构造(或选取)Hash 函数的方法很多,原则是尽可能将记录均匀地分布到 Hash 表的存储空间,以减少冲突现象的发生。以下介绍几种常用的构造方法。

1. 直接地址法

此方法是取 key 的某个线性函数为 Hash 函数,即令:

$$H(key) = a \cdot key + b$$

其中 a、b 为常数,也称此时的 H(key)为直接 Hash 函数或自身函数。H(key)的取值称为直接地址。

例 8-14 设某地区 1~100 岁的人口统计表如表 8.1 所示。

表 8.1 人口统计表

记录	R_1	R_2	...	R_{25}	...	R_{100}
岁数	1	2	...	25	...	100
人数	3000	2500	...	20 000	...	10

设给定的存储空间为(b+1)~(b+100)号单元(b 为单元的起始地址),每个单元可以存放一条记录 R_i(1≤i≤100)。取"岁数"为 key,令:

$$H(key) = key + b$$

则按此函数构造的 Hash 表如图 8.35 所示。

当 Hash 表构造好后,若查找某个岁数的人口,通过 H(key)便可得到该人口数据,如查找 25 岁的人口,取 H(key)=b+25,该地址单元便是要查找的内容。直接地址不是压缩映像,即用直接地址法产生 Hash 函数时,要求 key 集与地址集的大小相等,所以不同的 key 之间无冲突现象发生。显然用直接地址方法选取 Hash 函数受到很大的限制,因为 key 的取值范围一般远大于表的地址空间。

地址	岁数	人数
b+1:	1	3000
b+2:	2	2500
⋮	⋮	⋮
b+25:	25	20 000
⋮	⋮	⋮
b+100:	100	10

图 8.35 例 8-14 的 Hash 表

2. 数字分析法

设 key 以 r 为基数,r=10,则 key 为十进制数;r=8,key 为八进制数;r=26,key 就是英文单词这样的字符串等。又设记录 key 集合事先给定,在此条件下,可用数字分析法产生 H(key),即选取其中随机性较好的若干位作为 H(key)。

例 8-15 设记录数等于 80,记录的 key 为 6 位十进制数,即 key=(k_1 k_2 k_3 k_4 k_5 k_6)$_{10}$,k_i(1≤i≤6)=0|1|2|…|9。另设表长为 100,地址空间为 00~99,则可令:

$$H(kcy) - k_i k_j$$

其中 k_i、k_j 为 key 中的某两位。具体取哪两位呢?要进行具体的"分析",原则是使这 80 个记录能较均匀地分布。例如这 80 个记录的 key 如表 8.2 所示。

表 8.2 记录 key

k_1	k_2	k_3	k_4	k_5	k_6
2	3	1	5	8	6
2	4	2	3	4	6
2	3	3	7	9	6
2	3	9	8	8	6
…	…	…	…	…	…
2	4	5	7	8	6
2	3	4	2	9	6

其中，k_1、k_2 和 k_6 不可取，否则冲突现象太严重；k_5 的随机性也不理想；而 k_3、k_4 的随机性较好，故取 $H(key)=k_3k_4$。于是，在构造 Hash 表时，$key=23\underline{15}86$ 的记录被映像到"15"号单元，$key=24\underline{23}46$ 的记录被映像到"23"号单元，以此类推。

此方法的使用也受到一定的限制，原因是当记录是动态产生的时候，事先无法得到一个记录表，因而无法进行"分析"。即使能进行分析，也可能存在 key 中任何位随机性都不太理想的情况。如记录 $R_1 \sim R_{10}$ 的 key 中，k_1k_2 的随机性不太好，而 k_3k_4 较好，但可能从 $R_{11} \sim R_{20}$ 时，情况又反过来了，使得确定 $H(key)$ 变得更困难。

3. 平方取中法

当取 key 中某些位为 Hash 地址而不能使记录均匀分布时，根据数学原理，取 $(key)^2$ 中的某些位可能会比较理想，所以平方取中法中，令：

$$H(key) = (key^2_{1 \sim 1+r})$$

即取 $(key)^2$ 中从左数第 1 位到第 $1+r$ 位为选取的 Hash 函数，r 具体多大，视给定的存储空间而定。

例 8-16 设 Hash 表地址空间为 $000 \sim 999$（r 取 3）。对一组随机性不好的 key，按平方取中法选取的 $H(key)$ 如表 8.3 所示（令 $l=3$，其中 l 表示起始位置、取中，即取从第 1 位到 $l+r$ 位）。从表 8.3 可以看出，$H(key)$ 的随机性比 key 要好得多，从而使冲突现象减少。

表 8.3 平方取中法

Key	$(key)^2$	$H(key)$	Key	$(key)^2$	$H(key)$
0100	00 100 00	100	1001	10 020 01	020
0110	00 121 00	121	0111	00 123 21	123
1010	10 201 00	201			

4. 叠加法

此方法是将 key 分割成位数相同的几部分（最后一部分位数可以不同），然后取这几部分的叠加值作为选取的 $H(key)$。该方法又分为移位叠加和间界叠加，前者是将分割后的每部分低位对齐,然后相加;后者是沿分割时的分割线来回折叠,然后对齐相加。

例 8-17 设图书记录:(ISBN,书名,作者,种类,出版日期,…),其中 ISBN 为图书的国际标准编号,它是带分隔符的十进制数,可以取 ISBN 为图书记录的 key,建立图书记录的 Hash 表。

当图书种类少于 10 000 时,地址空间取 0000~9999,可用叠加法构造一个值为 4 位的 Hash 函数,例如某图书的 ISBN=7-04-005265-2,从低位起,每 4 位分隔。

$$7-0 \mid 4-005 \mid 265-2$$

移位叠加:

$$
\begin{array}{r}
2652 \\
4005 \\
+\quad 70 \\
\hline
6727
\end{array}
$$

即 H(7-04-005265-2)=6727,亦即该书对应的记录被映像到表的 6727 号单元。

间界叠加:

$$
\begin{array}{r}
2652 \\
5004 \\
+\quad 70 \\
\hline
7726
\end{array}
$$

即用间界叠加时,该书对应的记录被映像到 7726 号单元。

5. 保留除数法

此方法又称质数除余法,设 Hash 表空间长度为 m,选取一个不大于 m 的最大质数 p,令:

$$H(key) = key \% p$$

例如:

$$m=8 \quad 16 \quad 32 \quad 64 \quad 128 \quad 256 \quad 512 \quad 1024$$
$$p=7 \quad 13 \quad 31 \quad 61 \quad 127 \quad 251 \quad 503 \quad 1019$$

为何选取 p 为不大于 m 的最大质数呢?下面举例说明。

例 8-18 设记录的 key 集合 k={28,35,63,77,105,…},若选取 p=21=3*7(包括质数因子 7),有:

$$key: \quad 28 \quad 35 \quad 63 \quad 77 \quad 105 \quad \cdots$$
$$H(key) = key \% p: \quad 7 \quad 14 \quad 0 \quad 14 \quad 0 \quad \cdots$$

使得包含质数因子 7 的 key 都可能被映像到相同的单元,冲突现象严重。若取 p=19(质数),同样对上面给定的 key 集合 k,有:

$$key: \quad 28 \quad 35 \quad 63 \quad 77 \quad 105 \quad \cdots$$
$$H(key) = key \% p: \quad 9 \quad 16 \quad 6 \quad 1 \quad 10 \quad \cdots$$

H(key)的随机性就好多了。

6. 随机函数法

算法语言中一般都提供了一些随机函数,因而可令:

$$H(key) = c * random(key)$$

其中 random(key)为相应于 key 的一个随机函数；c 为一个常数，选取相应的 c 值使得 H(key)符合 Hash 地址的要求。当 key 长度不一时，用此方法选取 Hash 函数是合适的。

以上介绍了选取 Hash 函数的 6 种方法。可以看出，选取 Hash 函数要考虑的因素为：

（1）key 的长度、类型以及分布的情况；

（2）给定的 Hash 表表长 m；

（3）记录的查找效率等。

通常是几种方法结合使用，目的是使记录更好地均匀分布，减少冲突的发生。

8.4.3 处理冲突的方法

上节谈到，选取随机性好的 Hash 函数可使冲突减少，但一般来讲不能完全避免冲突。因此，如何处理冲突是 Hash 表不可缺少的另一方面。

设 Hash 表地址空间为 0～(m−1)(表长为 m)。冲突是指：表中某地址 $j \in [0, m-1]$ 中已存放有记录，而另一个记录的 H(key)值也为 j。处理冲突的方法一般为：在地址 j 的前面或后面找一个空闲单元存放冲突的记录，或将相冲突的诸记录拉成链表。

在处理冲突的过程中，可能发生一连串的冲突现象，即可能得到一个地址序列 H_1、H_2、…、H_n，$H_i \in [0, m-1]$。H_1 是冲突时选取的下一地址，而 H_1 中可能已有记录，又设法得到下一地址 H_2，……，直到某个 H_n 不发生冲突为止。这种现象称为"聚积"，它严重影响了 Hash 表的查找效率。

冲突现象的发生有时并不完全是由于 Hash 函数的随机性不好引起的，聚积的发生也会加重冲突。还有一个因素是表的装填因子 α，$\alpha = n/m$，其中 m 为表长，n 为表中记录个数。一般 α 在 0.7～0.8 之间，使表保持一定的空闲余量，以减少冲突和聚积现象。

处理冲突的方法也有多种，下面我们讨论其中两种较常用的方法。

1. 开放地址法

该方法的思路是：当发生冲突时，在 H(key)的前后找一个空闲单元来存放冲突的记录，即在 H(key)的基础上获取下一地址：

$$H_i = (H(key) + d_i) \% m$$

其中 m 为表长，取 % 运算是保证 H_i 落在 [0, m−1] 区间内；d_i 为地址增量。d_i 的取法有多种：

（1）$d_i = 1, 2, 3, \cdots, (m-1)$——称为线性探查法；

（2）$d_i = 1^2, -1^2, 2^2, -2^2, \cdots$——称为二次探查法。

（1）、（2）表示：第 1 次发生冲突时，地址增量 d_1 取 1 或 1^2；再冲突时，d_2 取 2 或 -1^2，……，以此类推。

例 8-19 设记录的 key 集合 k＝{23,34,14,38,46,16,68,15,07,31,26}，记录数 n＝11。令装填因子 $\alpha = 0.75$，取表长 $m = \lceil n/\alpha \rceil$。用"保留余数法"选取 Hash 函数(p=13)：

$$H(key) = key \% 13$$

采用"线性探查法"解决冲突。依据以上给定的条件,依次取 k 中各值构造的 Hash 表 HT,如图 8.36 所示(表 HT 初始为空)。其中 key=07 的记录进入表时发生了 2 次冲突。因 H(07)=7,而第 7 号单元已被"46"占用,选取 $H_1=(7+1)\%13=8$,第 8 号单元又被"34"占用,选取 $H_2=(7+2)\%13=9$,故"07"进入第 9 号单元。

HT: 26 14 15 16 68 31 ∧ 46 34 07 23 ∧ 38 ∧ ∧
H(key): 0 1 2 3 4 5 6 7 8 9 10 11 12 13 14

图 8.36　线性探查法的 Hash 表

若采用"二次探查法"解决冲突,依次取 k 中各值构造的 Hash 表如图 8.37 所示。其中 07 进入表时也发生了两次冲突,但最后进入的是第 6 号单元。因为按二次探查法 $H_1=(7+1^2)\%13=8$,$H_2=(7-1^2)\%13=6$。

HT: 26 14 15 16 68 31 07 46 34 ∧ 23 ∧ 38 ∧ ∧
H(key): 0 1 2 3 4 5 6 7 8 9 10 11 12 13 14

图 8.37　二次探查法的 Hash 表

2. 链地址法

该方法的思路是:当发生冲突时,将各冲突记录链在一起,即所有 key 为同义词的记录存储于同一线性链表中。

设 H(key)的取值范围(值域)为[0,m-1],建立一个头指针向量 HP[m],HP[i]($0\leqslant i\leqslant m-1$)的初值为空。凡 H(key)=i 的记录都链入头指针为 HP[i]的链表中。

例 8-20　设 H(key)=key%13,其值域为[0,12],建立指针向量 HP[13]。对例 8-19 中的 key 集合 k,依次取其中各值,采用链地址法解决冲突时的 Hash 表如图 8.38 所示。

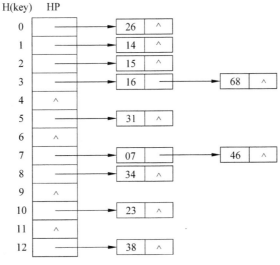

图 8.38　链地址法的 Hash 表

用链地址法解决冲突的 Hash 表有如下优点：无聚积现象；删除表中的记录容易实现。而对开放地址法的 Hash 表作删除操作时，不能将记录所在单元置空，只能作删除标记。

解决冲突的方法还有"再 Hash 法"和"建立公共溢出区法"。前者是当冲突发生时，另选取一个 Hash 函数来获取下一地址；后者是建立两个 Hash 表的存放区：基本区和溢出区，无冲突发生时，记录进入基本区，而将冲突的记录都存入溢出区。

8.4.4　Hash 表的查找及分析

Hash 表的查找特点是：怎么构造的表就怎么查找，即造表与查找过程统一。

查找算法思路是：对给定的记录 key 值 k，根据造表时选取的 H(key)求 H(k)。若 H(k)单元为空，则查找失败，否则 k 与该单元存放的 key 比较，若相等，则查找成功；若不等，则根据设定的处理冲突方法，找下一地址 H_i，直到查找到某地址单元的 key 等于 k 或等于空为止。

1. 线性探查法解决冲突时 Hash 表的查找及插入

```
#define m 16                                    //设定表长 m=16
typedef struct
{   keytype key;                                //记录关键字
    ⋮
}Hretype;
Hretype HT[m];                                  //Hash 表存储空间
int Lhashsearch(Hretype HT[m],keytype k)        //线性探查法解决冲突时的查找算法
{   int j,d,i=0;
    j=d=H(k);                                   //求 Hash 地址并赋给 j 和 d
    while((i<m)&&(HT[j].key!=NULL)&&(HT[j].key!=k))
    {   i++;
        j=(d+i)%m;                              //冲突时形成下一地址
    }
    if(i==m) return(-1);                        //表溢出时返回-1
    else return(j);      //j 为最后一次查找的单元地址,若 HT[j].key==k,则查找成功;
                         //若 HT[j].key==NULL,则查找失败
}
void LHinsert(Hretype HT[m],Hretype R)          //将记录 R 插入 Hash 表的算法
{   int j;
    j=LHashsearch(HT,R.key);                    //查找记录 R,确定其位置
    if((j==-1)||(HT[j].key==R.key)) error();    //表溢出或记录已存在时的处理
    else HT[j]=R;                               //插入记录于 HT[j]单元
}
```

2. 链地址法解决冲突时 Hash 表的查找及插入

```
typedef struct node                          //记录对应的节点
{   keytype key;
    ⋮
    struct node *next;
}Renode;
Renode *LinkHsearch(Renode *HT[m],keytype k) //链地址法解决冲突时的查找算法
{   Renode *p;
    int d;
    d=H(k);                                  //求 Hash 地址并赋给 d
    p=HT[d];                                 //取链表头节点指针
    while(p&&(p->key!=k))
        p=p->next;                           //冲突时取下一同义词节点
    return(p);                               //查找成功时 p->key==k,否则 p= ∧
}
void LinkHinsert(Renode *HT[m],Renode *S)    //将指针 S 所指记录插入表 HT 的算法
                                             //(如图 8.39 所示)
{   int d;
    Renode *p;
    p=LinkHsearch(HT,S->key);                //查找 S 节点
    if(p) error();                           //记录已存在时的处理
    else
    {   d=H(S->key);
        S->next=HT[d];
        HT[d]=S;
    }
}
```

链地址法解决冲突时,Hash 表的插入如图 8.39 所示。

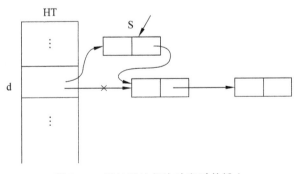

图 8.39　链地址法解决冲突时的插入

3. Hash 表的查找算法分析

从 Hash 表的查找算法中可以看出以下两点：

（1）虽然记录 key 与记录地址之间建立了映像关系，但由于"冲突"的发生，使查找记录需要少量的比较，故仍以平均查找长度 ASL 衡量 Hash 表的查找效率。

（2）ASL 取决于 H(key)、处理冲突的方法以及装填因子的选取等因素。但在假定 H(key)能使记录较均匀分布的情况下，ASL 主要取决于处理冲突的方法。因为原本无冲突的记录由于以前冲突的发生，也得按照冲突现象来处理，无疑影响了 Hash 表的查找效率。

例 8-21 设按 H(key)＝key%11，处理冲突方法为"线性探查法"组织起来的 Hash 表 HT_1 如图 8.40 所示（记录数 n＝8，表长 m＝12）。其中 C 为查找某记录 key 的比较次数。如查找 key＝17 的记录：H(17)＝17%11＝6，第 6 单元 key≠17，查找了 1 次；求 H_1＝(6+1)%12＝7，第 7 单元 key≠17，查找了 2 次；求 H_2＝(6+2)%12＝8，第 8 单元 key＝17，查找了 3 次，此时，C＝3。若查找概率均等，则查找该表的平均查找长度为：

$$ASL = \sum_{i=1}^{8} P_i C_i = \frac{1}{8}(1*4+2*2+3+4) \approx 1.9(次)$$

HT_1:	22	33	∧	14	25		6	18	17	28	∧	∧
H(key):	0	1	2	3	4	5	6	7	8	9	10	11
C:	1	2		1	2		1	1	3	4		

图 8.40 用"线性探查法"组织的 Hash 表

例 8-22 设按 H(key)＝key%11，处理冲突方法为"二次探查法"组织起来的 Hash 表 HT_2，如图 8.41 所示（记录数 n＝8，表长 m＝12）。查找 key＝17 的记录此时仍为 3 次："H(17)＝6"——1 次，"H_1＝(6+1^2)%12＝7"——2 次，"H_2＝(6-1^2)%12＝5"——3 次，故此例的 ASL 也约为 1.9 次。

HT_2:	22	33	∧	14	25	17	6	18	38	∧	∧	∧
H(key):	0	1	2	3	4	5	6	7	8	9	10	11
C:	1	2		1	2	3	1	1	4			

图 8.41 用"二次探查法"组织的 Hash 表

例 8-23 设按 H(key)＝key%11，处理冲突方法为"链地址法"组织起来的 Hash 表 HT_3，如图 8.42 所示。表 HT_3 中，查找 key＝33、25、28、18 这 4 个记录的查找次数为 1；查找 key＝22、14、17 这 3 个记录的查找次数为 2；查找 key＝6 的记录时，查找次数为 3，故此例：

$$ASL = \frac{1}{8}(1*4+2*3+3) \approx 1.6(次)$$

一般，设 Hash 表的装填因子为 α，采用线性、二次探查法及链地址法解决冲突时，查找成功的平均查找长度分别用公式表示如下：

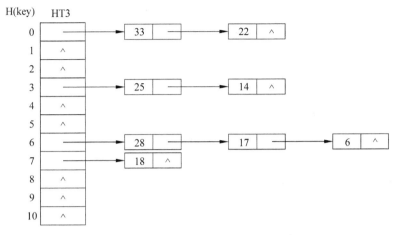

图 8.42 用"链地址法"组织的 Hash 表

线性探查法:

$$\mathrm{ASL}_1 \approx \frac{1}{2}\left(1+\frac{1}{1-\alpha}\right)$$

二次探查法:

$$\mathrm{ASL}_2 \approx -\frac{1}{\alpha}\ln(1-\alpha)$$

链地址法:

$$\mathrm{ASL}_3 \approx 1+\frac{\alpha}{2}$$

上述公式的推导,请读者参阅有关书籍与资料,此处不再详述。

本 章 小 结

本章知识逻辑结构如下图:

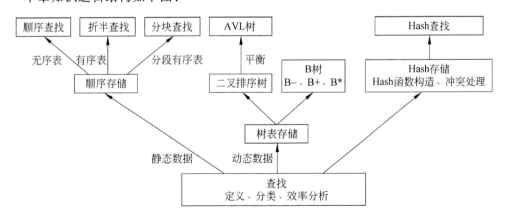

习　题　8

8-1　若顺序表中的记录是按 key 降序排列的,试给出相应的顺序查找算法,并分析在查找成功及查找失败时的平均查找长度。

8-2　若记录集合采用单链表进行存储,给出相应的折半查找算法。

8-3　已知一个线性表 L = {Dec, Feb, Nov, Oct, June, Sept, Aug, Apr, May, July, Jan, Mar}
　　(1) 依次取表 L 中各元素,构造一棵二叉排序树;
　　(2) 若各元素查找概率相等,给出该二叉排序树的平均查找长度。

8-4　从空树开始,给出向一个 3 阶 B—树插入关键字 20,30,50,52,60,68,70 的建树过程。

8-5　根据题 8-4 所建立的 B—树,给出依次删除关键字 50、68 的过程。

8-6　对于题 8-3 中给出的序列,采用 Hash 函数 $H(x)=\lfloor i/2 \rfloor$(i 为元素的第一个字母在字母表中的序号)把它们映射到地址区间为 0~16 的表中,并采用链地址法解决冲突,给出相应的 Hash 表。

第9章 排　　序

本章讨论数据结构中另一个重要的操作——排序(或分类),包括排序的定义、各种排序的方法和算法实现、时间复杂度分析以及外部排序概述等内容。本章各小节之间的关系如下图:

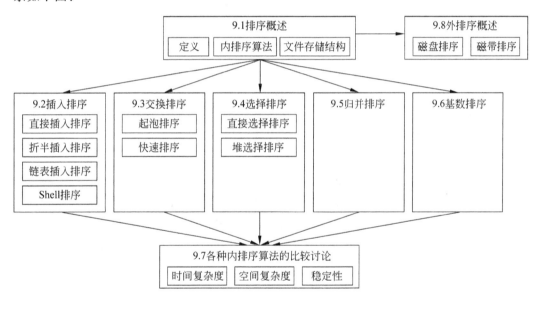

9.1 排 序 概 述

和查找一样,排序(Sort)是建立在数据结构上的一种操作,其功能是将一个无序的记录序列(或称文件)调整成有序的序列。

对文件(File)进行排序有很重要的意义。如果一个文件按 key 有序,可对其折半查找,使查找效率明显得到提高;在数据库(Data Base)和知识库(Knowledge Base)等系统中,一般要建立若干索引文件,就牵涉到排序问题;在一些计算机的应用系统中,要按不同的数据段作出若干统计,也涉及排序的问题。排序效率的高低,直接影响到计算机的工作效率。另外,研究排序的一些方法和算法,目的不单纯是完成排序的功能和提高排序效率,其中对软件人员的程序设计能力会有一定的提高,也是对以前某些数据结构内容的复习、巩固和提高。

1. 排序定义

设含有 n 个记录(R)的文件 $f=(R_1\ R_2\cdots R_n)$,相应记录关键字(key)的集合 $k=\{k_1\ k_2\cdots k_n\}$。若对 $1、2、\cdots、n$ 的一种排列:

$$P_{(1)}\ P_{(2)}\cdots P_{(n)}\quad (1\leqslant P_{(i)}\leqslant n,i\neq j\ 时,P_{(i)}\neq P_{(j)})$$

有:

$$k_{P(1)}\leqslant k_{P(2)}\leqslant\cdots\leqslant k_{P(n)}\ ——\ 递增关系$$

或

$$k_{P(1)}\geqslant k_{P(2)}\geqslant\cdots\geqslant k_{P(n)}\ ——\ 递减关系$$

则使文件 f 按 key 线性有序:$(R_{P(1)}\ R_{P(2)}\cdots R_{P(n)})$,称这种操作为排序(或分类)。

值得说明的是,关系符"$\leqslant$"或"$\geqslant$"并不一定是数学意义上的"小于等于"或"大于等于",而是一种次序关系。但为了讨论问题方便,一般取整型数作为记录的 key,故"$\leqslant$"或"$\geqslant$"可作为通常意义上的符号看待。

2. 稳定排序和非稳定排序

设文件 $f=(R_1\cdots R_i\cdots R_j\cdots R_n)$ 中记录 R_i、$R_j(i\neq j,i、j=1,2,\cdots,n)$ 的 key 相等,即 $k_i=k_j$。若在排序前 R_i 领先于 R_j,排序后 R_i 仍领先于 R_j,则称这种排序是稳定的,其含义是它没有破坏原本已有序的次序。反之,若排序后 R_i 与 R_j 的次序有可能颠倒,则这种排序是非稳定的,即它有可能破坏了原本已有序记录的次序。

3. 内排序和外排序

若待排序的文件 f 在计算机的内存储器中,且排序过程也在内存储器中进行,称这种排序为内排序。内排序的速度很高,但由于内存储器容量受限,文件的长度(记录个数)n 受到一定的限制。若排序中的文件存入外存储器,排序过程借助于内外存数据交换(或归并)来完成,则称这种排序为外排序。本章重点讨论内排序的一些方法、算法以及时间复杂度的分析。

4. 内排序方法

截至目前,根据各种排序方法的思路,内排序可归纳为以下五类:

(1) 插入排序;

(2) 交换排序;

(3) 选择排序;

(4) 归并排序;

(5) 基数排序。

将在后面依次介绍。

5. 文件存储结构

选择何种排序方法,要考虑的因素之一是关于文件 f 的存储结构。

1) 顺序结构

类似于线性表的顺序存储结构,将文件 $f=(R_1\ R_2\cdots R_n)$ 存储于一片连续的存储空间,逻辑上相邻的记录在存储器中的物理位置也是相邻的,如图 9.1 所示。在这种结构上对文件排序,一般要作记录的移动。当发生成片记录的移动时,是一个很耗时的工作。

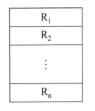

图 9.1　顺序存储结构

2) 链表结构

类似于线性表的链式存储结构,文件中记录用节点来表示,其物理位置任意,节点之间用指针相连,如图 9.2 所示。链表结构的优点在于排序时无须移动记录,只需修改相应记录的指针即可。

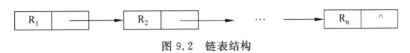

图 9.2　链表结构

3) 地址映像结构

该结构是另设一地址向量,用以存储文件中每个记录的地址(或序号),如图 9.3 所示。排序可在地址向量上进行,一定程度上免去了排序时记录的移动。

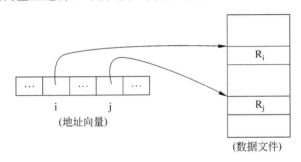

图 9.3　地址映像结构

9.2　插　入　排　序

按所采用的“插入”技术,插入排序(Insert Sort)可分为直接插入排序、折半插入排序、链表插入排序以及 Shell(希尔)排序等。每种排序按照排序方法、举例说明、算法描述以及算法分析等几个步骤讨论。

9.2.1　直接插入排序

设待排文件 $f=(R_1 R_2 \cdots R_n)$ 相应的 key 集合为 $k=\{k_1 k_2 \cdots k_n\}$,文件 f 对应的结构可以是 9.1 节中讨论的三种文件结构之一。

1. 排序方法

先将文件中的 (R_1) 看成只含一个记录的有序子文件,然后从 R_2 起,逐个将 R_2 至 R_n 按 key 插入到当前有序子文件中,最后得到一个有序的文件。插入的过程实际上是一个 key 的比较过程,即每插入一个记录时,将其 key 与当前有序子表中的 key 进行比较,找到待插入位置后,将其插入即可。

另外,假定排序后的文件按递增次序排列(以下同)。

例 9-1 设文件的记录 key 集合 k＝{50,36,66,76,95,12,25,$\overline{36}$}(考虑到对记录的次 key 排序的情况,允许多个 key 相同。如此例中有 2 个 key 为 36,后一个表示成$\overline{36}$,以示区别),按直接插入排序方法对 k 的排序过程如下:

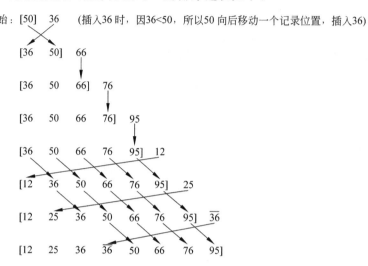

初始: [50]　36　　(插入36时,因36<50,所以50向后移动一个记录位置,插入36)

插入完毕时,记录按 key 有序。其中"箭头"表示排序时记录的移动及插入。从此例中看出,直接插入排序效率较低,如插入 key＝12 的记录时,当前子表[36,50,66,76,95]都得向后顺移一个记录单元,然后插入 12。

一般设要插入的 key 为 k_i($2 \leqslant i \leqslant n$),当 $k_j \leqslant k_i < k_{j+1} \cdots < k_{i-1}$ 时,先将子表[$k_{j+1} \cdots k_{i-1}$]从 k_{i-1} 起顺序向后移动一个记录位置,然后 k_i 插入到第 j+1 位置,即:

$$[k_1 \cdots k_j k_{j+1} \cdots k_{i-1}] k_i$$
$$[k_1 \cdots k_j k_i k_{j+1} \cdots k_{i-1}]$$

文件结构说明:

```
#define maxsize 1024              //文件最大长度
typedef int keytype;              //设 key 为整型
typedef struct                    //记录类型
{   keytype key;                  //记录关键字
    ⋮                            //记录其他域
}Retype;
typedef struct                    //文件或表的类型
{   Retype R[maxsize+1];          //文件存储空间
    int len;                      //当前记录数
}sqfile;
```

若说明"sqfile F;",则(F. R[1],F. R[2],…,F. R[F. len])为待排序文件,它是一种顺序结构,文件长度 n 为 F. len,F. R[0]为工作单元,起到"监视哨"作用,记录的关键字 k_i 写作 F. R[i]. key。

2. 算法描述

```
void Insort(sqfile F)              //对顺序文件 F 直接插入排序的算法
{   int i,j;
    for(i=2;i<=F.len;i++)          //插入 n−1 个记录
    {   F.R[0]=F.R[i];             //待插入记录先存于监视哨
        j=i-1;
        while(F.R[0].key<F.R[j].key);   //key 比较
        {   F.R[j+1]=F.R[j];       //记录顺序后移
            j--;
        }
        F.R[j+1]=F.R[0];           //原 R[i]插入 j+1 位置
    }
}
```

3. 算法分析

排序算法一般包括 key 的比较和记录的移动两种操作,所以算法分析应求出这两种操作的时耗,作为算法的时间复杂度 T(n)。当然算法分析还应包括算法中存储空间的耗费,但当辅助空间占用不太多时,不作讨论。

设直接插入排序中的 key 比较次数为 C,C 最小时记为 C_{min},最大时记为 C_{max}。

(1) 当文件原来就有序(正序)时,每插入一个 R[i],只需比较 key 一次,此时 key 比较次数最少,即:

$$C_{min} = \sum_{i=2}^{n} 1 = n - 1 = O(n)$$

(2) 当文件原本逆序(key 从大到小)时,每插入一个 R[i]要和子表中 i−1 个 key 比较,加上同自身 R[0]的比较,比较次数为 i,此时 key 比较次数最多,即:

$$C_{max} = \sum_{i=2}^{n} i = \frac{1}{2}n(n+1) - 1 = O(n^2)$$

排序的时间复杂度一般取耗时最高的量级,故就 key 的比较次数而言,直接插入排序的时间复杂度为 $O(n^2)$。

(3) 求记录总的移动次数 m(m 最小时记为 m_{min},最大时记为 m_{max})。

算法中,R[i]⇒R[0],R[0]⇒R[j+1]——移动两次;插入 R[i]时,R[i−1]…R[j+1]各移动一次。文件正序时,子表中记录的移动免去,此时移动次数最少,即:

$$m_{min} = \sum_{i=2}^{n} 2 = 2(n-1) = O(n)$$

逆序时,插入 R[i]牵涉移动整个子表。移动次数为 2+(i−1)=i+1,此时表的移动次数最大,即:

$$m_{max} = \sum_{i=2}^{n} (i+1) = \frac{1}{2}(n+1)(n+2) - 3 = O(n^2)$$

总体而言,直接插入排序算法的时间复杂度 T(n)=$O(n^2)$。这是目前内排序时耗最高的时间复杂度,它使得随着文件记录数 n 的增大,排序效率降低较快。下面的一些属于插入排序的方法,都是围绕置着提高算法的时间复杂度为 T(n)而展开的。另外,直接插入排序是稳定排序。

9.2.2　折半插入排序

为减少插入排序过程中 key 的比较次数,可采用折半插入排序。

1. 排序方法

同直接插入排序,先将(R[1])看成一个记录的子文件,然后依次将 R[2]…R[n]插入到当前有序子文件中。但在插入 R[i]时,子表[R[1]…R[i−1]]已是有序的,所以查找 R[i]在子表中的位置可按折半查找方法进行,从而降低 key 的比较次数。

例 9-2　设当前子表 key 序列及插入的 k_i 如下:

序号:　1　　2　　3　　4　　5　　6

　　　[15　20　25　30　35　40]　28　　(插入k_i=28)

　　　↑　　　　　　　　　　　↑

　　　low　　　　　　　　　high

其中,low、high 为查找子表的上下界指针(或序号),初始 low＝1、high＝i−1＝6。令

$$mid = \lfloor (low + high)/2 \rfloor$$

(1) 当前 mid＝$\lfloor (1+6)/2 \rfloor$＝3,因 28＞R[3].key＝25,调整下界指针 low＝3+1＝4;

(2) mid＝$\lfloor (4+6)/2 \rfloor$＝5,因 28＜R[5].key＝35,调整上界指针 high＝5−1＝4;

(3) mid＝$\lfloor (4+4)/2 \rfloor$＝4,因 28＜R[4].key＝30,调整上界指针 high＝4−1＝3。此时,low＞high,所以"28"应插在 low＝4 所指示的位置:

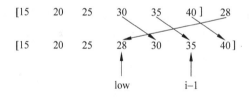

2. 算法描述

```
void Binsort(sqfile F)                    //对文件 F 折半插入排序的算法
{   int i,j,low,high,mid;
    for(i=2;i<=F.len;i++)                 //插入 n−1 个记录
    {   F.R[0]=F.R[i];                    //待插入记录存入监视哨
        low=1; high=i-1;
        while(low<=high)                  //查找 R[i]的位置
        {   mid= (low+high)/2;
            if(F.R[0].key>=F.R[mid].key)
                low=mid+1;                //调整下界
            else
                high=mid-1;               //调整上界
        }
```

```
        for(j=i-1;j>=low;j--)
            F.R[j+1]=F.R[j];              //记录顺移
        F.R[low]=F.R[0];                  //原R[i]插入low位置
    }
}
```

3. 算法分析

算法中插入 R[i]($2 \leqslant i \leqslant n$)时,子表记录数为 $i-1$。同第 8 章中折半查找算法的讨论,查找 R[i]的 key 比较次数为 $O(\log_2 i)$,故总的 key 比较次数 C 为:

$$C = \sum_{i=2}^{n} \log_2 i < (n-1)\log_2 n = O(n\log_2 n)$$

显然 $O(n\log_2 n)$ 优于 $O(n^2)$。但折半插入排序的记录移动次数并未减少,仍为 $O(n^2)$。故算法的时间复杂度 $T(n)$ 仍为 $O(n^2)$。

9.2.3　链表插入排序

设待排序文件 $f=(R_1 R_2 \cdots R_n)$,对应的存储结构为单链表结构,如图 9.4 所示。

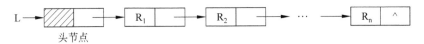

图 9.4　单链表结构

1. 排序方法

链表插入排序实际上是一个对链表遍历的过程。先将子表置为空表,然后依次扫描链表中每个节点,设其指针为 p,搜索到 p 节点在当前子表的适当位置,将其插入。

例 9-3　设含 4 个记录的链表如图 9.5 所示。其中记录用 key 代替。

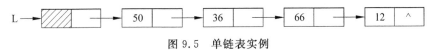

图 9.5　单链表实例

排序过程如下:

(1) 初始,如图 9.6 所示。

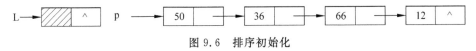

图 9.6　排序初始化

(2) 插入 50:当前子表为空,p 节点为子表第一节点插入,如图 9.7 所示。

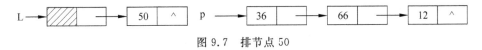

图 9.7　排节点 50

(3) 插入 36:因 36<50,故当前 p 节点插在 50 之前,如图 9.8 所示。

图 9.8　排节点 36

（4）插入 66：66 大于子表中所有 key，故当前 p 节点挂在表尾，如图 9.9 所示。

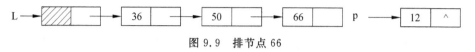

图 9.9　排节点 66

（5）插入 12：12＜36，将其插入 36 之前，如图 9.10 所示。

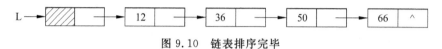

图 9.10　链表排序完毕

2. 算法描述

```
typedef struct node                              //存放记录的节点
{   keytype key;                                 //记录关键字
    ⋮                                            //记录其他域
    struct node *next;                           //链指针
}Lnode, *linklist;
void Linsertsort(linklist L)                     //链表插入排序算法
{   linklist p,q,r,u;
    p=L->next;                                   //p 为描述节点指针
    L->next=NULL;                                //置子表为空
    while(p)                                     //若待排序节点存在
    {   r=L; q=L->next;                          //r 为 q 的前驱指针
        while(q&&q->key<=p->key)                 //找 p 节点位置
        {   r=q; q=q->next;   }
        u=p->next;
        p->next=q;                               //p 节点为 q 的前驱插入
        r->next=p;
        p=u;
    }
}
```

3. 算法分析

（1）当链表 L 逆序时，每插入一个节点时，key 的比较次数最多为 1，总的 key 比较次数 C 达到最小，即：

$$C_{min} = \sum_{i=1}^{n} 1 = n = O(n)$$

（2）当链表 L 正序时，每插入第 i 号（$1 \leqslant i \leqslant n$）节点都要搜索到当前子表的表尾，key 的比较次数为 i－1，故总的 key 比较次数 C 达到最大，即：

$$C_{max} = \sum_{i=1}^{n} (i-1) = \frac{1}{2}n(n-1) = O(n^2)$$

所以链表插入排序的时间复杂度 $T(n) = O(n^2)$。但排序过程中不牵涉到记录的移动,只是修改相应指针,这一点优于其他的插入排序方法。另外,链表插入排序为稳定排序。

9.2.4 Shell 排序

Shell(希尔)排序又称"缩小增量"排序,是 D. L. Shell 在 1959 年提出的一种改进的插入排序方法。希尔发现:在直接插入排序中,key 比较次数及记录移动次数会比较大,若将待排序文件按某种次序分隔成若干个子文件,对各子文件进行"跳跃"式的排序,然后调整子文件个数,逐步对原文件排序,这样总的 key 比较次数尤其是记录移动次数也许会大大降低。

1. 排序方法

设待排文件 $f = (R_1 R_2 \cdots R_n)$,先将文件 f 中相隔某个增量 d(如令 $d = \lfloor n/2 \rfloor$)的记录组成一个个子文件,对各子文件插入排序;然后缩小增量 d(如令 $d = \lfloor d/2 \rfloor$),再将相隔新增量的记录组成一个个子文件,对诸子文件排序,……,直到增量 $d = 1$ 为止,则排序完毕。这是一种跳跃式的排序方法,它使得文件逐步有序,从而克服了一次排序时记录成片移动现象。

例 9-4 设文件的记录 key 集合 $k = \{50, 36, 66, 76, 95, 12, 25, \overline{36}, 24, 08\}$($n = 10$),选取的增量序列为 $\lfloor 10/2 \rfloor = 5$、$\lfloor 5/2 \rfloor = 2$、$\lfloor 2/2 \rfloor = 1$。即首先将文件 f 中距离为 5 的记录视为一个个子文件,对其插入排序;然后再将距离为 2 的记录视为一个个子文件,仍对其插入排序;当距离为 1 时,实际上是 9.2.1 节中的直接插入排序。

排序过程如下:

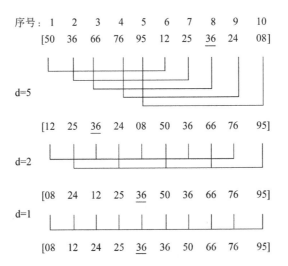

显然,Shell 排序是非稳定排序。

2. 算法描述

Shell 排序算法对应的文件结构为顺序结构。

```
void Shellsort(sqfile F)              //对顺序文件 F 按 Shell 方法排序的算法
{  int i,j,d;
   d=F.len/2;                         //第一次增量
   while(d>=1)
   {  for(i=d+1;i<=F.len;i++)         //本趟的希尔排序
      {  F.R[0]=F.R[i];
         j=i-d;
         while((j>0)&&(F.R[0].key<F.R[j].key))
         {  F.R[j+d]=F.R[j];          //记录移动
            j=j-d;
         }
         F.R[j+d]=F.R[0];             //插入
      }
      d=d/2;                          //形成新的增量
   }
}
```

从此算法中看出,若将其中的 d 改为 1,基本上同直接插入排序算法。

Shell 排序的算法分析目前还是一道数学难题,如何选择增量序列使得排序效率最高还无定论。选取增量序列的经验公式之一为:

$$d_s = 2^s - 1, 1 \leqslant s \leqslant \lfloor \log_2 n \rfloor$$

如 n=100 时,$\lfloor \log_2 n \rfloor = 6$,增量序列为:

$$d_6 = 63, d_5 = 31, d_4 = 15, d_3 = 7, d_2 = 3, d_1 = 1$$

此时算法的时间复杂度 $T(n)$ 可达 $O(n^{1.5})$,强于 $O(n^2)$。

9.3 交 换 排 序

本节讨论借助记录"交换"进行的排序方法。一种简单的交换排序(Exchange Sort)称作"起泡"排序(Bubble Sort)。对起泡排序的改进方法称为"快速排序"(Quick Sort)。

9.3.1 起泡排序

设待排文件 $f = (R_1 R_2 \cdots R_n)$,相应 key 集合 $k = \{k_1 k_2 \cdots k_n\}$。

1. 排序方法

从 k_1 起,两两 key 比较,逆序时交换,即:

$$k_1 \sim k_2,若 k_1 > k_2,则 R_1 \Leftrightarrow R_2;$$
$$k_2 \sim k_3,若 k_2 > k_3,则 R_2 \Leftrightarrow R_3;$$
$$\vdots$$
$$k_{n-1} \sim k_n,若 k_{n-1} > k_n,则 R_{n-1} \Leftrightarrow R_n;$$

经过一趟比较之后,最大 key 的记录沉底,类似水泡。接着对前 n−1 个记录重复上述过程,直到排序完毕。

注意:在某趟排序的比较中,若发现两两比较无一记录交换,则说明文件已经有序,不必进行到最后两个记录的比较。

例 9-5 设记录 key 的集合 k＝{50,36,66,76,95,12,25,$\overline{36}$},起泡排序过程如下:

第1趟	第2趟	第3趟	第4趟	第5趟	第6趟
36	36	36	36	12	12
50	50	50	12	25	25
66	66	12	25	36	⓪$\overline{36}$
76	12	25	$\overline{36}$	⓪$\overline{36}$	排序完毕
12	25	$\overline{36}$	⓪50		
25	$\overline{36}$	⓪66			
$\overline{36}$	⓪76				
⓪95					

从此例可以看出,起泡排序属于稳定排序。

2. 算法描述

设待排文件采用顺序结构存储。

```
void Bubsort(sqfile F)              //对顺序文件起泡排序的算法
{   int i,flag;                     //flag 为记录交换的标记
    Retype temp;
    for(i=F.len;i>=2;i--)           //最多 n−1 趟排序
    {   flag=0;
        for(j=1;j<=i-1;j++)         //一趟起泡排序
        if(F.R[j].key>F.R[j+1].key) //两两比较
        {   temp=F.R[j];            //R[j]⇔R[j+1]
            F.R[j]=F.R[j+1];
            F.R[j+1]=temp;
            flag=1;
        }
        if(flag==0)  break;         //无记录交换时排序完毕
    }
}
```

3. 算法分析

设待排文件长度为 n,算法中总的 key 比较次数为 C。若文件正序,第一趟就无记录交换,退出循环,$C_{min}=n-1=O(n)$;若文件逆序,则需 n−1 趟排序,每趟 key 的比较次数为 $i-1(2\leqslant i\leqslant n)$,故 $C_{max}=\sum_{i=n}^{2}(i-1)=\sum_{i=2}^{n}(i-1)=\frac{1}{2}n(n-1)=O(n^2)$。

同理,记录的最大移动次数为 $m_{max}=\sum_{i=2}^{n}3(i-1)=\frac{3}{2}n(n-1)=O(n^2)$。

故起泡排序的时间复杂度 $T(n) = O(n^2)$。

9.3.2　快速排序

快速排序是对起泡排序的一种改进，目的是提高排序的效率。

1. 排序方法

快速排序的基本思想是：经过 key 的一趟比较后，确定文件中某个记录在排序后的最终位置（比较起泡排序，每趟排序后是确定当前 key 最大记录的位置）。

设待排文件的 key 集合 $k = \{k_1\ k_2 \cdots k_i \cdots k_j \cdots k_{n-1}\ k_n\}$，对 k 中的 k_1，称作枢轴（Pivot）或基准。

（1）key 逆序比较：$k_1 \sim k_n$，若 $k_1 \leqslant k_n$，则 k_1 不可能在 k_n 位置，$k_1 \sim k_{n-1}$，……，直到有个 k_j，使得 $k_1 > k_j$，则 k_1 有可能落在 k_j 位置，将 $k_j \Rightarrow k_1$ 位置，即 key 比基准（k_1）小的记录向左移。

（2）key 正序比较：$k_1 \sim k_2$，若 $k_1 > k_2$，则 k_1 不可能在 k_2 位置，$k_1 \sim k_3$，……，直到有个 k_i，使得 $k_1 < k_i$，则 k_1 有可能落在 k_i 位置，将 $k_i \Rightarrow k_j$ 位置（原 k_j 已送走），即 key 比基准大的记录向右移。

反复 key 的逆序、正序比较，当 $i = j$ 时，i 位置就是基准 k_1 的最终落脚点（因为比基准小的 key 统统在其左边，比基准大的统统在其右边，作为基准的 key 自然落在排序后的最终位置上），并且 k_1 将原文件分成了两部分（或两个子表）：

左部 k′	k_1	右部 k″

其中 k′ 和 k″ 分别是左右两部分的 key 集合，有 $k' \leqslant k_1 \leqslant k''$。

对 k′ 和 k″ 两个子表，又套用上述排序过程（可递归），直到每个子表只含有一个记录时为止，排序完毕。

例 9-6　设记录的 key 集合 $k = \{50, 36, 66, 76, \overline{36}, 12, 25, 95\}$，每次以集合中第一个 key 为基准的快速排序过程如下：

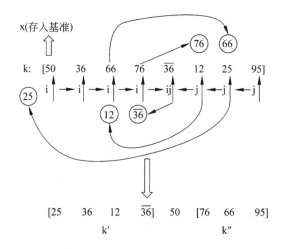

[25　36　12　$\overline{36}$]　50　[76　66　95]
　　 k′　　　　　　　　　 k″

同样,对 k′、k″有:

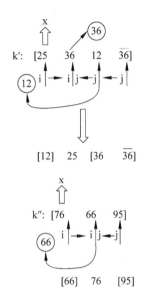

最终 k＝{12,25,36,$\overline{36}$,50,66,76,95}。

2. 算法描述

快速排序算法的关键是写出对一个子表的一趟快排函数。主函数可递归,也可非递归。下面写出非递归算法。

```
typedef struct                          //栈元素类型
{   int low,high;                       //存放未排子表的上下界
}stacktype;

int qkpass(sqfile F,int low,int high)
//对文件 F 中当前子表(R[low]…R[high])一趟快排的算法
{   int i=low,j=high;
    keytype x=F.R[low].key;             //存入基准 key
    F.R[0]=F.R[low];                    //存入基准记录
    while(i<j)
    {   while(i<j&&x<=F.R[j].key)   j--;      //逆序比较
        if(i<j) F.R[i]=F.R[j];               //比 x 小的 key 左移
        while(i<j&&x>=F.R[i].key)   i++;      //正序比较
        if(i<j)   F.R[j]=F.R[i];             //比 x 大的 key 右移
    }
    F.R[i]=F.R[0];                      //基准记录存入第 i 位置
    return(i);                          //返回基准位置
}

void qksort(sqfile F)                   //对文件 F 快速排序的算法(非递归)
{   int i,low,high;
    stacktype u;                        //栈元素
```

```
Clearstack(S);                          //置栈空
u.low=1; u.high=F.len;                  //排序文件上下界初值进栈
Push(S,u);
while(!Emptystack(S))
{   u=Pop(S);                           //退栈
    low=u.low; high=u.high;             //取当前表的上下界
    while(low<high)
    {   i=qkpass(F,low,high);           //对当前子表的一趟快排
        if(i+1<high)
        {   u.low=i+1; u.high=high;     //i 位置的右部上下界进栈
            Push(S,u);
        }
        high=i-1;                       //排当前位置的左部
    }
}
}
```

3. 算法分析

设待排文件 $f=(R[1]\ R[2]\cdots R[n])$，第一次调用算法 qkpass() 后的 f 为 $(R[1]\cdots R[i-1])R[i](R[i+1]\cdots R[n])$，耗时为 Cn。设两子表 k' 和 k'' 记录均等，约为 n/2，则快速排序的时间复杂度 $T(n)$ 可以简单统计如下：

$$T(n) = Cn + 2 * T\left(\frac{n}{2}\right) = Cn + 2\left[C\frac{n}{2} + 2T\left(\frac{n}{2}\right)\Big/2\right] = 2Cn + 2^2 * T\left(\frac{n}{2^2}\right) =$$

$$\vdots$$

$$= i * Cn + 2^i * T\left(\frac{n}{2^i}\right)$$

当 $n \approx 2^i$ 时，$i = \log_2 n$，则：

$$T(n) = Cn * \log_2 n + n * T(1) = O(n\log_2 n)$$

$O(n\log_2 n)$ 是目前效率最高的内排序时间复杂度。但这是假定每次调用函数 qkpass() 后将原表分成长度相等的两个子表时的情况。若文件 f 原本就正序或逆序，每次调用一次 qkpass() 后，文件记录数只减少了一个，故此时 $T(n)=C(n+(n-1)+\cdots+1)=O(n^2)$。这是快速排序效率最差的情况。所以快速排序算法有待改进。方法之一是在每次选择基准的时候，将排序表的头、尾和中间三个 key 作比较，选取中间值的那个 key 作为当前基准。请读者自行设计改进算法，此处不再详述。另外，快速排序为非稳定排序。

9.4　选　择　排　序

选择排序(Selection Sort)是最符合人们思维习惯的一种排序方法。排序的基本思路是每次从待排文件中挑选一个 key 值最小的(或最大的)记录放置于它应所在的位置。若待排文件长度为 n，则选择 n-1 次便达到排序目的。选择排序一般又分为"直接选择排序"和"堆选择排序"。

9.4.1　直接选择排序

1. 排序方法

设待排文件 $f=(R_1 R_2 \cdots R_n)$，相应 key 集合 $k=\{k_1 k_2 \cdots k_n\}$。首先进行 $n-1$ 次 key 比较，选择一个最小的 $k_j(1 \leqslant j \leqslant n)$，将 R_1 与 R_j 互换，于是最小 key 记录落在了 R_1 的位置；接着在余下的 $(R_2 R_3 \cdots R_n)$ 中选出 key 次小者，放置于 R_2 位置，……，以此类推，当待选记录中只剩下一个记录时，排序完毕。

例 9-7　设记录的 key 集合 $k=\{50,36,66,76,\overline{36},12\}$。对 k 进行直接选择排序的过程如下：

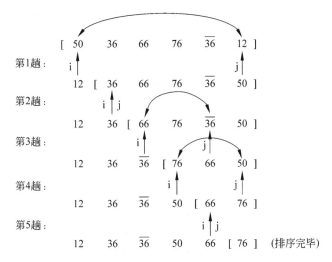

其中 $i(1 \leqslant i \leqslant n-1)$ 为当前排序表起始记录的序号，j 为本趟选择的最小 key 记录的序号。

2. 算法描述

```
void Slectsort(sqfile F)              //对顺序文件 F 直接选择排序算法
{   int i,j,k;
    Retype temp;
    for(i=1;i<F.len;i++)              //选择 n-1 趟
    {   j=i;                          //j 为本趟选择的最小 key 记录的序号
        for(k=i+1;k<=F.len;k++)       //本趟选择
            if(F.R[k].key<F.R[j].key)  j=k;
        if(i!=j)
        {   temp=F.R[i];              //R[i]⇔R[j]
            F.R[i]=F.R[j];
            F.R[j]=temp;
        }
    }
}
```

3. 算法分析

设排序文件的记录长度为 n。算法中共进行了 $n-1$ 趟选择，每选择一个当前最小

key 的记录，要经过 n−i(1≤i≤n−1)次的 key 比较，故总的 key 比较次数 C 为：

$$C = \sum_{i=1}^{n-1} (n-i) = \sum_{i=1}^{n-1} i = \frac{1}{2}n(n-1) = O(n^2)$$

另外，当文件按 key 正序时，记录移动次数等于 0；而逆序时，每趟选择后有 3 次记录移动，所以记录最多移动次数为 3(n−1)。

所以，直接选择排序的时间复杂度 T(n)=O(n²)。从例 9-7 中可以看出，直接选择排序属于稳定排序。

9.4.2 堆选择排序

堆选择排序是 J. Willioms(威廉姆斯)于 1964 年提出的一种排序效率较高、属于选择排序的方法。

1. 堆定义

设文件 F=(R₁ R₂ ⋯ Rₙ)的 key 集合 k={k₁ k₂ ⋯ kₙ}，当且仅当满足：

$$k_i \geq k_{2i}$$
$$k_i \geq k_{2i+1}$$

或

$$\begin{pmatrix} k_i \leq k_{2i} \\ k_i \leq k_{2i+1} \end{pmatrix}$$

i=1,2,⋯,⌊n/2⌋时，称 k 为堆(或称文件 F 为堆)。

若将 k={k₁ k₂ ⋯ kₙ}看作是一棵完全二叉树，如图 9.11 所示，则对于堆上任一非叶节点的 kᵢ，有 kᵢ≥k₂ᵢ、kᵢ≥k₂ᵢ₊₁。此时，根节点 k₁ 的值是堆中最大的，称堆为"大根堆"。若 kᵢ 与 k₂ᵢ、k₂ᵢ₊₁ 满足"≤"关系，则 k₁ 是堆中最小的，称堆为"小根堆"。

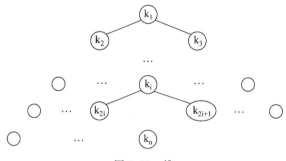

图 9.11 堆

例 9-8 大根堆、小根堆的例子。设 k₁={95,76,66,50,36,12,25,$\overline{36}$}，k₂={12,36,25,76,$\overline{36}$,66,50,95}，相应的完全二叉树如图 9.12 所示。

故 k₁ 为大根堆，k₂ 为小根堆。在下面的堆选择排序中，我们取大根堆来讨论。

2. 堆排序方法

设文件 F 的记录 key 集合 k={k₁ k₂ ⋯ kₙ}，对 F 排序(实际上是对 k 排序)分两步进行：

(1) 将(k₁ k₂ ⋯ kₙ)建成一个大根堆；

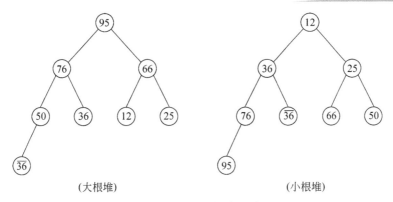

图 9.12 大根堆、小根堆

(2)取堆的根(key 最大者),然后将剩余的(n−1)个 key 又调整为堆,再取当前堆的根(key 次大者),……,直到所有 key 选择完毕。

我们先讨论第(2)步。每次取堆的根所在记录,可以存放于另一文件中,但为节省存储空间,具体做法是将根节点的值与当前堆中最后一个节点的值互换(相当于将根取走),再将剩余节点调整成堆。需要注意的是,若一棵完全二叉树为堆,则这棵完全二叉树的所有子树都应满足堆的性质,即任一棵子树也应是堆。将新换上来的根所在的二叉树调整成堆时,根节点的左右子树已满足堆定义,此时要设计一个自堆顶到叶节点的调整二叉树为堆的算法,称为"筛选"算法,它是堆排序的一个关键算法,堆排序的大部分工作依赖于筛选算法。

例 9-9 对例 9-8 中的大根堆排序过程如图 9.13 所示。

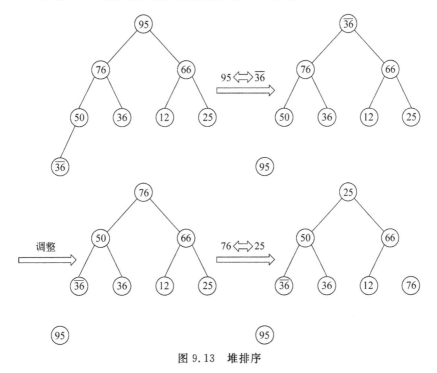

图 9.13 堆排序

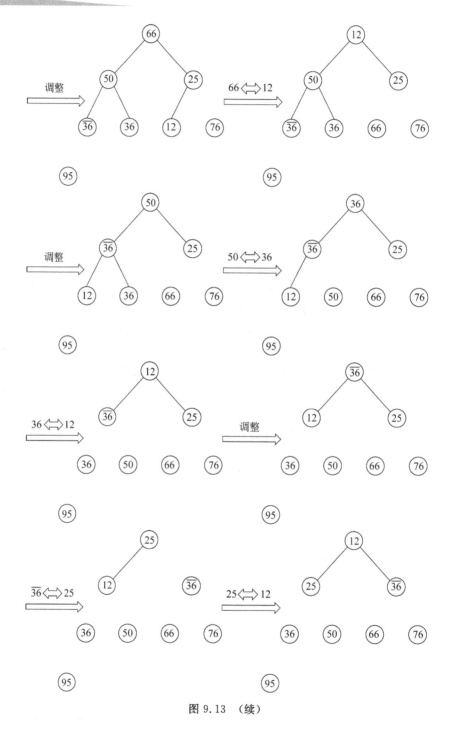

图 9.13 （续）

（1）筛选算法的思路：一般地，设要调整成堆的完全二叉树如图 9.14 所示。其中 s 为当前根的序号。先将 R[s]⇒temp，令 j＝s 节点的左右孩子 key 最大者的序号。将 temp. key 与 k_j 比较，若 k_j＞temp. key，则 R[j]⇒R[s]。然后令 s＝j，j 等于新 s 的左右孩子 key 最大者的序号，继续 temp. key 与 k_j 的比较，……，直到某个 k_j≤temp. key 或已调

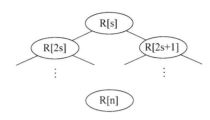

图 9.14　调整堆

整到叶子层时,将 temp 送入最后一个 s 位置处,筛选算法结束。

（2）筛选算法描述。

```
void Adjust(sqfile F,int s,int n)        //将(F.R[s]…F.R[n])调整成大根堆的算法
{   Retype temp;
    int j;
    temp=F.R[s];                          //暂存 F.R[s]
    j=2*s;                                //令 j 为 s 节点的左子序号
    while(j<=n)
    {   if(j<n&&F.R[j+1].key>F.R[j].key)  j++;
                                          //令 j 为 s 的左右孩子 key 最大者的序号
        if(F.R[j].key>temp.key)
        {   F.R[s]=F.R[j];                //R[j] ⇒ R[s]
            s=j; j=2*s;                   //置新的调整点
        }
        else  break;                      //调整完毕,退出循环
    }
    F.R[s]=temp;                          //最初的根回归
}
```

再讨论堆排序的第（1）步,将 $F=(R_1 R_2 \cdots R_n)$ 建成堆。方法是将 F 看作是一棵完全二叉树,从最后一个有孩子的节点起,反复调用筛选算法,逆序向根逐步将 F 调整成堆。

例 9-10　设排序前文件的关键字集合 $k=\{50,36,66,76,95,12,25,\overline{36}\}$,n=8。若将 k 看作一棵完全二叉树,根据二叉树性质 5,n 号节点的父节点序号为 $\lfloor n/2 \rfloor = 4$,即从第 4 号节点起,逆序（4,3,2,1）到根,调用筛选算法,逐步求堆。过程如图 9.15 所示。

3. 堆排序算法描述

```
void Heapsort(sqfile F)              //对顺文件 F 的堆排序算法
{   int i;
    Retype temp;
    for(i=F.len/2;i>=1;i--)
        Adjust(F,i,F.len);           //调整(R[i]…R[n])为堆
    for(i=F.len;i>=2;i--)            //选择 n-1 次
    {   temp=F.R[1];                 //根与当前最后一个节点互换
        F.R[1]=F.R[i];
        F.R[i]=temp;
```

```
        Adjust(F,1,i-1);                    //互换后再建堆
    }
}
```

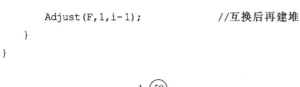

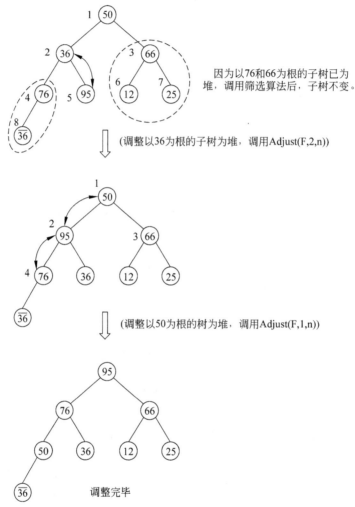

因为以76和66为根的子树已为堆，调用筛选算法后，子树不变。

（调整以36为根的子树为堆，调用Adjust(F,2,n))

（调整以50为根的树为堆，调用Adjust(F,1,n))

调整完毕

图 9.15 建立堆结构

4. 算法分析

设待排文件长度为 n，相应 n 个节点的完全二叉树如图 9.16 所示。

根据第 6 章二叉树性质 4，n 个节点的完全二叉树的深度 $k=\lfloor\log_2 n\rfloor+1$。

对筛选算法 Adjust()：若从根向下调整完全二叉树为堆，key 比较次数最多为 $2(k-1)$(while 循环里有 2 次 key 比较)，则有 $2(k-1)=2\lfloor\log_2 n\rfloor=O(\log_2 n)$。

对堆排序算法 Heapsort()：

第一个 for 循环中，每个有孩子节点的子树都要调用一次筛选算法 Adjust()，如表 9.1 所示。

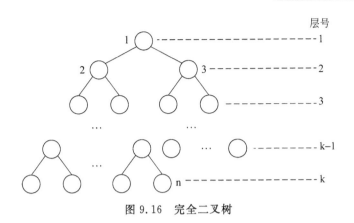

图 9.16　完全二叉树

表 9.1　建堆时 key 比较次数统计

有孩子节点层	最大节点数	该层子树建堆 key 比较次数	该层全部子树建堆 key 比较次数
$k-1$	2^{k-2}	$2 \cdot 1$	$2^{k-2} \cdot 2 \cdot 1$
$k-2$	2^{k-3}	$2 \cdot 2$	$2^{k-3} \cdot 2 \cdot 2$
$\vdots$	$\vdots$	$\vdots$	$\vdots$
2	2^1	$2 \cdot (k-2)$	$2^1 \cdot 2 \cdot (k-2)$
1	1	$2 \cdot (k-1)$	$2^0 \cdot 2 \cdot (k-1)$

所以,所有有孩子节点的子树调整成堆的 key 比较次数 C 为:

$$C = \sum_{i=k-1}^{1} 2^{i-1} \cdot 2 \cdot (k-i) \leqslant 4n = O(n)$$

推导:

$$
\begin{matrix}
2^{k-1} \cdot 1 \\
2^{k-2} \cdot 2 \\
\vdots \\
2^2 \cdot (k-2) \\
2^1 \cdot (k-1)
\end{matrix}
\implies
\begin{pmatrix} 2^{k-1} \\ 2^{k-2} \\ \vdots \\ 2^2 \\ 2^1 \end{pmatrix}
+
\begin{pmatrix} 2^{k-2} \\ \vdots \\ 2^2 \\ 2^1 \end{pmatrix}
+ \cdots +
\begin{pmatrix} 2^2 \\ 2^1 \end{pmatrix}
+ (2^1)
$$

$$\underbrace{\qquad\qquad\qquad\qquad\qquad}_{(k-1)}$$

$$\implies (2^k-2)+(2^{k-1}-2)+\cdots+(2^3-2)+(2^2-2)+(2^1-2)$$

$$\implies (2^{k+1}-2)-2k=2(2 \cdot 2^{k-1}-k-1)$$

根据二叉树性质 2,有 $n>2^{k-1}-1$,即 $n \geqslant 2^{k-1}$,故上式 $C=2(2 \cdot 2^{k-1}-k-1) \leqslant 2(2n-k-1)<4n$。

第二个 for 循环中,共选择了 $n-1$ 次,每次选择后调用 Adjust() 再建堆的 key 比较次数 $\leqslant 2\log_2 n$,故此循环的时间复杂度 $(n-1) \cdot 2 \cdot \log_2 n$。

所以,堆排序的时间复杂度 $T(n) \leqslant 4n+2(n-1)\log_2 n=O(n\log_2 n)$,是一种效率较高的内排序方法。另外,堆排序是非稳定排序。

9.5 归并排序

归并排序(Merge Sort)是采用合并的方法对文件进行排序,这也是外排序经常采用的方法。我们主要讨论二路归并排序。

1. 排序方法

设待排文件 $F=(R_1 R_2 \cdots R_n)$,首先将每个记录 R_i($1{\leqslant}i{\leqslant}n$)看作一个子文件,然后通过 key 的比较两两归并,得到 $\lceil n/2 \rceil$ 个长度为 2 的有序子文件,再两两归并,……,直到得到一个长度为 n 的有序文件为止。在归并过程中,需要设置一个辅助文件 F_1。开始时,F 作为源文件,F_1 作为目标文件,将 F 归并到 F_1;然后又将 F_1 作为源文件,F 作为目标文件,再将 F_1 归并到 F,……,如此反复,最终排序结果使其仍存入文件 F 中。

例 9-11 设文件 F 的记录 key 集合 $k=\{50,36,66,76,95,12,25,\overline{36}\}$,对 F 进行二路归并排序的过程如下:

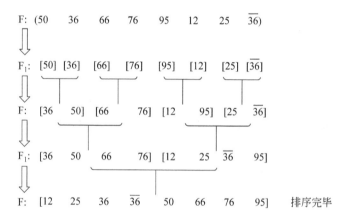

```
F:  (50   36   66   76   95   12   25   36̄)
      ⇓
F₁: [50] [36] [66] [76] [95] [12] [25] [36̄]
      ⇓
F:  [36   50] [66   76] [12   95] [25   36̄]
      ⇓
F₁: [36   50   66   76] [12   25   36̄   95]
      ⇓
F:  [12   25   36   36̄   50   66   76   95]    排序完毕
```

2. 算法描述

二路归并排序的算法实现分三个函数来完成。

1)相邻两个子文件的归并

相邻两个子文件中记录的归并过程示意:

```
[R[s]   R[s+1]  …   R[m]]  [R[m+1]  R[m+2]  …   R[t]]
 ↑i                          ↑j

[R₁[s]  R₁[s+1]  …    …     …     …    …   R₁[t]]
```

其中 s、m+1 分别为两个子文件中记录的起始序号;m、t 分别为两个子文件中表尾记录的序号。R 为源记录,R_1 为目标记录。归并的过程实际上还是一个 key 的比较过程。设置两个扫描指针 i、j,分别为两个子文件中记录(或 key)的序号,i 的初值为 s,j 的初值为 m+1;若 $k_i{\leqslant}k_j$,则 R[i]送目标文件,否则 R[j]送目标文件。另外,若一个子文件先归并结束,另一个子文件剩余部分复制到目标文件中。

算法描述如下：

```
void Tmerge(sqfile F,sqfile F1,int s,int m,int t)   //相邻两个子文件的归并算法
{   int i,j,k,r;
    i=s;j=m+1;                                       //扫描指针初值
    k=s;                                             //k为目标文件的记录指针
    while((i<=m)&&(j<=t))
        if(F.R[i].key<=F.R[j].key)
        {   F1.R[k]=F.R[i];                          //R[i]送目标文件
            i++; k++;
        }
        else
        {   F1.R[k]=F.R[j];                          //R[j]送目标文件
            j++; k++;
        }
    if(i<=m)   r=m;
    else
        {i=j; r=t;}                                  //置剩余部分的起始序号
    while(i<=r)
    {   F.R[k]=F.R[i];                               //复制子文件剩余部分
        i++; k++;
    }
}
```

2）对源文件的一趟的二路归并

设当前源文件 F 中各子文件的长度为 len（最后一个子文件的长度可能不足 len），文件总长为 n。如 len＝2、n＝7 时，对 F 一趟的二路归并排序示意如下：

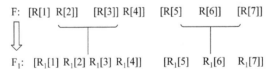

只要控制好各子文件的下标（或序号），反复调用算法 Tmerge( )便可完成对 F 一趟的二路归并。

算法描述如下：

```
void mpass(sqfile F,sqfile F1,int len)
//对子文件长度为 len 的源文件 F 一趟的二路归并算法
{   int i,j;
    i=1;                                             //i为第一个子文件的起点
    while(i+2*len-1<n)                               //当前长度等于 len 的两个子文件存
    在时
    {   Tmerge(F,F1,i,i+len-1,i+2*len-1);            //对当前两子文件归并
        i=i+2*len;                                   //i指向下一对子文件起点
    }
```

```
    if(i+len-1<n)                    //剩下两个子文件后一个长度小于 len 时
        Tmerge(F,F1,i,i+len-1,n);     //最后两个子文件的归并
    else
        for(j=i;j<=n;j++)
            F1.R[j]=F.R[j];          //最后一个子文件复制到 F1 中
}
```

3）源文件的二路归并排序

有了 mpass()算法,对源文件 F 的二路归并排序就很容易实现了。借助于一个辅助文件 F1,在 F 与 F1 之间来回调用 mpass()函数,实现对文件 F 的排序。

算法描述如下:

```
void Mergesort(sqfile F)                 //对文件 F 二路归并排序的算法
{   sqfile F1;                           //辅助文件
    int len=1;
    while(len<n)
    {   mpass(F,F1,len);                 //F 归并到 F1
        len=2*len;                       //新的子文件长度
        mpass(F1,F,len);                 //F1 归并到 F
        len=2*len;
    }
}
```

算法中,while 循环里之所以调用两次 mpass(),是为了控制最终排序后的文件为 F。

3. 算法分析

设待排文件长度为 n。从归并排序算法 Mergesort()中看出,归并初始,子文件长度 len=1;第 1 趟归并后,子文件长度 len=2^1;第 2 趟归并后,子文件长度 len=2^2,……,第 i 趟归并后,子文件长度 len=2^i。当 $2^i \geqslant n$ 时,归并过程结束,归并次数 i≈$\log_2 n$。另外,进行某趟归并时,算法 mpass()的时间复杂度为 O(n)。故二路归并排序的时间复杂度 T(n)=O(n$\log_2 n$)。归并排序属于稳定排序。

9.6 基 数 排 序

前面讨论的排序方法都是对记录的单个 key 进行排序,有时记录中存在多个 key(或 key 有多位),或是 key 由若干位组成,这时对文件的排序可借助基数排序(Radix Sort)方法。

例 9-12 52 张扑克的次序关系如下:

(♣2<♣3<…<♣A)<(♦2<♦3<…<♦A)<(♥2<♥3<…<♥A)<(♠2<♠3<…<♠A)

若把每张牌视为一个记录,它有以下两个 key:

(1) 花色:约定♣<♦<♥<♠;

（2）面值：2＜3＜…＜A。

而且比较中，花色优先于面值，即比较两牌时先比较花色，花色相同时，再比较面值。

若要将 52 张牌整理成以上次序，有以下两种方法：

（1）按不同花色分为 4 堆，每堆花色相同，再对每一堆的按面值由小到大整理。

（2）先按面值分成有序的 13 堆，每一堆面值相同。之后按每一堆的面值叠放在一起，之后再按花色分为 4 堆。

一般地，设文件 $F＝(R_1, R_2, \cdots, R_n)$，每个记录 R 有 d 个 key（或 key 有 d 位），记为 $(k_i^1, k_i^2, \cdots, k_i^d)$，其中 k_i^j 为第 j 个 key（或 key 的第 j 位）。则此时，$key_i ＜ key_j$ 是指存在一个 h，当 $0 \leqslant h ＜ d$ 时，有 $k_i^h ＝ k_j^h$，而 $k_i^{h+1} ＜ k_j^{h+1}$。其中 h＝0 时，是指当 $k_i^1 ＜ k_j^1$ 时 $key_i ＜ key_j$ 这种情况。例如 $key_i ＝ $ "ABCDE"，$key_j ＝ $ "ABCED"，那么有 $key_i ＜ key_j$。

1. 排序方法

设记录 $key＝(k^1, \cdots, k^d)$，类似扑克牌的整理，对多位 key 文件排序，一般有下面两种方法。

（1）最高位优先法（MSD）：该方法是先对各记录按 k^1 排序，对 k^1 相同的记录再按 k^2 排序，……，直到按 k^d 排序后，文件有序。

例 9-13 设记录 key 的集合 k＝{359,135,348,258,123,134,227}，每个 key 形如 $k^1 k^2 k^3$（d＝3）。按 MSD 方法排序过程如下：

按k¹排序： (135　123　134)　(258　227)　(359　348)

⇩

按k²排序： (123　135　134)　(227　258)　(348　359)

⇩

按k³排序： (123　134　135)　(227　258)　(348　459)

（2）最低位优先法（LSD）：该方法正好与 MSD 相反。先按 k^d 排序，对排好序的文件再按 k^{d-1} 排序，……，直到按 k^1 排序后，文件有序。例 9-13 中的 k 按照 LSD 排序过程如下：

按k³排序： (123　134　135　227　348　258　359)

⇩

按k²排序： (123　227　134　135　348　258　359)

⇩

按k¹排序： (123　134　135　227　258　348　359)

我们讨论 LSD 方法的算法实现。

2. LSD 的算法思路

设待排序文件 $F＝(R_1, R_2, \cdots, R_n)$ 的初始状态为单链表结构，每个记录对应的节点为：

k[d+1]	info	next

其中 k[d+1]存放 d 位 key，info 为记录的其他信息，next 指向下一个节点。为了讨论方便，设每位 key 是一位整数。排序过程中，设 10 个队列（称为桶），它们的队头队尾指针（初值为∧）存入 2 个数组 f[10]、e[10]。排序分为两个步骤：

（1）分配。对每一趟排序，依次扫描链表中的每个节点，若当前是对 key 的第 i 位进行排序，而某节点的 k[i]=j，则该节点加入 j 队列。

（2）收集。某趟排序分配完毕后，将所有非空队列按队列号 j 的顺序收集起来，形成此次排序后的链表。

经 d 趟分配与收集后，文件有序。

例 9-14 设 key 的位数为 3，则例 9-13 中的待排文件链表结构如图 9.17 所示（舍去记录其他信息 info）。

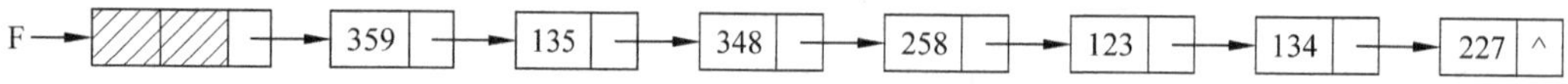

F
359
135
348
258
123
134
227
^

图 9.17 待排文件

按 LSD 方法 p 排序过程如下：

（1）第一趟按 k[3]排序，因为第一节点 k[3]=9，于是第一节点分配至第 9 队列，第二节点分配到第 5 队列，……，以此类推，各节点分配完毕后，状态如图 9.18 所示。

e[0]
e[1]
e[2]
e[3]
e[4]
e[5]
e[6]
e[7]
e[8]
e[9]
123
134
135
227
258
348
359
f[0]=^
f[1]=^
f[2]=^
f[3]
f[4]
f[5]
f[6]
f[7]
f[8]
f[9]

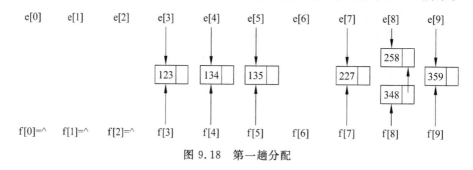

图 9.18 第一趟分配

之后从第一个非空队列起，将所有非空队列按先后次序收集起来，形成第一趟排序后的链表，如图 9.19 所示。

F
123
134
135
227
^
258
348
359
^
F
123
134
135
227
348
258
359
^

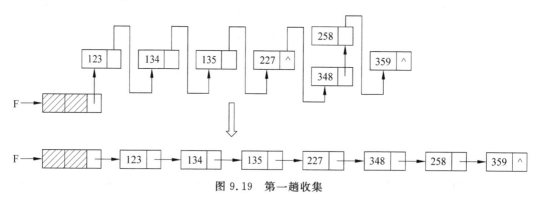

图 9.19 第一趟收集

（2）第二趟、第三趟再分别按 k[2]、k[3]进行分配与收集，最后形成如图 9.20 所示的有序链表。

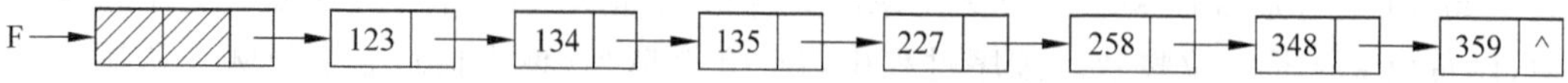

F
123
134
135
227
258
348
359
^

图 9.20 排序完毕

3. LSD 算法描述

```
#define d 6                              //key 的位数
#define r 10                             //key 的基数
typedef struct node                      //节点类型
{   keytype k[d+1];                      //key
    other info;                          //其他信息
    struct node*next;
}Rnode, *Rlink;
void Radixsort(Rlink F)                   //对指针 F 所指记录链表基数排序的算法
{   Rlink p,t,f[r],e[r];
    int i,j;
    if(F->next==NULL) return;            //空表返回
    for(i=d;i>=1;i--)                     //d 趟分配与收集
    {   for(j=0;j<r;j++)                  //队列置空
            f[j]=NULL;
        p=F->next;
        while(p)                          //本趟分配
        {   j=ord(p->k[i]);               //取记录第 i 位 key 的序号
            if(f[j]==NULL) f[j]=p;        //p 节点进队
            else e[j]->next=p;
            e[j]=p;
            p=p->next;
        }
        //本趟收集
        for(j=0;f[j]==NULL;j++);          //找到第一非空队列
        F->next=f[j];                     //此队头作为链表第一节点
        t=e[j];                           //找到列尾
        while(j<r)                        //依次将后面的非空列链入
        {   j++;
            if(f[j])
            {   t->next=f[j];
                t=e[j];
            }
        }
        t->next=NULL;                     //链尾置空
    }
}
```

4. LSD 算法分析

设待排序的链表长度为 n。算法 Radixsort() 共进行了 d 趟分配与收集。每趟分配中，while 循环次数为 n；每趟收集中，找非空队列以及非空队列收集共进行了 r 次。所以基数排列的时间复杂度为 $O(d(n+r))$。它不但依赖表长 n，还与 k 的位数 d 与基数 r 有关。另外排序中还需要设置两个队头队尾指针数组 f[r] 和 e[r]。

基数排序属于稳定排序。因为当某一个 p 节点和另一个 q 节点 key 相同时,它们在排序过程中的相对位置始终是它们的初始顺序。

9.7 各种内排序方法的比较讨论

综合比较本章的各种内排序算法,大致有如表 9.2 所示的结果。

表 9.2 内排序算法

排序方法	平均时间	最坏情况	辅助存储
简单排序	$O(n^2)$	$O(n^2)$	$O(1)$
快速排序	$O(n\log_2 n)$	$O(n^2)$	$O(\log_2 n)$
堆排序	$O(n\log_2 n)$	$O(n\log_2 n)$	$O(1)$
归并排序	$O(n\log_2 n)$	$O(n\log_2 n)$	$O(n)$
基数排序	$O(d(n+r))$	$O(d(n+r))$	$O(r)$

从表 9.2 中可以得出以下结论:

(1) 从平均时间性能而言,快速排序所需时间较少。但是在最差情况下的时间性能不如堆排序和归并排序。而后两者的比较结果是,在 n 较大时,归并排序所需时间较堆排序要少,但是它需要的辅助存储量最多。

(2) 表 9.2 中的"简单排序"包括除 Shell 排序之外的所有插入排序,起泡排序和直接选择排序。其中直接插入排序最为简单,当序列中的记录"基本有序"或 n 值较小时它是最佳的排序方法,因此常将它和其他排序方法,诸如快速排序、归并排序等结合在一起使用。

(3) 基数排序的时间复杂度也可以写成 $O(nd)$。它适用于对多 key 的记录排序。

(4) 从方法的稳定性来比较,基数排序是稳定的内排序方法,所有时间复杂度为 $O(n^2)$ 的简单排序方法也是稳定的。然而,快速排序、堆排序和 Shell 排序等时间性能较好的算法都是不稳定的。一般来说,排序过程中的"比较"是在"相邻两个记录的关键字"间进行的排序算法是稳定的。值得提出的是,稳定性是由算法本身决定的,对不稳定的排序算法而言,不论其描述方式如何,总能举出一个说明不稳定的实例来。而对于稳定的算法,总能找出一种不会引起不稳定现象的描述形式。由于大多数情况下排序是按记录的主关键字进行的,则所用的排序方法是否稳定无关紧要。但是若记录还要按次关键字排序,则需要慎重选择排序方法。

从上面的讨论我们可以看出,没有那种排序方法是绝对最优的。在不同的情况下,会有不同的"最优"算法。因此实际应用中,应该根据不同情况来选用,甚至可以将多种方式结合起来使用。

9.8　外排序概述

前面讨论的排序都是在内存储器进行的,一般都较为快速,但是由于内存储器容量有限,当待排文件的记录数 n 很大时,便不能够一次将所有的记录都放到内存储器中,这时就需要用到外排序(External Sort)技术。一般,待排文件都存放在磁盘或磁带这样的外存储器上,所以外排序又叫磁盘排序和磁带排序。

1. 磁盘排序

磁盘属于随机存取的计算机外部设备。对磁盘文件排序一般采用"归并"技术。该技术的实现分为两个步骤:首先,分段读入待排文件的各段(一般为若干条记录)到内存,在内存采用较快的方法进行排序,之后将这些排好序的段写回磁盘,这些段称为归并段(Merging Segments)。然后把各归并段按二路归并排序的方法逐步归并到一起,直到排序完成。

例 9-15　设待排文件 $F = (R_1, R_2, \cdots, R_{4500})$ 存放在磁盘的若干物理块中,每个物理块的长度设为 250 条记录;另设一台磁盘机,用作暂存缓冲器;设计算机内存缓冲区分为 3 个块,可存放 750 条记录。对文件 F 的排序过程如下:

每次从 F 中读出 3 个块的记录到内存,对其进行内排序,共形成 6 个归并段 m_1, $m_2, \cdots, m_6$,如图 9.21 所示;然后将这 6 个归并段写到暂存缓冲磁盘上。

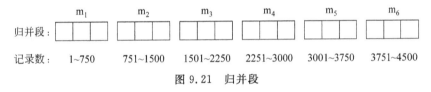

图 9.21　归并段

内存缓冲区有 3 个物理块的容量,用其中的两块作为输入缓冲区,另一块作为输出缓冲区。下面开始进行二路归并。首先将 m_1 和 m_2 中各自一块子文件读入内存输入缓冲区,归并中不断地将合适的记录取出到输出缓冲区。如输出缓冲区已满,则把其中的记录写回磁盘,然后再开始存入记录。如果某个输入缓冲区已空,则从相应的归并段再读取一块填满相应缓冲区。最后 m_1 和 m_2 被归并为一个有 1500 条记录的大归并段。然后以同样方式归并其余各段。之后会得到 3 个大归并段,然后进行下一轮归并,直到只剩一个包含 4500 条记录的归并段时排序结束。其过程如图 9.22 所示。

外排序的时间消耗又产生最初归并段的内排序时间、文件 I/O 时间和归并排序时间几部分组成。但影响排序时间的主要因素是文件 I/O 时间。因此应尽量采取一些手段,如减少文件扫描次数、有效利用缓冲区、使 I/O 和 CPU 处理尽可能重叠来提高外排序速度。

2. 磁带排序

磁带属于顺序存储的计算机外部设备。对磁带上的文件一般也是采用归并排序方法,但对归并段的维护方法不同。这里我们简要讨论二路平衡归并排序方法。这种方法

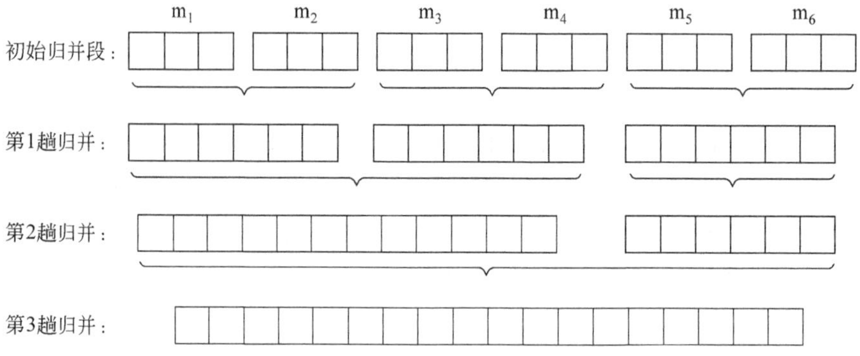

图 9.22　归并过程

一般使用 4 条磁带（k 路平衡归并排序使用 2k 条磁带），轮流地作归并操作，下面举例说明。

例 9-16　设待排文件 $F=(R_1,R_2,\cdots,R_{4500})$，初始的 6 个段同例 9-15，如图 9.24 所示。4 台磁带机编号 T_1、T_2、T_3 和 T_4，先将初始归并段一次轮流分部到 T_1 与 T_2 上，而 T_3 和 T_4 为空带，即：

T_1：$m_1(750)m_3(750)m_5(750)$

T_2：$m_2(750)m_4(750)m_6(750)$

T_3：空

T_4：空

之后将 T_1、T_2 上的 m_1 与 m_2 归并为 m_1'、m_2'、m_3'，并依次轮流写到 T_3 与 T_4 上，归并段较少的一边以空数据补齐保持平衡。即：

T_1：空

T_2：空

T_3：$m_1'(1500)m_3'(1500)$

T_4：$m_2'(1500)$　　　Φ

同理，再将 T_3 和 T_4 上的数据归并回 T_1 和 T_2 上。得到：

T_1：$m_1''(3000)$

T_2：$m_2''(1500)$

T_3：空

T_4：空

最后，归并结果如下：

T_1：空

T_2：空

T_3：$m(4500)$

T_4：空

到此，文件 F 已经排序完毕（此例结果在 T_3 中）。

习 题 9

9-1 设待排序的关键字序列 K＝{25,73,12,80,116,05},给出 Shell 排序的过程示意图。

9-2 给出以单链表作为存储时的直接选择排序算法。

9-3 在一个有 n 个元素的堆中删除一个元素,试给出相应算法。

9-4 若堆的根节点是堆中值最大的元素,并且从根节点到每个叶节点的路径上,元素的组成都是非递增(即逐渐递减或相等)有序的,给出建立该堆的算法。

9-5 在起泡排序过程中,会出现有的关键字在某次起泡过程中朝着与最终位置相反的方向移动的现象吗? 请举例说明。

9-6 在起泡排序中,使相邻两次排序向不同的方向起泡,给出实现该要求的算法。

9-7 证明快速排序是一种不稳定排序。

9-8 设待排序的关键字序列 K＝{103,97,56,38,66,23,42,12,30,52},给出用归并排序方法进行排序的过程示意图。

9-9 荷兰国旗问题:设一个仅由红、白、蓝三种颜色组成的条块序列。请编写一个时间复杂度为 O(n)的算法,使得这些条块按红、白、蓝的顺序排列成为荷兰国旗。

第 10 章 算法设计基础

算法是解决问题的重要手段,通过对问题的研究和分析,设计算法对问题进行求解,提高分析问题和解决问题的能力,体会算法分析的魅力。

要使计算机能完成人们预定的工作,首先必须为如何完成预定的工作设计一个算法,然后再根据算法编写程序。计算机程序要对问题的每个对象和处理规则给出正确详尽的描述,其中程序的数据结构和变量用来描述问题的对象;程序结构、函数和语句用来描述问题的算法。算法和数据结构是程序的两个重要方面。

算法是问题求解过程的精确描述,一个算法由有限条可完全机械地执行的、有确定结果的指令组成。指令正确地描述了要完成的任务和它们被执行的顺序。计算机按算法指令所描述的顺序执行算法的指令能在有限的步骤内终止,或终止于给出问题的解,或终止于指出问题对此输入数据无解。

通常求解一个问题可能会有多种算法可供选择,选择的主要标准首先是算法的正确性和可靠性,简单性和易理解性。其次是算法所需要的存储空间要尽可能地少和执行时间要尽可能地短等。

算法设计是一件非常困难的工作,经常采用的算法设计技术主要有迭代法、穷举法、递推法、贪心法、回溯法、分治法和动态规划法等。迭代和递推比较简单,本章不再讨论。

10.1 穷 举 法

10.1.1 算法概述

穷举算法是程序设计中使用得最为普遍、大家必须熟练掌握和正确运用的一种算法。它利用计算机运算速度快、精确度高的特点,对要解决问题的所有可能情况,一个不漏地进行检查,从中找出符合要求的答案。

用穷举算法解决问题,通常可以从如下两个方面进行分析:

一是问题所涉及的情况。问题所涉及的情况有哪些,情况的种数可不可以确定。把它描述出来。

二是答案需要满足的条件。分析出来的这些情况,需要满足什么条件,才成为问题的答案。把这些条件描述出来。

只要把这两个方面分析好了,问题自然会迎刃而解。

例:36块砖,36人搬。男搬4,女搬3,两个小儿抬一砖。要求一次全搬完。问需男、女、小儿各若干?

分析:题目要求找出符合条件的男生、女生和小孩的人数。答案显然是一组数据。首先分析一下问题所涉及的情况。对于男生来说,至少要有一人;每个男生可以搬4块砖,那么36块砖最多9个男生足够,共有9种不同取值。同样,女生有12种不同取值。两个小孩抬一块砖,至少要有两个小孩,最多36个,并且小孩的人数必须是个偶数,所以小孩的人数可以取18种不同的值。因此,最坏情况下,男生、女生和小孩的人数可以是$9 \times 12 \times 18 = 1944$种不同组合。

知道了问题所涉及的情况有1944种,是个确定的数。接下来就要把它描述出来。假设男生人数为x,女生人数为y,小孩人数为z。可以构建这样一个三重循环:

```
for(x=1;x<=9;x++)
    for(y=1;y<=12;y++)
        for(z=2;z<=36;z+=2)
        {    循环体
        }
```

理论上这个循环的循环体将执行1944次,可以用它来对问题所涉及的1944种不同情况逐个进行检查。

分析完问题所涉及的情况后,第二步就要看看答案需要满足什么条件。仔细阅读一下题目,会发现,答案x、y、z的值必须要同时满足两个条件:

(1) 总的工作量是36块砖,即$4x + 3y + z/2 = 36$;

(2) 需要的总人数是36人,即$x + y + z = 36$。

同时满足这两个条件的x、y、z的值就是问题的答案。补充循环体内容后,算法如下:

```
for(x=1;x<=9;x++)
    for(y=1;y<=12;y++)
        for(z=2;z<=36;z+=2)
        {   if(4*x+3*y+z/2==36) && (x+y+z==36)
                printf("\n%d,%d,%d",x,y,z);
        }
```

10.1.2　穷举法解决背包问题

背包问题是一类具有广泛使用背景的经典组合优化问题。从实际应用看,很多问题都能归结为背包问题,如装箱问题、存储分配问题等都是典型的应用。背包问题在很多算法中都提出来解决方案,可以选择穷举法、贪心法、动态规划法、回溯法和分支界限法等。本节首先描述该问题的穷举法解决过程。

背包问题：给定 n 个物品，质量为 $\{w_1, w_2, \cdots, w_n\}$，价值为 $\{v_1, v_2, \cdots, v_n\}$，一个背包，容量为 C。问如何选择装入背包的物品，使得物品的总质量不超过背包的容量，且装入背包中物品的总价值最大？在背包问题基础上，附加一定的约束条件就构成了 0/1 背包问题：对物品的装入只有两种选择，全部装入或者不装入。不能将物品装入背包多次，也不能将物品部分装入。

穷举法解决 0/1 背包问题，就是在其子集中求最优解的过程。考虑利用一个 n 元组 $(x_1, x_2, \cdots, x_n)$ 来表示物品的取舍，如 $x_i = 1$ 代表第 i 个物品放入背包中，$x_i = 0$ 表示第 i 个物品不放入背包。显然，这个 n 元组等价于一个选择方案，用穷举法解决背包问题，则是要穷举所有的选取方案。根据上述方法，只要穷举出所有的 n 元组，就可以得到问题的解。n 元组中每个分量取 0 或 1 的可能性有 2^n 个，将 n 元组对应为一个长度为 n 的二进制数，其 $0 \sim 2^n - 1$ 的取值就对应了 2^n 个 n 元组。算法如下：

```
void Knapsack_1(int n,float w[],float v[],int x[],float c)
{    int i,j,k,tmp[n];
     float max,tmp_w,tmp_v;
     K=power(2,n);
     for(i=0; i<k; i++)
     {    for(j=0;j<n;j++)
              x[j]=0;
          conversion(i,x);
          tmp_v=0;
          tmp_w=0;
          for(j=0;j<n;j++)
          {    if(x[j]==1)
               {    tmp_w=tmp_w+w[j];
                    tmp_v=tmp_v+v[j];
               }
          }
          /*试探当前选择是否是最优选择,如果是就保存下来*/
               if((tmp_w<C)&&(tmp_v>max))
          {    for(j=0;j<n;j++)
                    tmp[j]=x[j];
               max=temp_v;
          }
     }
}
```

对于一个具有 n 个元素的集合，其子集数量为 2^n。所以无论生成子集的算法效率多高，穷举法都会导致一个 $O(2^n)$ 的算法。用穷举法解决 0/1 背包问题，控制程序的外循环次数为 2^n，内循环次数为 n，因此该算法的时间复杂度为 $O(n2^n)$。

10.2 贪 心 法

在求最优解的问题中，穷举法是把满足约束条件的解一一列举出来，通过比较最终确定最优解。这种解决的方法虽然能获得最优解，但是当解的范围比较大时，效率会很低，甚至是无效的。这时可以考虑用"贪心"的策略，在一步步求解的过程中，每一步都选取当前状态下最优的选择。与穷举法相比采用贪心策略求解问题时，由于不需要对所有可行解都进行处理，大大提高了效率。

10.2.1 算法概述

贪心法又称为登山法，其基本思想是从问题的某一个初始解出发逐步逼近给定的目标，当到达该算法中的某一步不需要再继续前进时，算法停止。它的每一步都做出局部最优解的选择，以期在总体上仍然达到最优。贪心法面对问题时，只根据当前局部信息做出决策，不对之后的状态进行分析，因此并不是对所有问题都能得到整体最优解，有时只能得到最优解的近似解。

贪心法可以解决若干领域的问题，例如第 6 章中的哈夫曼树、构造最小生成树的 Prim 算法和 Kruskal 算法、求解单源最短路径的 Dijkstra 算法等，另外活动安排问题、背包问题、最优装载问题等都是采用贪心策略获得最优解。对于具体的问题，如何判断是否可以用贪心算法求解，以及能否获得该问题的最佳解，这依赖于贪心问题的两个重要性质：贪心选择性质和最优子结构性质。

贪心选择性质：指所求问题的整体最优解可以通过一系列局部最优的选择，即贪心选择来达到。贪心选择要具有无后向性，即某阶段状态一旦确定，不受这个状态以后的决策影响，但可以依赖于以往所做过的选择。每做出一次贪心选择就将所求问题简化为规模更小的子问题。

最优子结构性质：如果一个问题的最优解包含其子问题的最优解，那么称该问题具有最优子结构性质。也就是说，每个子问题的最优解的集合就是整体最优解。一个问题必须拥有最优子结构性质，才能保证贪心算法返回最优解。因为贪心算法解决问题的过程把问题分解成子问题，依次研究每个子问题，有子问题的最优解递推到最终问题的最优解。

贪心算法没有固定的算法框架，做出贪心选择的依据称为贪心准则，算法设计的关键是贪心准则的确定。对于同一个问题，贪心准则可能不是唯一的，往往其中很多看起来都是可行的。但是根据其中大部分贪心准则得到的解并不一定是当前问题的最优解，最优贪心准则是使用贪心法设计求解问题的核心。一般情况下，最优贪心准则并不容易选择，很多时候是依靠直觉或经验。有时候最优贪心准则对某类问题有效，但是一旦问题中的数据发生改变，先前的最优解准则就得不到最优解了。

10.2.2　贪心法解决背包问题

背包问题是一个典型的可以用贪心算法获得最优解的问题。穷举法中提出了 0/1 背包问题的求解过程。这里的背包问题与 0/1 背包类似，所不同的是对物品选择时，可以选择物品的一部分，而不一定是全部装入到背包中。

贪心法背包问题描述：已知有一个可容纳质量为 C 的背包，以及 n 种物品。其中第 i 件物品的质量为 w_i，每件物品的价值为 v_i（$v_i > 0$）。假设将第 i 件物品的一部分 x_i（$0 \leqslant x_i \leqslant 1$）放入背包，则获得的价值为 $x_i \times v_i$。由背包的容量是 C，得到一个约束条件为装入背包的物品的总质量不能超过 C。则在此约束下，怎样装物品能获得最大的价值？

分析问题，可知需要找出一个 n 元组向量（$x_1, x_2, \cdots, x_n$），使得在约束条件 $\sum_{i=1}^{n} w_i x_i \leqslant C$ 下获得 $\sum_{i=1}^{n} v_i x_i$ 的最大值，其中，$0 \leqslant x_i \leqslant 1, v_i > 0, w_i > 0$。

用贪心法解决此问题时，首先需要进行贪心准则的确定。该问题要求在限制容量的背包中装入最大价值的物品。那我们对物品的选取可以有三种情况：一是从质量的角度，每次都选取质量最轻的物品放入背包中，以期望尽可能多地放入物品；二是从价值的角度，每次都选价值最大的物品放入背包中，以期望尽可能快地获得更大的价值；三是从物品的单位价值考虑，因为物品可以部分放入，选择单位价值最大的物品放入，综合考虑质量价值因素，以获得最大价值。哪种可以作为最优贪心准则呢？很显然前两种情况对问题的考虑太片面，而第三种情况将质量价值进行了综合分析，从直观上看它应该获得问题的最优解。

按照第三种情况的物品选择策略，用贪心法求解背包问题如下：首先计算每种物品的单位价值 v_i/w_i，并按递减顺序排列，然后依贪心选择策略，尽可能多地将单位价值最高的物品装入背包。若将这种物品全部装入背包，背包中物品的总质量仍没超过背包限量 C，则选择单位质量价格次高的物品尽可能多地装入背包。依次进行，直到背包装满为止。算法如下：

```
//设物品已按单位价值非递增顺序排列，即 w[],v[]已按 v/w 非递增有序
void Knapsack_2(int n,float w[],float v[],int x[],float c)
{   int i;
    float remain;
    for(i=0; i<n; i++)
        x[i]=0;
    remain=C;
    for(i=0;i<n;i++)
    {   if(w[i]>remain) break;
        x[i]=1;
        remain=remain-w[i];
    }
    if(i<n)
```

```
    x[i]=remain/w[i];
    }
```

该算法的前提是物品已按照单位价值非递增排序,排序算法的时间复杂度为
O(nlgn),占用背包问题的主要时间,而上述算法复杂度为 O(n),因此整个背包问题的时
间复杂度为较大者 O(nlgn)。

10.3　分　治　法

10.3.1　分治策略

任何一个可以用计算机求解的问题所需的计算时间都与其规模有关。问题规模越
小,解题所需的计算时间往往也越少,从而也越容易计算。想解决一个较大的问题,有时
是相当困难的。分治法的思想就是,将一个难以直接解决的大问题,分割成一些规模较小
的相同问题,以便各个击破,分而治之。

分治法是将一个规模为 n 的问题,用某种方法分解为 k 个规模较小的子问题,这些子
问题互相独立且与原问题相同。先解出 k 个子问题,然后再用某种方法将这些子问题的
解组合形成原问题的解。

如果分解得到的子问题相对来说还较大,则可反复使用分治策略将其分解成更小的
同类型子问题,直至所分解出的子问题都可方便地求出相应的解为止。显然,由于子问题
的类型仍然和原问题相同,因此分治法求解很自然地可用一个递归过程来表示。分治与
递归像一对孪生兄弟,经常同时应用在算法设计之中,并由此产生许多高效算法。

在很多考虑采用分治法求解的问题中,往往把输入分成与原问题类型相同的两个子
问题,即取 k=2。为了能清晰地反映采用分治策略设计实际算法的基本步骤,下面的算
法抽象描述了分治法控制的过程。此过程中假定一些基本操作已经存在,定义一个数组
A[n]用来存放(或指示)n 个输入,函数 DivideandConquer(p,q)为求解数组 A 中从输入
p 到 q 的子问题的函数,用来完成分治策略,初始调用为 DivideandConquer(1,n),即从 1
到 n 的全部输入。

算法 10.1　分治策略的抽象描述。

```
void DivideandConquer(p,q) {
    int n,A[n];              //该问题有 n 个输入
    int m,p,q;               //1≤p≤q≤n
    if(small(p,q)) return(answer(p,q));
    else
        {
        m=divide(p,q);      //p≤m＜q
        return (combine(DivideandConquer (p,m),DivideandConquer (m＋1,q)))
        };
}
```

在算法 10.1 中，small(p,q)是一个布尔值函数，它用以判断输入为 A(p：q)的问题是否小到无需进一步细分就能算出其答案的程度。若是，则调用能直接计算此规模下子问题解的函数 answer(p,q)；若否，则调用分割函数 divide(p,q)，返回一个表示在何处进行分割的整数 m。于是，原问题被分成输入为 A(p：m)和 A(m+1：q)的两个子问题。对这两个子问题分别递归调用 DivideandConque 得到它们各自的解 x 和 y，再用一个合并函数 combine(x,y)将这两个子问题的解合成原问题（输入为 A(p,q)）的解。

如果所分成的两个子问题的输入规模大致相等，则 DivideandConquer 总的计算时间可用下面的递归关系来表示：

$$T(n) = \begin{cases} g(n), & \text{当 n 足够小时} \\ 2T(n/2) + f(n), & \text{否则} \end{cases}$$

其中，T(n)是输入规模为 n 的 DivideandConquer 的运行时间，g(n)是输入规模足够小以至于能直接求解时的运行时间，f(n)是 combine 的时间。

虽然用递归过程描述以分治法为基础的算法是理所当然的，但为了提高效率，很多时候会将这一递归形式转换成迭代形式。递归到迭代的算法转换可参考第 3 章。

分治策略应用得较广泛。前面章节已经讨论过的快速排序算法（见 9.3.2 节）、归并排序算法（见 9.5 节）、hanoi 塔问题（见例 3-10）等都是采用分治策略求解。快速排序算法每趟把一个带排序数据放到它最终所应该在的位置，这个位置把原表分成了两个宏观有序的子表；归并排序算法是把规模为 n 的问题分成规模为 n/2 的两个子问题；而 Hanoi 塔问题是将规模为 n 的问题分解为两个规模为 n−1 的子问题。

分治策略把问题分成若干个子问题，分成的子问题的数目一般不大。如果每次分成的子问题的规模相等或近乎相等的话，则分治策略的效率较高，否则效率就比较低。例如：直接插入排序（见 9.2.1 节）可以看作是把原问题分解成两个子问题，一个是规模为 1 的问题，另一个是规模为 n−1 的问题，算法的时间代价是 O(n²)级的。而归并排序把原问题分成了两个大小为 n/2 的问题，算法的时间代价是 O(nlog₂n)级的。

分治法所能解决的问题一般具有以下几个特征：

（1）该问题的规模缩小到一定的程度就可以容易地解决。

（2）该问题可以分解为若干个规模较小的相同问题，即该问题具有最优子结构性质。

（3）利用该问题分解出的子问题的解可以合并为该问题的解。

（4）该问题所分解出的各个子问题是相互独立的，即子问题之间不包含公共的子子问题。

上述的第一条特征是绝大多数问题都可以满足的，因为问题的计算复杂性一般是随着问题规模的增加而增加；第二条特征是应用分治法的前提它也是大多数问题可以满足的，此特征反映了递归思想的应用；第三条特征是关键，能否利用分治法完全取决于问题是否具有第三条特征，如果具备了第一条和第二条特征，而不具备第三条特征，则可以考虑用贪心法或动态规划法。第四条特征涉及分治法的效率，如果各子问题是不独立的，则分治法要做许多不必要的工作，重复地解公共的子问题，此时虽然可用分治法，但一般用动态规划法较好。

10.3.2 应用实例：大整数乘法

在分析算法的计算复杂性时，常常将加法和乘法运算当作基本运算单位来处理，即将执行一次加法或乘法运算所需的计算时间当作一个仅取决于计算机硬件处理速度的常数。但此假设仅在参与运算的整数能在计算机硬件对整数的表示范围内能直接处理的情况下才是合理的。在某些应用中（如密码学领域），需要处理很大的整数，它无法在计算机硬件能直接表示的整数范围内进行处理，如果简单的用浮点数来处理，其计算结果的精度会受到限制。如果要精确表示并计算大整数运算，就需要设计专门的算法来完成大整数的运算。

设 X 和 Y 都是 n 位二进制整数，要计算它们的乘积 XY。可以用数学课上所学的方法来设计一个计算 X 乘以 Y 的算法，但这样做的步骤太多，效率较低。如果将每两个一位数的乘法或加法看作一步运算，那么要进行 $O(n^2)$ 步运算才能求解。下面用分治法设计更有效的大整数乘法算法。

将 n 位二进制整数 X 和 Y 都分为 2 段，每段的长度为 n/2 位（为描述简单，假设）$n = 2^i$，如图 10.1 所示。

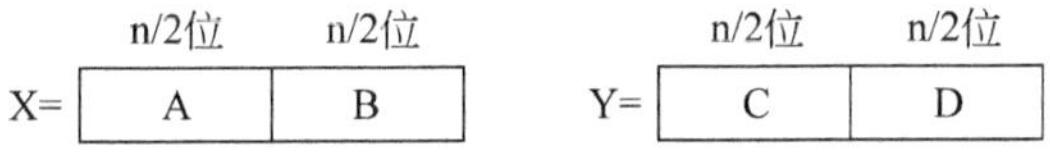

图 10.1 大整数 X 和 Y 的分段

由此，$X = A2^{n/2} + B, Y = C2^{n/2} + D$。这样 X 乘以 Y 可以表示为：

$$XY = (A2^{n/2} + B)(C2^{n/2} + D) = AC2^n + (AD + BC)2^{n/2} + BD$$

如果按此计算 XY，则必须进行 4 次 n/2 位的整数乘法（AC、AD、BC 和 BD），以及 3 次不超过 2n 位的整数加法，此外还要做 2 次移位（对应于乘以 2^n 和乘以 $2^{n/2}$）。所有这些加法和移位共用 $O(n)$ 步运算。设 $T(n)$ 是 2 个 n 位整数相乘所需的计算复杂度，则有

$$T(n) = \begin{cases} O(1), & n = 1 \\ 4T(n/2) + O(n), & n > 1 \end{cases}$$

由此可得 $T(n) = O(n^2)$，即这样直接计算的复杂度并没有改善。要想改进算法的计算复杂度，必须减少乘法次数。下面重写该等式：

$$XY = AC2^n + ((A - B)(D - C) + AC + BD)2^{n/2} + BD$$

此时，需要 3 次 n/2 位的整数乘法（AC、BD 和 (A−B)(D−C)），6 次整数加法和 2 次移位。由此可得计算复杂度为：

$$T(n) = \begin{cases} O(1), & n = 1 \\ 3T(n/2) + O(n), & n > 1 \end{cases}$$

可得 $T(n) = O(n^{\log 3})$，这是一个较大的改进。

此二进制大整数乘法同样可应用于十进制大整数的乘法以减少乘法次数，提高算法效率。

10.4 动态规划法

分治法求解较大规模的问题时,先简化问题规模,把该问题分解成几个子问题,最终通过子问题的解获得原问题的解。在分解问题的过程中采用自顶向下的方法,将大问题分割成独立的子问题,再对子问题递归分解,最终通过最小子问题的解层层合并,获得原问题的解。反之,在求解过程中采用自底向上的方法,先求出最小规模子问题的解,向上逐步扩大问题的规模,最终获得原问题的解,这样的处理过程就引出了动态规划法。

10.4.1 算法概述

动态规划算法通常用于求解具有某种最优性质的问题。在这类问题中,可能会有许多可行解。每一个解都对应于一个值,我们希望找到具有最优值的解。动态规划的基本思想,是把问题分解为多个阶段或多个子问题,然后按照顺序求解各个子问题,前一个子问题的解为后一个子问题的求解提供了有用的信息。在求解任意子问题时,列出各种可能的局部解,通过决策保留那些有可能达到最优的局部解,丢弃其他局部解。依次解决各子问题,最后一个子问题就是初始问题的解。可见,动态规划是对多阶段决策过程的求解,它的决策不是线性的,而是全面考虑各种不同的情况分阶段作出决策。每一阶段的决策都会使问题的规模和状态发生变化,而决策序列就是在这种变化的状态中产生出来的,因此称之为“动态”。数据结构中的求最短路径的 Floyd 算法、最优二叉查找树、0/1 背包问题、作业调度问题等都可以通过动态规划法获得最优解。

动态规划算法与分治法类似,那么哪些问题适用于动态规划法呢? 如果原问题能够分解为独立的子问题,用分治法较方便简单。如果经分解得到的子问题不是互相独立的,则适合采用动态规划法。通常,动态规划法解决的问题需具备下面三个性质:

(1) 最优化原理(最优子结构性质)。一个最优化策略具有这样的性质,不论过去状态和决策如何,对前面的决策所形成的状态而言,余下的诸决策必须构成最优策略。简言之,一个最优化策略的子策略总是最优的。一个问题满足最优化原理又称其具有最优子结构性质。

(2) 无后效性。某阶段的状态一旦确定,不受这个状态以后决策的影响,即某状态以后的过程不会影响以前的状态,只与当前状态有关。换句话说,每个状态都是过去历史的一个完整总结。这就是无后向性,又称为无后效性。

(3) 子问题重叠性。子问题之间不独立,一个子问题在下一阶段决策中可能被多次使用到。该性质不是动态规划适用的必要条件,但如果该性质无法满足,动态规划法解决相应问题的优势将不在。

动态规划将原来具有指数级复杂度的搜索算法改进成了具有多项式时间的算法。其中的关键在于解决冗余,这是动态规划算法的根本目的。动态规划实质上是一种以空间换时间的技术,它在实现的过程中,不得不存储产生过程中的各种状态,所以它的空间复杂度要大于其他的算法。

设计一个标准的动态规划算法,通常可按以下几个步骤进行:

(1) 分析最优解的性质,并刻画其结构特征。

(2) 递归的定义最优值。

(3) 自底向上的方式或自顶向下的方法计算出最优值。

(4) 根据计算最优值时得到的信息,构造一个最优解。

如果该问题只需求出最优值,则可省略步骤(4);如果要进一步求出问题的最优解,则必须执行步骤(4),此时需要记录更多算法执行过程中的中间数据,以便根据这些数据构造出最优解。

下一小节将通过 0/1 背包问题来理解动态规划法求解的具体思想。

10.4.2 动态规划法解决背包问题

0/1 背包问题描述:设 n 个物品中第 i 个物品的质量为 w_i,价值为 v_i($v_i > 0$),背包承载量为 C,求怎样装物品能获得最大的价值? 假设所有物体的质量和背包的承载量是整数。

根据上一小节动态规划法的设计步骤,对背包问题处理如下:

首先根据最优解性质,构造该问题的结构特征,假设 v(i,j) 表示在前 i 个物品中选择物品装入到承载量为 j 的背包中,使该背包获得最大价值。故该问题可以表示成求解 v(n,C),即在前 n 个物品中选择物品,使放到承载量为 C 的背包中的物品具有最大价值。

那么如何定义最优值呢? 因为对物品只有两个选择,放入或不放入,故 v(i,j) 问题就可以分成两个子集:含第 i 个物品的子集和不含第 i 个物品的子集。求出这两个子集中的最优值,即得到 v(i,j) 的最优解。包含第 i 个物品的子集最优解又可表示成 $v_i + v(i-1, j-w_i)$,而不含第 i 个物品的子集最优解可表示成 v(i−1,j)。同时需注意到,如果第 i 个物品质量超出了背包剩余承载量,则该物品也不可能放入背包。因此构造递归公式如下:

$$v(i,j) = \begin{cases} \max\{v(i-1,j), v_i + v(i-1, j-w_i)\}, & w_i \leqslant j \\ v(i-1,j), & w_i > j \end{cases}$$

其初始条件为:当 $j \geqslant 0$ 时,v(0,j)=0;当 $i \geqslant 0$ 时,v(i,0)=0。由初始条件,自底向上,最终能得出原问题的最优解。再根据计算最优值时得到的信息,自顶向下构造出对应于最优值的最优解。

下面通过具体实例理解用动态规划法求解 0/1 背包问题的过程。物品质量价值如表 10.1 所示,背包承载量 C=5。

表 10.1 0/1 背包物品质量价值表

物品 i	质量 w_i	价值 v_i	物品 i	质量 w_i	价值 v_i
1	2	4	3	3	6
2	1	3	4	2	5

其初始值 v(0,j)=0、v(i,0)=0,根据上面的递归公式,按顺序求出 v(1,j)、v(2,j)、

$v(3,j)$ 和 $v(4,j)$，最后求出的 $v(4,5)$ 就是该问题的最价值。按此求解过程，计算得到背包问题的动态规划如表 10.2 所示。

表 10.2　背包问题动态规划表

i \ j	0	1	2	3	4	5
0	0	0	0	0	0	0
1	0	0	4	4	4	4
2	0	3	4	7	7	7
3	0	3	4	7	9	10
4	0	3	5	8	9	12

最大的总价值为 $v(4,5)=12$。通过回溯这个表格单元的计算过程来求得最优子集的组成元素。因为 $v(4,5)\neq v(3,5)$，说明物品 4 包含在最优解中，且除去物品 4 后背包余下的 $5-2=3$ 个单位质量的一个最优子集 $v(3,3)$ 也包含在最优解中，因为 $v(3,3)=v(2,3)$，说明物品 3 不是最优子集的一部分。又 $v(2,3)\neq v(1,3)$，说明物品 2 在最优解中，该最优子集用 $v(1,2)$ 表示背包余下的组成部分。同理，$v(1,2)\neq v(0,2)$，说明物品 1 是最优子集的最后一部分。整个过程自顶向下来获得该问题的最优解，即物品的选择为 {物品 1、物品 2、物品 4}，其构造的最大价值为 12。

因为动态规划法在不同问题的应用中表现形式多样，所以其算法复杂度需要根据具体问题具体分析。

10.5　回　溯　法

穷举法的思想是从问题的所有候选解中找出符合问题约束条件的解，利用穷举法求解问题，随着问题规模的增大，候选解也会成指数增加。实际上，很多候选解可以在求解过程中途被约束条件淘汰，从而降低算法的复杂性。回溯法即是这种思想。

10.5.1　算法概述

回溯法是一种选优搜索法，按选优条件向前搜索，以达到目标。但当探索到某一步时，发现原先选择并不优或达不到目标，就退回一步重新选择，采用"走不通就退回再走"的思想控制搜索路径。回溯法是算法设计的基本方法之一，其求解过程与树的深度优先搜索十分相似。它适用于解一些组合数较大的问题或者求满足某些约束条件的最优解的问题，如 0/1 背包问题、连续游资问题、图的 m 着色问题、n 皇后问题等都可通过回溯法求得最优解。

可用回溯法求解的问题 P，通常要能表达为：对于已知的由 n 元组 $(x_1, x_2, \cdots, x_n)$ 组成的一个状态空间 $E=\{(x_1, x_2, \cdots, x_n) \mid x_i \in S_i, i=1,2,\cdots,n\}$，给定关于 n 元组中的一

个分量的一个约束集 D,要求 E 中满足 D 的全部约束条件的所有 n 元组。其中 S_i 是分量 x_i 的定义域,且 $|S_i|$ 有限,$i=1,2,\cdots,n$。我们称 E 中满足 D 的全部约束条件的任一 n 元组为问题 P 的一个解。

解问题 P 的最朴素的方法就是穷举法,即对 E 中的所有 n 元组逐一地检测其是否满足 D 的全部约束,若满足,则为问题 P 的一个解。但显然,其计算量是相当大的。

实际上,对于许多问题,所给定的约束集 D 具有完备性,即 i 元组$(x_1,x_2,\cdots,x_i)$满足 D 中仅涉及 $x_1,x_2,\cdots,x_i$ 的所有约束意味着 j$(j{\leqslant}i)$ 元组$(x_1,x_2,\cdots,x_j)$一定也满足 D 中仅涉及 $x_1,x_2,\cdots,x_j$ 的所有约束,$i=1,2,\cdots,n$。换句话说,只要存在 $0{\leqslant}j{\leqslant}n-1$,使得$(x_1,x_2,\cdots,x_j)$违反 D 中仅涉及 $x_1,x_2,\cdots,x_j$ 的约束之一,则以$(x_1,x_2,\cdots,x_j)$为前缀的任何 n 元组$(x_1,x_2,\cdots,x_j,x_{j+1},\cdots,x_n)$一定也违反 D 中仅涉及 $x_1,x_2,\cdots,x_i$ 的一个约束,$n{\geqslant}i{\geqslant}j$。因此,对于约束集 D 具有完备性的问题 P,一旦检测断定某个 j 元组$(x_1,x_2,\cdots,x_j)$违反 D 中仅涉及 $x_1,x_2,\cdots,x_j$ 的一个约束,就可以肯定,以$(x_1,x_2,\cdots,x_j)$为前缀的任何 n 元组$(x_1,x_2,\cdots,x_j,x_{j+1},\cdots,x_n)$都不会是问题 P 的解,因而就不必去搜索它们、检测它们。回溯法正是针对这类问题,利用这类问题的上述性质而提出来的比穷举法效率更高的算法。

为了方便回溯法对解空间的搜索,通常将解空间用树表示,解空间的这种树结构称为状态空间树。树的根节点表示搜索的初始状态,树的第二层节点表示对解向量的第一个分量所做的选择,下一层表示对解向量的下一个分量所做的选择,以此类推,从树的根节点到叶子节点的路径就构成了解空间的一个可能解。

回溯法在问题的解空间树中,按深度优先策略,从根节点出发搜索解空间树。算法搜索至解空间树的任意一点时(该节点成为活节点),先判断该节点是否包含问题的解。如果肯定不包含,则跳过对该节点(此时该节点成为死节点)为根的子树的搜索,回溯至其父节点;否则,进入该子树,继续按深度优先策略搜索。回溯法以这种工作方式递归的在解空间中搜索,直至找到所要求的解或解空间中已无活节点为止。

10.5.2 回溯法解决背包问题

以 n=3 的 0/1 背包问题为例,设 $w=\{18,14,16\}$,$v=\{48,30,30\}$,$c=30$。其状态空间树是一个完全二叉树,如图 10.2 所示。

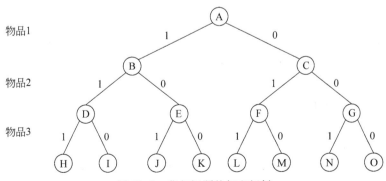

图 10.2 背包问题的解空间树

回溯法搜索过程如下：初始时根节点 A 是唯一的活节点，它有两个孩子节点 B 和 C。先选择 B 节点，表示选择物品 1 放入背包，此时背包容量剩余 30－18＝12，价值为 48。B 有两个孩子节点 D 和 E，如果选择 D，即选择物品 2 放入背包，由于背包剩余承载量不足以容纳物品 2，导致不可行解，D 节点成为死节点，结束对 D 的深度优先搜索，由 D 回溯到 B，再选择 B 的另一个孩子 E，即物品 2 不放入背包。从 E 节点继续向下，可以到 J 或 K。J 表示选择物品 3，由于背包剩余承载量不足以放入物品 3，导致不可行解，J 成为死节点。回溯到 E 再向下至 K 是可行的。K 是叶节点，故得到一个可行解。该解的价值为 48，确定该条路径(1,0,0)。由 K 回溯到 E，E 不能继续向下扩展，成为死节点。由 E 回溯到 B，同理，B 成为死节点。由 B 回溯到 A，此时背包剩余容量为 30，价值为 0。由 A 向下扩展到 C，背包容量价值不变。C 节点可向下至 F 或 G。如果至 F，此时背包剩余容量为 16，价值为 30。F 向下可选择 L 或 M，选择 L 时，背包剩余容量为 0，价值为 60，而 L 为叶节点，且是当前价值最高的可行解，确定该条路径(0,1,1)，记录该解的价值为 60。由 L 回溯到 F，一直这样选择并回溯下去，直到整个解空间搜索完毕。最后找到的最好的解(0,1,1)就是 0/1 背包问题的最优解，最优值为 60。

从中可以看到，当使用回溯法搜索问题的状态空间树时，通常采用两种方法避免无效搜索：一是用约束函数在途中剪去不满足约束条件的子树；二是用限界函数剪去得不到最优解的子树。

本 章 小 结

本章讨论了一些基本的、通用的算法设计技术，包括穷举法、贪心法、分治法、动态规划法和回溯法。其中分治法和回溯法主要用于设计非数值问题的算法，贪心法、动态规划法主要用于设计数值最优化问题的算法，当然，很多时候遇到的问题需要同时采用几种算法设计技术进行求解。

当面对具体问题的时候，如果能花时间考查一下这些方法是否适用，将会事半功倍。选择合适的算法，结合数据结构的审慎使用，常常是问题能够高效解决的关键。

习 题 10

10-1 有一堆棋子，2 个 2 个的数，最后余 1 颗，3 个 3 个的数，最后余 2 颗，5 个 5 个的数，最后余 4 颗，6 个 6 个的数，最后余 5 颗；7 个 7 个的数，最后正好数完。编程求出这堆棋子共有多少颗。

10-2 设有 n 个顾客同时等待一项服务。顾客 i 需要的服务时间为 t_i，$1 \leqslant i \leqslant n$。应如何安排 n 个顾客的服务次序才能使总的等待时间达到最小？总的等待时间是每个顾客等待服务时间的总和。

10-3 给定 n 位正整数 a，去掉其中任意 $k \leqslant n$ 个数字后，剩下的数字按原次序排列组成一个新的正整数。对于给定的 n 位正整数 a 和正整数 k，设计一个算法找出剩下数字组成的新数最小的删数方案。

10-4 用分治法求解 n 个不同元素集合中的两个最大和两个最小元素。

10-5 在一组数据中,出现次数最多的那个数称为众数。试写出一个寻找众数的算法,并分析其计算复杂性。

10-6 设有 n 种不同面值的硬币,各硬币的面值存放于数组 T 中。现用这些面值的硬币找钱,可以使用的各种面值的硬币个数不限。当只使用硬币面值 T[1],T[2],…,T[i]时,可找出钱数 j 的最少硬币个数记为 C(i,j)。找不出钱数 j 时,即 C(i,j)=∞。设计一个动态规划法,对于 1≤j≤L,计算出所有的 C(n,j)。算法中只允许使用一个长度为 L 的数组。用 L 和 n 作为变量表示算法的计算时间复杂性。

10-7 用回溯法求解 n 皇后问题。

参 考 文 献

[1] Knuth D E. The Art of Computer Programming,1：Fundamental Algorithms；3：Sorting and Searching. Addision-Wesley,1973.

[2] Wirth N. Algorithms＋Data Structures＝Programs. Prentice-Hall,1976.

[3] Horowitz E,Sahni S. Fundamentals of Data Structures. Pitmen Publishing Limited,1976.

[4] Gotlieb C C,Gotlieb L R. Data Types and Structures. Prentice-Hall,1978.

[5] Aho A V,Hopcroft J E,Ullmen J D. Data Structures and Algorithms. Addision-Wesley,1983.

[6] Horowitz E,Sahni S. Fundamentals of Computer Algorithms. Computer Science Pree,1978.

[7] 严蔚敏,吴伟民. 数据结构(C 语言版). 北京：清华大学出版社,1997.

[8] 唐策善等. 数据结构——用 C 语言描述. 北京：高等教育出版社,1995.

[9] 许卓群等. 数据结构. 北京：高等教育出版社,1987.

[10] 唐发根. 数据结构. 北京：科学出版社,1998.

[11] 仲萃豪,冯玉琳. 程序设计方法学. 北京：北京科学技术出版社,1985.

[12] 萨师煊,王珊. 数据库系统概论. 第二版. 北京：高等教育出版社,1991.

[13] 李盘林,孟宪福. C 语言程序设计及应用. 北京：高等教育出版社,1998.

[14] 夏克俭,王绍斌. 数据结构. 北京：国防工业出版社,2007.

[15] 朱战立,刘天时. 数据结构：使用 C 语言. 西安：西安交通大学出版社,2000.

[16] 苏仕华等编著. 数据结构课程设计. 北京：机械工业出版社,2005.

[17] 于晓敏等编著. 数据结构与算法. 北京：北京航空航天大学出版社,2010.

[18] 王晓东. 计算机算法设计与分析. 北京：电子工业出版社,2007.